Access 2016 数据库应用教程

主　编　李　军
参　编　苏晓勤　梁静毅

U0234481

北京理工大学出版社
BEIJING INSTITUTE OF TECHNOLOGY PRESS

内 容 提 要

本书以 Access 2016 为背景,从数据库的基础理论开始,由浅入深、循序渐进,系统地介绍了 Access 2016 的主要功能和使用方法。本书通过大量的例题,讲解了 Access 数据库技术的相关知识以及使用 Access 2016 开发数据库应用系统的过程。本书主要内容包括数据库系统基础知识,Access 2016 的数据库、表、查询、窗体、报表、宏、VBA 等。为了使读者能够更好地掌握本书内容,本书配有丰富的例题;为了及时检验学习效果,每章后面均配有大量的习题并给出了参考答案。本书可与《Access 2016 数据库实践教程》配套使用。

本书采用“理论与实践相结合”的模式,将课堂教学内容与实验教学内容有机结合。本书例题从始至终用的都是“学生管理”数据库,每个例题都是编者 20 多年数据库教学中积累的材料。本书内容充实,突出操作性和实践性,实例丰富,可以使学生尽快掌握 Access 的基本功能和操作,掌握 Access 的编程功能和技巧。

本书既可以作为高等学校非计算机专业计算机公共基础课程的教材,也可以作为全国计算机等级考试——二级 Access 数据库程序设计的辅导与自学教材,还可以作为数据库开发人员的参考书。

图书在版编目(CIP)数据

Access 2016 数据库应用教程 / 李军主编. -- 北京:
北京理工大学出版社,2023.2
ISBN 978-7-5763-2140-1

Ⅰ. ①A… Ⅱ. ①李… Ⅲ. ①关系数据库系统-高等学校-教材 Ⅳ. ①TP311.132.3

中国国家版本馆 CIP 数据核字(2023)第 034882 号

出版发行 / 北京理工大学出版社有限责任公司
社　　址 / 北京市海淀区中关村南大街 5 号
邮　　编 / 100081
电　　话 / (010) 68914775(总编室)
　　　　　(010) 82562903(教材售后服务热线)
　　　　　(010) 68944723(其他图书服务热线)
网　　址 / http://www.bitpress.com.cn
经　　销 / 全国各地新华书店
印　　刷 / 唐山富达印务有限公司
开　　本 / 787 毫米×1092 毫米　1/16
印　　张 / 19.25
字　　数 / 523 千字
版　　次 / 2023 年 2 月第 1 版　2023 年 2 月第 1 次印刷
定　　价 / 89.00 元

责任编辑 / 李　薇
文案编辑 / 李　硕
责任校对 / 刘亚男
责任印制 / 李志强

前言

　　数据库应用技术是计算机应用的重要组成部分，尤其是随着大数据时代的到来，该课程不仅是计算机专业的必修课程，同时也是高等教育非计算机专业的必修课程之一，并成为高等学校非计算机专业继"大学计算机"课程之后的重要课程。Access 2016 是一个关系型数据库管理系统，是 Microsoft Office 2016 的组件之一，它可以有效地组织、管理和共享数据库中的数据，并将数据库与 Web 结合在一起。

　　本书在写作模式上以应用为目的，系统详细地介绍了数据库的基础理论知识，以及 Access 2016 数据库中的各种对象和 VBA 编程等内容。全书共分为 8 章，包括数据库系统概述、创建与管理数据库、创建数据表和关系、查询、窗体、报表、宏、VBA 编程基础。本书致力于将知识传授、能力培养和素质教育融为一体，实现理论教学与实践教学相结合，激发学生的创新意识，在部分章节加入了一些思政元素内容。

　　本书内容介绍通俗易懂、简明扼要，有利于教师的教学和读者的自学。为了让读者能够在较短的时间内掌握教材的内容，及时检验自己的学习效果，巩固和加深对所学知识的理解，每章后面均附有习题，可扫二维码查看相应的习题参考答案。

　　本书由经验丰富的一线教师编写完成，其中第 1、2、3、4、5、7、8 章及部分附录由李军编写，第 6 章由梁静毅编写，苏晓勤参与了部分附录的编写。本书由李军统稿，在编写过程中，王梦倩、李艳琴、张志鑫、杜利农、郭淑珍、王桂荣、王钢老师做了大量的工作并提供了宝贵的经验，在此一并表示感谢。另外还要感谢北京理工大学出版社编辑的悉心策划和指导。

　　由于编者水平有限，书中难免存在疏漏和不足之处，恳请读者批评指正，以便于本书的修改和完善。如有问题，可以通过 E-mail:tjlijun@ tjcu. edu. cn 与编者联系。

编　者

2022 年 10 月

目 录

第1章　数据库系统概述

本章学习目标：

- 掌握信息、数据、数据管理的基本概念
- 掌握数据模型及其特点
- 了解数据库系统的特点和发展过程
- 了解并掌握关系的定义及关系的性质

随着计算机科学的飞速发展，计算机已被广泛应用于社会的各个领域，计算机的广泛应用被认为是人类进入信息时代的标志。在信息时代，人们利用计算机对大量的数据进行加工处理。在处理过程中，用于复杂科学计算的工作较少，而大量的工作用于在相关的数据中提取信息。为了有效地使用存放在计算机系统中的大量数据，必须采用一整套科学的方法，对数据进行组织、存储、维护和使用，即数据处理。在数据处理过程中应用了数据库技术。

数据库系统产生于20世纪70年代初，它的出现，既促进了计算机技术的高速发展，又形成了专门的信息处理理论和数据库管理系统。因此，数据库系统是计算机技术和信息时代相结合的产物，是数据处理的核心，是研究数据共享的一门科学，是现代计算机系统软件的重要组成部分之一。

1.1　数据库系统基础知识

1.1.1　信息、数据和数据处理

要了解数据处理就要了解什么是信息、数据和数据处理。

1. 信息

信息（Information）是对客观事物属性的反映。它所反映的是客观事物的某一属性或某一时刻的表现形式，如成绩的好坏、温度的高低、质量的优劣等。因此，信息是经过加工处理并对人类客观行为和决策产生影响的数据表现形式。

信息有以下4个特征。

（1）信息是可以感知的。人类对客观事物的感知，可以通过感觉器官，也可以借助于各种仪器设备。不同的信息源有不同的感知形式，如书上的信息可以通过视觉器官感知，广播中的信息可以通过听觉器官感知。

（2）信息是可以存储、传递、加工和再生的。人类可以利用大脑记忆信息，可以利用语言、文字、图像和符号等记载信息，可以借助纸张、各种存储设备长期保存信息，可以利用电视、广播和网络传播信息，可以对信息进行加工、处理后得到其他信息。

（3）信息源于物质和能量。信息不能脱离物质而存在，信息的传递需要物质载体，信息的获取和传递需要消耗能量。没有物质载体，信息就不能存储和传递。

（4）信息是有用的。它是人们活动所必需的知识，利用信息能够克服工作中的盲目性，增加主动性和科学性，利用有用的信息，人们可以科学地处理事情。

2. 数据

数据（Data）是信息的具体表现形式，是反映客观事物属性的符号化表示和记录，如年龄"20"岁，分数"98"分，出生日期"1999 年 10 月 01 日"等。数据所反映的事物属性是它的内容，而符号是它的表现形式。

数据不仅包括数字、字母、文字和其他特殊符号组成的文本形式数据，而且还包括图形、图像、动画、影像、声音等多媒体数据。从计算机角度看，数据泛指那些可以被计算机接受并处理的符号。

3. 信息和数据的关系

信息和数据既有联系，又有区别。数据是信息的载体，信息是数据的内涵。数据是物理性的，是被加工的对象，而信息是对数据加工的结果，是观念性的，并依赖于数据而存在。数据表示了信息，而信息只有通过数据形式表现出来，才能被人们理解和接受。信息是有用的数据，数据如果不具有知识性和有用性，则不能称为信息。

从某种意义上讲，数据就是信息，信息就是数据，二者在一定的条件下，可以相互转换。

4. 数据处理

数据处理（Data Process）也称为信息处理，是指利用计算机对各种类型的数据进行采集、整理、存储、分类、排序、检索、维护、加工、统计和传输等操作，使之变为有用信息的一系列活动的总称。就是从某些已知的数据出发，推导加工出一些新的数据，这些新的数据又表示了新的信息。因此，数据处理也称为信息处理。信息处理的真正含义是为了产生信息而处理数据。数据处理是数据升华的过程。

1.1.2 数据库技术的产生与发展

随着计算机技术，特别是数据库技术的产生与发展，数据处理过程也发生了巨大的变化，其核心就是数据管理。数据管理指的是对数据进行分类、组织、编码、存储、检索和维护等。数据处理和数据管理是相互联系的，数据管理技术的优劣，将直接影响数据处理的效率。

数据管理技术的发展经历了人工管理、文件系统、数据库 3 个阶段。

1. 人工管理阶段

在人工管理阶段（20 世纪 50 年代中期以前），计算机主要用于科学计算。外部存储器只有磁带、卡片和纸带，软件只有汇编语言，尚无数据管理方面的软件。数据处理的方式基本上是批处理。这个时期数据管理的特点如下。

（1）数据不保存。因为当时计算机主要用于科学计算，对于数据保存的需求尚不迫切。需要时把数据输入内存，运算后将结果输出，数据不保存在计算机中。

（2）没有专用的软件对数据进行管理。在应用程序中，不仅要管理数据的逻辑结构，还要设计其物理结构、存取方法、输入/输出方法等。当存储改变时，应用程序中存取数据的子程序就需随之改变。

（3）数据不具有独立性。数据的独立性是指逻辑独立性和物理独立性。当数据的类型、格式或输入/输出方式等逻辑结构或物理结构发生变化时，必须对应用程序作出相应的修改。

（4）数据是面向程序的。一组数据只对应于一个应用程序，即使两个应用程序都涉及某些相同数据，也必须各自定义，无法相互利用。因此，在程序之间有大量的冗余数据。

在人工管理阶段，数据与程序的关系如图 1.1 所示。

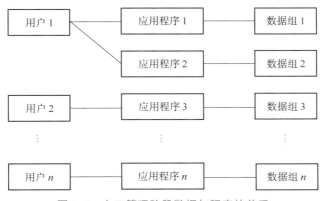

图 1.1　人工管理阶段数据与程序的关系

2. 文件系统阶段

在文件系统阶段（20 世纪 50 年代后期到 60 年代中期），计算机不仅用于科学计算，还用于信息管理。此时，外部存储器已有磁盘、磁鼓等直接存取的存储设备，软件领域出现了高级语言和操作系统。操作系统中的文件系统是专门的数据管理软件。这时可以把相关的数据组成一个文件存放在计算机中，在需要时只要提供文件名，计算机就能从文件系统中找出所要的文件，把文件中存储的数据提供给用户进行处理。

1）特点

（1）数据以文件形式可长期保存在外部存储器的磁盘上。应用程序可对文件进行大量的检索、修改、插入和删除等操作。

（2）文件组织已多样化。计算机中文件有索引文件、顺序存取文件和直接存取文件等，因而对文件中的记录可顺序访问，也可随机访问，便于存储和查找数据。

（3）数据与程序间有一定的独立性。数据由专门的软件即文件系统进行管理，程序和数据间由软件提供的存取方法进行转换，数据存储发生变化不一定影响程序的运行。

（4）对数据的操作以记录为单位。这是由于文件中只存储数据，不存储文件记录的结构描述信息。文件的建立、存取、查询、插入、删除、修改等所有操作，都要用程序来实现。

2）存在的问题

在文件系统阶段，用户虽有了一定的方便，但仍存在以下 3 个主要问题。

（1）数据冗余度大。由于各数据文件之间缺乏有机的联系，造成每个应用程序都有对应的文件，所以有可能同样的数据在多个文件中被大量地重复存储，数据不能共享。

（2）数据独立性低。数据和程序相互依赖，一旦改变数据的逻辑结构，必须修改相应的应用程序。而应用程序发生变化，如改用另一种程序设计语言来编写程序，也必须修改数据结构。

（3）数据一致性差。由于相同数据的重复存储、各自管理，因此在进行更新操作时，容易造成数据的不一致。

这样，文件系统仍然是一个不具有弹性的无结构的数据集合。文件之间是孤立的，不能反映现实世界中事物之间的内在联系。在文件系统阶段，数据与程序的关系如图 1.2 所示。

3. 数据库阶段

数据管理技术进入数据库阶段是在 20 世纪 60 年代末。由于计算机应用于管理的规模更加庞大，数据量急剧增加；硬件方面出现了大容量磁盘，使计算机联机存取海量数据成为可能；硬件价格下降，而软件价格上升，使开发和维护系统软件的成本增加。因此，文件系统的数据管理方法已无法适应开发应用系统的需要，为满足多用户、多个应用程序共享数据的需求，出现了统一管理数据的专门软件系统，即数据库管理系统，这使利用数据库技术管理数据变成了现实。

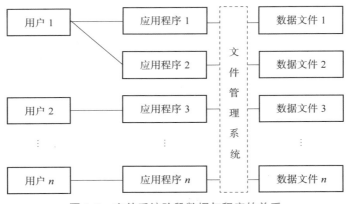

图 1.2 文件系统阶段数据与程序的关系

数据库有以下 4 个特点。

（1）数据共享性高、冗余度低。这是数据库阶段的最大改进，数据不再面向某个应用程序而是面向整个系统，当前所有用户可同时访问数据库中的数据。这样便减少了不必要的数据冗余，节约了存储空间，同时也避免了数据之间的不相容性与不一致性。

（2）数据结构化。数据结构化是指按照某种数据模型，将应用的各种数据组织到一个结构化的数据库中。在数据库中数据的结构化，不仅要考虑某个应用的数据结构，还要考虑整个系统的数据结构，并且要能够表示出数据之间的有机关联。

（3）数据独立性高。数据的独立性是指数据的逻辑独立性和物理独立性。

数据的逻辑独立性是指当数据的总体逻辑结构改变时，数据的局部逻辑结构不变。由于应用程序是依据数据的局部逻辑结构编写的，因此应用程序不必修改，从而保证了数据与程序间的逻辑独立性。

数据的物理独立性是指当数据的存储结构改变时，数据的逻辑结构不变，从而应用程序也不必改变。

表 1.1 列出了数据库系统与一般文件应用系统的主要性能差异，通过该表可看出数据库系统的特点。

表 1.1 数据库系统与一般文件应用系统的主要性能差异

序号	文件应用系统	数据库系统
1	文件中的数据由特定的用户专用	数据库内的数据由多个用户共享
2	每个用户拥有自己的数据，导致数据重复存储	原则上可消除重复。为方便查询，允许少量数据重复存储，但冗余度可以控制
3	数据从属于程序，二者相互依赖	数据独立于程序，强调数据的独立性
4	各数据文件彼此独立，从整体看是"无结构"的	各文件的数据相互联系，从整体看是"有结构"的

（4）有统一的数据控制功能。数据库为多个用户和应用程序所共享，对数据的存取往往是并发的，即多个用户可以同时存取数据库中的数据，甚至可以同时存取数据库中的同一个数据。为确保数据库数据的正确有效和数据库系统的有效运行，数据库管理系统提供下述 4 个方面的数据控制功能。

①数据的安全性控制。数据的安全性控制是指防止不合法使用数据造成数据的泄露和破坏，保证数据的安全和机密。例如，系统提供口令检查或其他手段来验证用户身份，防止非法用户使

用系统；也可以对数据的存取权限进行限制，只有通过检查后才能执行相应的操作。

②数据的完整性控制。数据的完整性控制是指系统通过设置一些完整性规则以确保数据的正确性、有效性和相容性。正确性是指数据的合法性，如年龄属于数值型数据，只能包含0，1，…，9这些阿拉伯数字，不能包含字母或特殊符号。有效性是指数据是否在其定义的有效范围内，如月份只能用1~12之间的正整数表示。相容性是指表示同一事实的两个数据应相同，否则就不相容，如一个人不能有两个性别。

③并发控制。并发控制是指防止多用户同时存取或修改数据库时，因相互干扰而提供给用户不正确的数据，并使数据库受到破坏。

④数据恢复。当数据库被破坏或数据不可靠时，系统有能力将数据库从错误状态恢复到最近某一时刻的正确状态。

在数据库阶段，程序与数据之间的关系如图1.3所示。

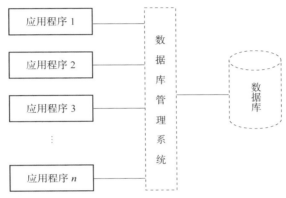

图 1.3　数据库阶段程序与数据之间的关系

1.1.3　数据库系统的组成

1. 有关数据库系统的几个基本概念

1）数据库（DataBase，DB）

数据库是存储在计算机存储设备上的、结构化的相关数据的集合，这些数据被数据库管理系统按一定的组织形式存储在各个数据文件中。数据库中的数据具有较小的冗余度、较高的数据独立性和易扩展性，具有完善的自我保护能力和数据恢复能力，并能够提供数据共享。

2）数据库系统（DataBase System，DBS）

数据库系统是指引入数据库后的计算机系统。它主要由五部分组成：硬件系统、数据库、数据库管理系统、数据库应用系统、用户，如图1.4所示。

3）数据库管理系统（DataBase Management System，DBMS）

数据库管理系统是数据库系统中对数据进行管理的软件系统，位于用户与操作系统之间。数据库管理系统可以对数据库的建立、使用和维护进行管理，可以使数据库中的数据具有最小的冗余度，并对数据库中的数据

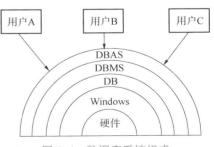

图 1.4　数据库系统组成

提供安全性和完整性等统一控制机制，方便用户以交互命令方式或程序方式对数据库进行操作。

DBMS是数据库系统的核心组成部分，用户对数据库的定义、查询、更新等各种操作都是通过DBMS进行的。

4）数据库应用系统（DataBase Application System，DBAS）

数据库应用系统是指系统开发人员利用数据库系统资源开发出来的、面向某一类实际应用问题的应用软件系统，如以数据库为基础的教学管理系统、财务管理系统、图书管理系统等。一个数据库应用系统通常由数据库和应用程序组成，是在数据库管理系统支持下设计和开发出来的。

5）用户（Users）

用户是指使用和管理数据库的人，他们可以对数据库进行存储、维护和检索等操作。数据库系统中用户可分为以下 3 类。

（1）终端用户。终端用户主要是指使用数据库的各级管理人员、工程技术人员等，一般来说，他们是非计算机专业人员。

（2）应用程序员。应用程序员负责为终端用户设计和编制应用程序，以便终端用户对数据库进行操作。

（3）数据库管理员。数据库管理员是指对数据库进行设计、维护和管理的专门人员。

2. 数据库系统的发展

经过三十余年的发展，数据库系统已走过了第一代（格式化数据库系统）、第二代（关系数据库系统），现正向第三代（对象-关系数据库系统）迈进。

1）格式化数据库系统

格式化数据库系统是对第一代数据库系统的总称，其中又包括层次型数据库系统与网状型数据库系统两种类型，这一代数据库系统具有以下特征。

（1）采用"记录"为基本的数据结构。在不同的"记录型"（Record Type）之间，允许存在相互联系。

"层次模型"（Hierarchical Model）的总体结构为树形，在不同记录型之间只允许存在单线联系，如图 1.8 所示；"网状模型"（Network Model）的总体结构为网状结构，在两个记录型之间允许存在两种或多于两种的联系，如图 1.9 所示。前者适用于管理具有家族系统结构的数据库，后者则更适用于管理在数据之间具有复杂联系的数据库。

（2）无论是层次模型还是网状模型，一次查询只能访问数据库中的一个记录，存取效率不高。对于具有复杂联系的系统，用户查询时还需详细描述数据的访问路径（存取路径），操作也比较麻烦。因此，自关系数据库系统兴起后，格式化数据库系统已逐渐被关系数据库系统所取代，目前仅在一些大中型计算机系统中使用。

2）关系数据库系统（Relational DataBase System，RDBS）

早在 1970 年，IBM 公司 San Jose 研究实验室的研究员科德（E. F. Codd）就在一篇论文中提出了"关系模型"（Relational Model）的概念，从而开创了关系数据库理论的研究。

20 世纪 70 年代中期，国外已有商品化的 RDBS 问世，数据库系统随之进入了第二代。80 年代后，RDBS 在包括 PC 在内的各类型计算机上实现，目前在 PC 上使用的数据库系统主要是 RDBS。

与第一代数据库系统相比，RDBS 具有以下优点。

（1）采用人们习惯使用的表格作为基本的数据结构，通过公共的关键字段来实现不同二维表之间（或"关系"之间）的数据联系。关系模型呈二维表形式，简单明了，使用与学习都很方便。

（2）一次查询仅用一条命令或语句，即可访问整个"关系"（或二维表），因而查询效率较高，不像第一代数据库系统那样每次仅能访问一个记录。在 RDBS 中，通过多表联合操作，还能对有联系的若干二维表实现"关联"查询。

3）对象-关系数据库系统（Object-Relational DataBase System，ORDBS）

RDBS 管理的信息，可包括字符型、数值型、日期型等多种类型，但本质上都属于单一的文本信息。多媒体应用的扩大，对数据库提出了新的要求，希望数据库系统能存储图形、声音等复杂的对象，并能实现复杂对象的复杂行为。将数据库技术与面向对象技术相结合，便顺理成章地成为研究数据库技术的新方向，构成了第三代数据库系统的基础。

20世纪80年代中期以来，人们对于面向对象的数据库系统（Object-Oriented DataBase System，OODBS）的研究十分活跃。1989年和1990年，《面向对象数据库系统宣言》和《第三代数据库系统宣言》相继发表，后者主要介绍对象-关系数据库系统。一批代表新一代数据库系统的软件产品也陆续推出。由于ORDBS是建立在RDBS技术之上的，可以直接继承RDBS的原有技术和用户基础，因此其发展比OODBS更为顺利，正在成为第三代数据库系统的主流。

3. 数据库系统的分类

1987年，著名的美国数据库专家厄尔曼（J. D. Ullman）教授在一篇题为《数据库理论的过去和未来》的论文中，曾把数据库理论概括为4个分支：关系数据库理论、面向对象数据库理论、分布式数据库理论、演绎数据库理论。今天，关系数据库已经得到广泛的应用，并成为当今数据库系统的主流。其余3个分支，在过去十余年间也取得了不小的进展，并在理论研究的基础上开发出各种实用的数据库系统，下面对其进行详细介绍。

1）面向对象数据库

数据库的发展时代是根据所采用的数据模型划分的。这里的数据模型，首先是指把数据组织起来所采用的数据结构，同时也包含数据操作和数据完整性约束等要素。与第一代数据库常见的层次模型和网状模型相比，关系模型不仅简单易用，理论也比较成熟，但如果用它来存储和检索包括图形、文本、声音、图像在内的多媒体数据，就显得不太方便了。因此，当面向对象技术兴起后，人们就探索用对象模型来组织多媒体数据库，推动并促进了第三代数据库的诞生。

多媒体数据库是面向对象数据库的重要实例，它管理的数据不仅容量大，而且长短不一，检索方法也从传统数据库的"精确查询"，改变为以"非精确匹配和相似查询"为主的"基于内容"的检索。20世纪90年代，一些著名的第二代数据库如Oracle、Sybase等都在原来关系模型的基础上引入了对象机制，扩展了对多媒体数据的管理功能。

2）分布式数据库

如果说多媒体应用促进了面向对象数据库的发展，而网络的应用与普及，则推动了分布式数据库的发展。在早期的数据库中，数据都是集中存放的，即所谓的集中式数据库。分布式数据库则把数据分散地存储在网络的多个节点上，彼此用通信线路连接。例如，一家银行有众多储户，如果他们的数据集中存放在一个数据库中，则所有的储户在存、取款时都要访问这个数据库，网络通信量必然很大；若改用分布式数据库，将储户的数据分散地存储在离各自住所最近的储蓄所，则大多数时候数据可就近存取，仅有少数时候数据需远程调用，从而大大减少了网络上的数据传输量。现在在Internet/Intranet上流行的Web数据库，就是分布式数据库的实例，它使全城（市）的储户通过同一家银行的任何一个储蓄所，都能够实现通存通兑。

分布式数据库也是多用户数据库，可供多个用户同时在网络上使用。但多用户数据库并非总是分布式存储的。以飞机订票系统为例，它允许乘客在多个售票点进行订票，但同一家航空公司的售票数据通常是集中存放的，而不是分散存放在各个售票点上。

3）演绎数据库

传统数据库存储的数据都代表已知的事实，演绎数据库则除存储事实外，还能存储用于逻辑推理的规则。例如，某演绎数据库存储有"校长领导院长"的规则。如果该数据库中同时存有"甲是校长""乙是院长"等数据，那么它就能推理得出"甲领导乙"的新事实。

由于这类数据库是由"事实+规则"所构成的，因此有时也称为基于规则的数据库或逻辑数据库。它所采用的数据模型则称为逻辑模型或基于逻辑的数据模型。随着人工智能不断走向实用化，对演绎数据库的研究也日趋活跃。演绎数据库与专家系统和知识库一起被称为智能数据库。其关键是逻辑推理，如果推理模式出现问题，便可能导致出现荒诞的结果。

1.2 数据模型

数据模型是工具，是用来抽象表示和处理现实世界中的数据和信息的工具。数据模型应满足三方面的要求：一是能够比较真实地模拟现实世界；二是容易被人理解；三是便于在计算机系统中实现。

1.2.1 基本概念

数据模型是客观事物及其联系的数据描述，它应具有描述数据和数据联系两方面的功能。数据模型由数据结构、数据操作和数据的约束条件三部分组成。其中数据结构是所研究对象类型的集合，是对系统静态特征的描述；数据操作是指对数据库中各种对象（型）的实例（值）允许执行的操作的集合；数据的约束条件是一组完整性规则的集合。所谓完整性规则是指数据模型中数据及其联系所具有的制约和依存规则，用以限定符合数据模型的数据库状态以及状态的变化，以保证数据的正确、有效、相容。

数据模型是模型的一种，它是现实世界数据特征的抽象，是数据和数据之间相互联系的形式，是数据和信息的处理工具，现实世界中的具体事务必须用数据模型这个工具来抽象和表示。

根据模型应用的目的不同，可以将这些模型划分为两类，它们分属于两个不同的层次。一类模型是概念模型，它是按用户的观点对数据和信息建模，是用户和数据库设计人员之间进行交流的工具，主要用于数据库设计，该类模型中最主要的是实体关系模型。另一类模型是数据模型，主要包括网状模型、层次模型和关系模型等，它是按计算机系统的观点对数据建模，主要用于 DBMS 的实现。

数据模型是数据库系统的核心和基础，DBMS 软件都是基于某种数据模型的。

1.2.2 概念模型与 E-R 图

在数据库技术中，用数据的概念模型描述数据库的结构和语义，表示实体及实体之间的联系。概念模型是对客观事物及其联系的一种抽象的描述。

1. 几个相关的基本概念

1）实体（Entity）

客观存在并且可以相互区别的事物称为实体。实体可以是具体的事物，如一名教师、一门课程、一本教材；也可以是抽象的事件，如一次授课、一场考试等。

2）属性（Attribute）

实体所拥有的各类性质称为属性。实体有很多性质，如教师实体有教师号、姓名、性别、出生日期、学历等方面的属性。

属性有"型"和"值"之分。"型"即为属性名，如教师号、姓名、性别、出生日期是属性的型；"值"即为属性的具体内容，如"20180936""张大鹏""男""1999 年 10 月 01 日"

"大学本科""航天学院"等，这些属性值的集合表示了一名教师实体。

3）实体集（Entity Set）和实体型（Entity Type）

具有相同类型及相同性质的实体的集合称为实体集。而属性的集合表示一种实体的类型，称为实体型。例如，学生（学号，姓名，性别，年龄，政治面貌，简历，照片）就是一个实体型，对于学生来说，全体学生就是一个实体集。

4）联系（Connection）

实体之间的对应关系称为联系，它反映现实世界事物之间的相互联系。实体内部的联系通常是指组成实体的各属性之间的联系，实体之间的联系通常是指不同实体集之间的联系。

2. 实体间的联系

两个实体集（设 A，B）的联系可分为 3 种类型，即一对一的联系、一对多的联系和多对多的联系。

1）一对一的联系（1:1）

实体集 A 中的一个实体只能与实体集 B 中的一个实体相对应，反之亦然，则称实体集 A 与实体集 B 为一对一的联系，记为 $1:1$。例如，一个学校有一名校长，校长和学校之间存在一对一的联系。

2）一对多的联系（$1:n$）

实体集 A 中的一个实体与实体集 B 中的多个实体相对应，反之，实体集 B 中的一个实体只能与实体集 A 中的一个实体相对应，记为 $1:n$。例如，班级与学生两个实体集之间存在一对多的联系，一个班有多名学生，一名学生只能属于一个班，班级和学生之间存在一对多的联系。

3）多对多的联系（$m:n$）

实体集 A 中的一个实体与实体集 B 中的多个实体相对应，反之，实体集 B 中的一个实体与实体集 A 中的多个实体相对应，记为 $m:n$。例如，学生与课程两个实体集之间存在多对多的联系，因为一名学生可以选修多门课程，而一门课程又可以被多名学生所选修，所以学生和课程之间存在多对多的联系。

一对多的联系是最普遍的联系，我们可以把一对一的联系看作一对多联系的一个特例。

3. E-R 模型与 E-R 图

E-R 模型（Entity Relationship Model）是人们描述数据及其联系的概念数据模型，是数据库应用系统设计人员和普通非计算机专业用户进行数据建模和沟通交流的有力工具，使用起来非常直观易懂、简单易行。进行数据库应用系统设计时，首先要根据用户需求建立合乎需要的E-R模型，然后建立与计算机数据库管理系统相适应的逻辑数据模型和物理数据模型，最后才能在计算机系统上安装、调试和运行数据库。

1）E-R 模型中的基本构件符号

E-R 模型是一种用图形表示数据及其联系的方法，所使用的图形构件（元件）包括矩形、菱形、椭圆形和连接线。

矩形表示实体，矩形框内写上实体名。

菱形表示联系，菱形框内写上联系名。

椭圆形表示属性，椭圆形框内写上属性名。

连接线表示实体、联系与属性之间的所属关系或实体与联系之间的相连关系。

2）各种联系的 E-R 图表示

对于一对一、一对多和多对多 3 种实体联系，可以用 E-R 图来表示，如图 1.5 所示。

若每种联系来自同一个实体，则它们的 E-R 图如图 1.6 所示。

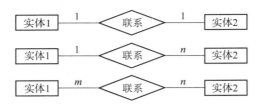

图 1.5　3 种联系的 E-R 图

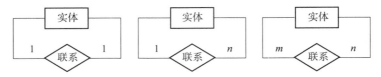

图 1.6　3 种联系的单实体的 E-R 图

两个实体的联系是基本联系，在现实世界中经常出现 3 个或更多的实体相互联系的情况，有时 3 个实体之间，两两存在着不同类型的联系。例如，学生、课程和教师这 3 个实体，多名学生可以选多门课程，而每一门课程又可以被多名学生选，每门课程唯一对应一名教师，一名教师又可以教授多门课程，这样学生与课程之间就是多对多的联系，课程和教师之间就是多对一的关系，学生和教师之间无须直接给出，它可以从两个联系中推导出来，即学生和教师是多对多的关系。学生、课程和教师这 3 个实体之间的联系所对应的 E-R 图如图 1.7 所示。

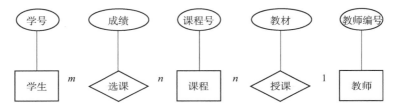

图 1.7　学生、课程和教师这 3 个实体之间的联系所对应的 E-R 图

在图 1.7 中，每一个实体和联系上，只给出了一个代表属性，其他属性没有给出。"选课"联系的属性"成绩"表示某名学生选修某门课程的考试成绩，"授课"联系的属性"教材"表示教师教授某门课程时所选用的教材。若要找出某名学生所选课程的任课教师，则首先通过选课联系查出相应的课程，再通过授课联系找出对应的任课教师即可。

在实际的 E-R 图设计中，除了设计各实体和联系，还要确定每个实体和联系所包含的属性，不必是全部属性，但要取其相关和必要的属性。任何一个应用系统设计的 E-R 图都不是唯一的，与对应的设计思路和设计方法及对系统的分析程度相关联。合理的、符合实际和贴近运营管理要求的 E-R 图，对于应用系统的使用者和应用系统的设计开发者都是有好处的。

1.2.3　3 种数据模型

数据模型是数据库系统的基础，任何一个数据库管理系统都是基于某种数据模型的。数据库管理系统所支持的传统数据模型分为 3 种：层次模型、网状模型和关系模型。

3 种数据模型之间的根本区别在于实体之间联系的表示方式不同。层次模型用树形结构来表示实体之间的联系；网状模型用网状结构来表示实体之间的联系；关系模型用二维表（或称关系）来表示实体之间的联系。

1. 层次模型

层次模型表示数据间的从属关系结构，是一种以记录某一事物的类型为根节点的有向树结构。层次模型像一棵倒立的树，根节点在上，层次最高，子节点在下，逐层逐级排列。上级节点与下级节点之间为一对多的联系。图1.8给出了一个层次模型的例子，其中，"工业大学"为根节点，"工业大学"以下为各级子节点。

层次模型具有以下特征：

①有且仅有一个根节点而且无双亲；

②根节点以下的子节点，向上层仅有一个父节点，向下层有若干子节点；

③最下层为叶节点且无子节点。

支持层次模型的数据库管理系统称为层次数据库管理系统，其中的数据库称为层次数据库。

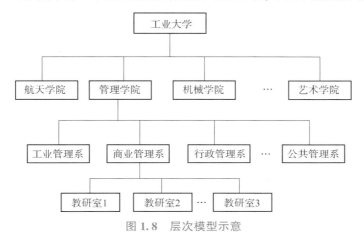

图1.8　层次模型示意

2. 网状模型

现实世界中事物之间的联系更多是非层次关系的，用层次模型表示这种关系很不直观，网状模型克服了这一弊病，可以清晰地表示非层次关系。

网状模型是用网状结构表示实体与实体之间联系的模型。网状模型是层次模型的扩展，它表示多个从属关系的层次结构，可以允许两个节点之间有多种联系。网状模型表现为一种交叉关系的网络结构。

网状模型具有以下特征：

①有一个以上的节点无双亲；

②至少有一个节点有多双亲。

网状模型可以表示较复杂的数据结构，它不但可以表示数据间的纵向关系，而且可以表示数据间的横向关系。

网状模型中每个节点表示一个记录（实体），每个记录可包含若干个字段（实体的属性），节点间的连线表示记录（实体）间的父子关系。

网状模型的典型代表是数据库任务组（DataBase Task Group，DBTG）系统，也称CODASYL系统，它是20世纪70年代数据系统语言协会（Conference on Data System Language，CODASYL）下属的数据库任务组提出的一个系统方案。图1.9给出了一个抽象的简单的网状模型。

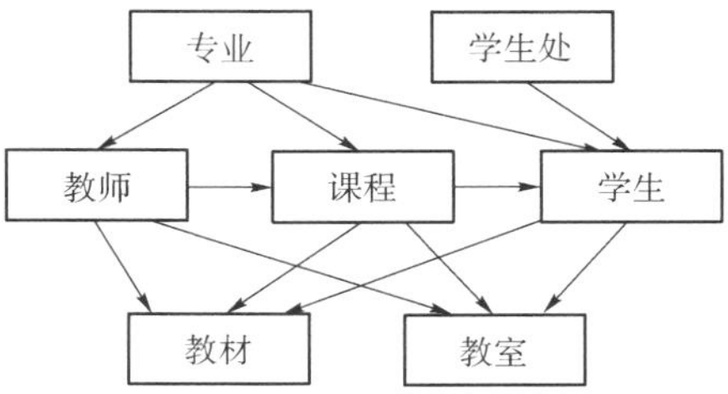

图1.9　网状模型示意

3. 关系模型

美国IBM公司的研究员E. F. Codd于1970年发表了题为《大型共享系统的关系数据库的关

系模型》的论文，文中首次提出了数据库系统关系模型。20 世纪 80 年代以来，计算机厂商推出的数据库管理系统几乎都支持关系模型，非关系系统的产品也大都加上了关系接口。IBM 公司的 DB2 和微软公司的 SQL Server 数据库是关系数据库的代表。

用二维表结构来表示实体与实体之间联系的模型称为关系模型，由 IBM 公司的 E. F. Codd 于 1970 年首次提出，其特点是，理论基础完备、模型简单、具有说明性的查询语言和使用方便。

关系模型是发展较晚，也是最常用、最重要的一种数据模型。

在关系模型中，操作的对象和结果都是二维表，这种二维表就是关系。关系模型的主要特征是用二维表来表示实体集。例如，表 1.2 的"学生"表就是一个关系。

表 1.2　"学生"表

学号	姓名	性别	民族	出生日期	政治面貌	专业	班级	兴趣爱好
20220101	王琳	女	藏族	2003/1/30	团员	经济	2205	游泳，旅游
20220203	赵正	男	壮族	2003/7/9	中共党员	统计	2206	游泳，摄影
20220305	陈瑞	女	汉族	2002/12/3	团员	财务	2206	游泳，电影
20220407	崔婷	女	白族	2001/2/5	团员	软件	2203	电影，旅游
20220509	马福良	男	汉族	2002/8/24	中共党员	物流	2202	电影，体育
20220610	徐舒怡	女	汉族	2001/9/3	团员	经济	2201	电影，旅游
20220112	蔡泓	男	回族	2003/1/10	团员	统计	2205	电影，网球
20220214	张楠	女	汉族	2002/7/19	团员	财务	2206	摄影，旅游
20220316	冯佳	女	回族	2001/1/24	中共党员	经济	2027	看书，唱歌
20220418	赵阳	男	藏族	2003/12/9	团员	软件	2208	游泳，电影
20220506	兰云	女	回族	2003/7/9	团员	财务	2209	电影，体育
20220606	吴艳	女	汉族	2001/5/26	团员	软件	2202	摄影，唱歌
20220700	张悦	女	汉族	2002/12/19	团员	经济	2205	游泳，体育
20200205	李一博	男	汉族	2002/11/26	团员	软件	2201	摄影，旅游
20200208	施正	男	回族	2001/9/10	团员	财务	2203	电影，体育
20201201	胡龙	男	白族	2002/11/3	团员	统计	2206	电影，旅游

（1）二维表的特点如下。

①表有表名。

②表由两部分构成，即一个表头和若干行数据。

③从垂直方向看，表由若干列组成，每列都有列名，如"学号""姓名"等。

④同一列的值取自同一个定义域。例如，"性别"的定义域是（男，女）。

⑤每一行的数据代表一名学生的信息，同样每一名学生在表中也有一行。

（2）对一个二维表可以进行以下操作。

①填表：将每名同学的数据填写进表格。

②修改：改正表中的错误数据。

③删除：去掉一名学生的数据（如：某名同学已退学或出国等）。

④查询：在表中按某些条件查找满足条件的学生。

（3）关系的特点。

关系是一种规范化了的二维表，为了简化相应的数据操作，在关系模型中，对关系作了各种限制。关系具有如下特性：

①关系中的每一数据项不可再分，即数据项是最基本的单位，满足此条件的关系称为规范化关系，否则称为非规范化关系；

②每一竖列的数据项是同属性的，列数根据需要而设，且各列的顺序是任意的；

③每一行记录由一个个体事物的诸多属性构成，记录的顺序可以是任意的；

④一个关系是一个二维表，不允许有相同的字段名，也不允许有相同的记录行。

关系模型对数据库的理论和实践产生了很大的影响，成为当今最流行的数据模型。关系模型是通过严格的数学定义来完成一系列操作的，如同我们在学知识时一定要脚踏实地，循序渐进，并形成严谨的科学态度，本书重点介绍的是关系数据库的基本概念和使用。

4. 3 种数据模型的优缺点

表 1.3 为 3 种数据模型的优缺点。

表 1.3　层次模型、网状模型和关系模型的优缺点

数据模型	占用内存空间	处理效率	设计弹性	数据设计复杂度	界面亲和力
层次模型	大	高	低	高	低
网状模型	中	中高	中低	高	中低
关系模型	小	低	高	低	高

1.3　关系型数据库

1.3.1　关系型数据库概述

关系型数据库系统是支持关系模型的数据库系统。它采用数学方法来处理数据库中的数据，一个关系的逻辑结构就是一个二维表，而用二维表的形式表示事物之间联系的数据模型就称为关系模型，通过关系模型建立的数据库称为关系型数据库，简称关系数据库。

在 Access 2016 中一个"表"就是一个关系，表 1.2 是一个关系，表 1.4、表 1.5 和表 1.6 给出了另外 3 个表（关系），即"教师"表、"授课"表及"课程"表，前两个表都有标识教师的唯一属性"教师号"，后两个表又都有"课程编号"，根据"教师号"和"课程编号"通过一定的关系运算就可以把表联系起来，形成关系数据库。根据后续章节的需要，给出了表 1.7 所示的"成绩"表。

表 1.4　"教师"表

教师号	姓名	性别	出生日期	政治面貌	学历	职称	专业	所属院系
20010102	王强	男	1968/7/8	中共党员	大学本科	教授	英语	外语学院
20010589	张宏	男	1970/5/26	群众	研究生	教授	英语	外语学院
20010591	李刚	男	1971/1/25	群众	大学本科	教授	管理	管理学院
20010593	赵辉	男	1967/9/18	中共党员	研究生	教授	英语	外语学院
20010601	孙同心	男	1969/10/6	群众	研究生	教授	计算机	信息学院

续表

教师号	姓名	性别	出生日期	政治面貌	学历	职称	专业	所属院系
20011001	康燕	女	1970/6/18	中共党员	研究生	教授	管理	管理学院
20020592	孙海强	男	1969/6/25	中共党员	研究生	副教授	计算机	信息学院
20020594	李娜	女	1968/5/19	群众	研究生	副教授	金融	会计学院
20030103	张丽云	女	1972/1/27	群众	研究生	副教授	管理	管理学院
20030104	王丽	女	1979/12/29	中共党员	研究生	副教授	金融	会计学院
20050590	刘玲	女	1979/12/29	群众	大学本科	讲师	财务	会计学院
20050602	周杨	男	1978/9/9	群众	研究生	讲师	财务	会计学院
20050603	李彤彤	女	1972/4/29	中共党员	研究生	讲师	财务	会计学院
20060105	李元	女	1987/12/11	群众	研究生	讲师	计算机	信息学院

表 1.5　"授课"表

教师号	课程编号	课程名称	课程类别
20010102	B0101	大学英语	必修课
20010591	X0115	软件工程	限选课
20010593	B0104	数据库原理	必修课
20020594	B0102	会计学	必修课
20020594	B0114	统计学	必修课
20020594	X0109	经济法	限选课
20060105	B0113	程序设计	必修课

表 1.6　"课程"表

课程编号	课程名称	课程类别	学分	课程简介
B0101	大学英语	必修课	6	
B0102	会计学	必修课	4	
B0103	审计学	必修课	4	
B0104	数据库原理	必修课	4	
B0107	计算机组成原理	必修课	4	
B0108	高等数学	必修课	4	
B0110	数据结构	必修课	4	
B0111	专业英语	必修课	3	
B0112	编译原理	必修课	3	
B0113	程序设计	必修课	3	
B0114	统计学	必修课	3	
B0116	计算机网络	必修课	3	

续表

课程编号	课程名称	课程类别	学分	课程简介
C0105	数值分析	选修课	2	
X0106	经济预测	限选课	3	
X0109	经济法	限选课	3	
X0115	软件工程	限选课	3	

表 1.7　"成绩"表

学号	课程编号	分数	学号	课程编号	分数	学号	课程编号	分数
20220101	B0101	67	20224056	B0102	78	20220208	B0116	87
20220203	B0101	56	20220203	X0109	67	20220305	C0105	52
20220305	B0101	96	20220509	B0116	65	20221218	X0109	67
20220305	B0104	67	20220208	B0110	67	20223307	B0112	81
20220101	X0115	87	20220305	B0107	72	20221206	B0112	78
20220203	B0114	67	20223054	B0102	81	20220305	B0110	83
20220208	B0113	81	20220203	B0113	56	20223054	B0104	56
20220305	X0115	56	20221206	B0110	72	20225010	B0104	87
20224056	B0101	82	20224056	B0104	45	20224056	B0110	52
20220101	B0104	55	20220305	B0113	83	20220407	B0113	81
20223307	B0101	75	20221218	B0101	91	20221815	B0104	82
20220407	B0101	67	20225010	B0116	56	20220509	B0107	82
20225010	X0115	67	20220407	B0104	66	20221815	B0113	75
20220101	B0113	87	20224056	B0114	87	20224056	B0113	75

1. 关系术语

1）关系

一个关系就是一个规范化的二维表，每个关系都有一个关系名，如"教师"表和"课程"表。

2）元组

在一个二维表（一个关系）中，水平方向的行称为元组，元组对应表中的一个记录。例如，在"教师"表和"课程"表两个关系中就包括多个元组（多个记录）。

3）属性

二维表中垂直方向的列称为属性。每一列有一个属性名，在 Access 2016 系统中称为字段名。例如，"学生"表中的"学号""姓名"和"性别"等均为字段名。

4）域

域是属性的取值范围，即不同元组对同一属性的取值所限定的范围。例如，"性别"的域为"男"和"女"两个值。

5）主键

主关键字（简称主键）的值能够唯一标识一个元组的属性或属性组合，在 Access 2016 中表示为字段或字段的组合。例如，"学生"表中的"学号"字段可以作为标识一个记录（元组）的主键，而"性别"字段则不能唯一标识一个记录（元组）。因此，不能将其定义为主键。主键能够起到唯一标识一个元组的作用。

6）外键

表之间的关系是通过外部关键字（简称外键）来建立的，一个表中的外键就是与它所指向的表中的主键对应的一个属性。如果两个表之间呈现一对多关系，则"一"表的主键字段必然出现在"多"表中，成为联系两个表的纽带，"多"表中出现的这个字段就被称为外键。

2. 关系的基本性质

关系的基本性质如下：

①每一列的数据项都是不可再分项；

②每一列的数据项必须来自同一个域，也就是具有相同的数据类型；

③每一列的数据项属性名（字段名）必须唯一；

④列的顺序可以是任意的；

⑤行的顺序也可以是任意的；

⑥不允许出现完全相同的行（元组）；

⑦每一个元组（记录）必须有一个唯一标识，也就是主键。

关系模型看起来简单，但不能将日常手工管理所用的各种表格，按照一个表一个关系直接存放到数据库系统中。在关系模型中对关系有一定的要求，最基本的要求是所有属性值都是原子项（不可再分）。

手工制表中经常出现如表 1.8 所示的复合表。这种表格不是二维表，因为应发工资部分被分成基本工资、奖金和津贴 3 个属性，应扣工资部分存在同样的问题。为了把它作为关系来存储，必须去掉应发工资和应扣工资这两项。

表 1.8　复合表示例

教师号	姓名	应发工资部分			应扣工资部分			实发工资
		基本工资	奖金	津贴	代扣税	社保	水电费	

1.3.2　关系的完整性

为了维护数据库中数据与实际的一致性，关系数据库中的数据在进行插入、删除与更新操作时必须遵循数据完整性规则。数据完整性规则是对关系的某种约束条件。在关系模型中有 3 类完整性规则，即实体完整性、参照完整性和用户定义完整性。其中实体完整性和参照完整性是关系模型必须满足的完整性约束，被称为关系的两个不变性，由关系数据库管理系统自动支持。

1. 实体完整性

若属性或属性集 A 是关系 R 的关键字，则任何一个元组在 A 上不能取空值（Null）。所谓空值就是"不知道"或"无意义"的值。例如，在"教师"表中，"教师号"不能取空值。

2. 参照完整性

如果关系 R 中某属性集 F 是关系 S 的关键字，则对关系 R 而言，F 被称为外键，并称关系 R 为参照关系，关系 S 为被参照关系或目标关系。参照完整性是指关系 R 的任何一个元组在外键 F 上的取值要么是空值，要么是被参照关系 S 中一个元组的关键字值。参照完整性要保证不引用不存在的实体。

表在建立关联关系以后，可以设置参照完整性，参照完整性中的规则可以使在对表进行记录的插入、删除和更新时，既能保持已定义的表间关系，又能使被关联的表中的数据保持一致性。在生活中，我们都是集体中的一分子，是社会的成员，在做事情时要有集体观念，不能随心所欲，要遵守规则，如同数据库中的一个表，要想和数据库中的其他被关联的表保持一致性，就要遵守参照完整性规则。

3. 用户定义完整性

任何关系数据库系统都应该支持实体完整性和参照完整性，在实际应用中，用户还可以定义完整性。用户定义完整性就是针对某一具体应用环境的约束条件，例如某个属性必须取唯一值、某个属性不能取空值（如"学号"，这就要求学生的学号不能取空值）、某个属性的取值范围在1~100之间（如某门课的成绩）等。

1.3.3　关系操作

1. 选择（Select）

从关系中找出满足给定条件的元组的操作称为选择。选择的条件以逻辑表达式形式给出，选取逻辑表达式的值为真的元组。例如，要从"教师"表中找出性别为"女"的教师，所进行的查询操作就属于选择运算。

选择是从行的角度进行的运算，即从水平方向抽取记录，经过选择运算得到的结果可以形成新的关系，其关系模式不变，但其中的元组是原关系的一个子集。

2. 投影（Project）

从关系模式中指定若干个属性组成新的关系称为投影。投影是从列的角度进行的运算，相当于对关系进行垂直分解。经过投影运算可以得到一个新关系，其关系模式所包含的属性个数往往比原来的关系少，或者属性的排列顺序不同。投影运算提供了垂直调整关系的手段，体现出关系中列次序无关的特点。例如，要从"教师"表中查询所有教师的姓名，所进行的查询操作就属于投影运算。

3. 联接（Join）

联接是关系的横向结合。联接运算是将两个关系模式合成一个更宽的关系模式，生成的新关系中包含满足联接条件的元组。

联接过程是通过联接条件来控制的，联接条件中将出现两个表中的公共属性名，或者具有语义相同的属性，联接的结果是满足条件的所有记录。

选择和投影运算的操作对象只是一个表，相当于对一个二维表进行切割。联接运算需要两个表作为操作对象。如果需要联接两个以上的表，则应当两两进行联接。

4. 自然联接（Natural Join）

在联接运算中，按照字段值对应相等为条件进行的联接操作称为"等值联接"，而自然联接是去掉重复属性的等值联接。自然联接是最常用的联接运算。

利用关系的投影、选择和联接运算可以在对关系数据库的查询中，方便地进行关系的分解或构造新的关系。

1.4　数据库设计基础

任何软件产品的开发过程都必须遵循一定的开发步骤。在创建数据库之前，首先要对数据库进行设计。建立一个数据库管理系统之前，合理地设计数据库的结构，是保障系统高效、准确完成任务的前提。

1.4.1 数据库设计的步骤

数据库设计过程的关键在于，明确数据的存储方式与关联方式。在各种类型的数据库管理系统中，为了能够更有效、更准确地为用户提供信息，往往需要将关于不同主题的数据存放在不同的表中。

例如一个学生管理数据库，至少应有两个表，一个表用来存放学生基本情况，另一个表用来存放课程情况。现在要查看某一门课程及选修该课程的学生情况，就需要在两个表之间建立一个联系（即增加一个联系表）。

因此，在设计数据库时，首先要把数据分解成不同相关内容的组合，分别存放在不同的表中，然后确定这些表相互之间是如何进行关联的。

说明

> 虽然可以使用一个表来同时存储学生数据和课程数据，但这样数据的冗余度太高，而且无论对设计者来说，还是对使用者来说，在数据库的创建和管理上都将非常麻烦。

设计数据库的一般步骤如下：

①分析数据需求，确定数据库要存储哪些数据；

②确定需要的表，一旦明确了数据库需要存储的数据和所要实现的功能，就可以将数据分解为不同的相关主题，在数据库中为每个主题建立一张表；

③确定需要的字段，确定在各表中存储数据的内容，即确立表的结构；

④确定各表之间的关系，仔细研究各表之间的关系，确定各表之间的数据应该如何进行联接；

⑤改进整个设计，可以在各表中加入一些数据作为例子，然后对这些例子进行操作，看是否能得到希望的结果，如果发现设计不完备，则可以对设计作一些调整。

在最初的设计中，不必担心发生错误或遗漏，因为在数据库设计的初始阶段出现一些错误，在 Access 中是容易修改的。如果数据库中有大量数据，并且被用到查询、报表和窗体中以后，再进行修改就比较困难了。因此，在确定数据库设计之前一定要作适量的测试、分析，排除其中的错误和不合理的设计。

下面以"学生管理"应用系统为例，介绍数据库设计的一般步骤。

1.4.2 创建数据库的目的

首先考虑"为什么要建立数据库及建立数据库要完成的任务"。这是数据库设计的第一步也是数据库设计的基础。与数据库的最终用户进行交流，了解现行工作的处理过程，讨论怎样保存要处理的数据。要尽量收集与当前处理有关的各种数据表格。

建立"学生管理"数据库的目的是实现教学管理，即对教师、学生、课程、教室等相关数据进行管理。

在功能方面的要求是，在"学生管理"数据库中，至少应存放教与学两方面的数据，即有关学生的情况、教师的情况、课程安排、教室安排以及考试成绩等方面的数据。要求从中可以查出每名学生各门课程的成绩、某门课程由哪名教师担任、哪些学生选修了这门课、教师及学生的上课地点以及这门课程的考试成绩等信息。如有可能，应尽量使用表格形式来描述些数据。

1.4.3 确定数据库中的表

从确定的数据库所要解决的问题和收集的各种表格中，不一定能够找出生成这些表格结构的线索。因此，不要急于建立表，而应先进行设计。

为了能更合理地确定出数据库中应包含的表，应按下列原则对信息进行分类：

①若每条信息只保存在一个表中，则只需在一处进行更新，这样效率高，同时也能消除含不同信息的重复项的可能性；

②每个表应该只包含关于一个主题的信息。例如，在"学生管理"数据库中，应将教师和学生的信息分开，这样在删除一名学生的信息时就不会影响教师信息；学生信息可分为两类，即个人信息和学习成绩信息。

根据上述分析，可以初步拟订该数据库应包含5个数据表：学生、教师、成绩、课程、授课。

表确定以后，就要确定每个表应该包含哪些字段，在确定所需字段时，要注意以下几点：

①每个字段包含的内容应该与表的主题相关，应包含相关主题所需的全部信息；

②不要包含需要推导或计算的数据；

③一定要以最小逻辑部分作为字段来保存信息。

根据以上原则，可以为"学生管理"数据库的各个表设置表结构，如表1.9~表1.13所示。

表 1.9 "学生"表结构

字段名	字段类型	字段宽度	小数位数	字段名	字段类型	字段宽度	小数位数
学号	短文本	8		党员否	是/否		
姓名	短文本	10		专业	短文本	8	
性别	短文本	1		班级	短文本	8	
民族	短文本	10		简历	长文本		
出生日期	日期/时间	短日期		照片	OLE 对象		

表 1.10 "教师"表结构

字段名	字段类型	字段宽度	小数位数	字段名	字段类型	字段宽度	小数位数
教师号	短文本	8		职称	短文本	10	
姓名	短文本	10		专业	短文本	10	
性别	短文本	1		所属院系	短文本	10	
政治面貌	短文本	10		在职否	是/否		
出生日期	日期/时间	短日期		简历	长文本		
学历	短文本	10		照片	OLE 对象		

表 1.11 "成绩"表结构

字段名	字段类型	字段宽度	小数位数	字段名	字段类型	字段宽度	小数位数
学号	短文本	8		分数	数字	单精度型	
课程编号	短文本	5					

表 1.12 "课程"表结构

字段名	字段类型	字段宽度	小数位数	字段名	字段类型	字段宽度	小数位数
课程编号	短文本	5		学分	数字	整型	
课程名称	短文本	10		课程简介	长文本		
课程类别	短文本	8					

表 1. 13　"授课" 表结构

字段名	字段类型	字段宽度	小数位数	字段名	字段类型	字段宽度	小数位数
教师号	短文本	8		课程名称	短文本	10	
课程编号	短文本	5		课程类别	短文本	8	

1.4.4　确定主键及创建表之间的关系

到目前为止，已经把不同主题的数据项分在不同的表中，且在每个表中可以存储各自的数据。但是在 Access 中，每个表又不是完全孤立的部分，表与表之间有可能存在相互的联系。例如，前面创建的"学生管理"数据库中有 5 个表，它们的结构如表 1.9~表 1.13 所示。仔细分析这 5 个表不难发现，不同表中有相同的字段名，如"学生"表中的"学号"，"成绩"表中也有"学号"，通过这个字段，就可以建起这两个表之间的关系。

1. 主键

为保证在不同表中的信息发生联系，每个表有一个能够唯一确定每个记录的字段或字段组合，该字段或字段组合被称为主键。主键用于将表联系到其他表的外键（被联接表中与主键匹配的字段或字段组合），从而使不同表中的信息发生联系。

如果表中没有可作为主键的字段，则可以在表中增加一个字段，该字段的值为序列号，以此来标识不同记录。

主键的性质：主键的值不允许重复；主键不允许是空值（Null）。

2. 关系的种类

表之间的关系可以归结为以下 3 种类型。

1）一对一关系

一对一关系表现为主表中的每一个记录只与相关表中的一个记录相关联。例如，人事部门的教师表和财务部门的工资表之间就存在一对一关系。

2）一对多关系

一对多关系表现为主表中的每个记录与相关表中的多个记录相关联。即表 A 中的一个记录在表 B 中可以有多个记录与之对应，但表 B 中的一个记录最多只能与表 A 中的一个记录对应。在上面建立的"学生管理"数据库中，"学生"表和"成绩"表之间就是一对多关系，因为一名学生可以有多门课程的成绩。

一对多关系是最普遍的关系，也可以将一对一关系看作一对多关系的特殊情况。

3）多对多关系

考察学校中学生和课程两个实体集，一名学生可以选修多门课程，一门课程有多名学生选修。因此，学生和课程之间存在多对多关系。

在 Access 中，多对多关系表现为一个表的多个记录在相关表中可以有多个记录与之对应。即表 A 中的一个记录在表 B 中可以对应多个记录，而表 B 中的一个记录在表 A 中也可对应多个记录。

说明

在 Access 或 SQL Server 等数据库中，只有一对一、一对多关系，并没有多对多关系，多对多是理论上及实际中会有的情况，但在数据库软件中不存在。因此，会将一个多对多关系分解为多个一对多关系。

因此，在设计数据库时，应将多对多关系分解为两个一对多关系，其方法就是在具有多对多关系的两个表之间创建第三个表，即纽带表。

在 Access 数据库中，表之间的关系一般都是一对多关系。把一端表称为主表或父表，将多端表称为相关表或子表。

例如，"学生"表和"课程"表之间就是多对多关系。每门课程可以有多名学生选修，同样一名学生也可以选修多门课程。而"成绩"表是"学生"表和"课程"表之间的纽带表，通过"成绩"表把"学生"表和"课程"表联系起来。例如，通过"学生"表和"成绩"表，可查出某名学生各门课的成绩，而通过"课程"表和"成绩"表，可以查出某门课程都有哪些学生选修，以及这门课程的考试成绩等信息。

这样，在"学生管理"数据库中共有 5 个表，分别是学生、成绩、课程、授课和教师。这 5 个表之间的关系如图 1.10 所示。

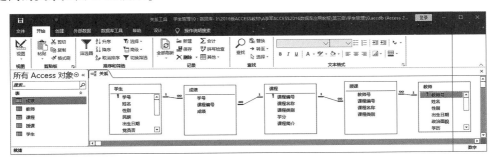

图 1.10　表之间的关系

1.4.5　完善数据库

在设计数据库时，由于信息复杂和情况变化会造成考虑不周，如有些表没有包含属于自己主题的全部字段，或者包含了不属于自己主题的字段。此外，在设计数据库时经常忘记定义表与表之间的关系，或者定义的关系不正确。因此，在初步确定了数据库需要包含哪些表、每个表包含哪些字段以及各个表之间的关系以后，还要重新研究设计方案，检查可能存在的缺陷，并进行相应修改，只有通过反复修改才能设计出一个完善的数据库系统。

本章小结 ▶▶ ▶

本章主要介绍了以下内容：
（1）数据与信息的关系、数据管理技术 3 个发展阶段的各自特点和数据库系统的组成；
（2）数据模型的构成和数据模型的分类，3 种数据模型的特点；
（3）关系模型的常用术语、特点及关系运算；
（4）关系模型的实体完整性、参照完整性和用户定义完整性；
（5）数据库设计的一般步骤，创建数据库的目的；
（6）确定数据库中的表，确定主键及创建表之间的关系。

习　题 ▶▶ ▶

1. 思考题
（1）什么是数据、数据库、数据库管理系统和数据库系统？

（2）数据管理技术的发展大致经历了哪几个阶段？各阶段的特点是什么？

（3）与文件系统相比，数据库系统有哪些优点？

（4）现常用的数据库管理系统软件有哪些？数据库管理系统和数据库应用系统之间的区别是什么？

（5）名词解释：实体、实体集和实体型。

（6）数据库管理系统所支持的传统数据模型是哪3种？各自都有哪些优缺点？

（7）如何理解关系、元组、属性、域、主键和外键？

（8）关系运算都有哪些？

（9）简述设计数据库的一般步骤。

2. 选择题

（1）数据库（DB）、数据库系统（DBS）和数据库管理系统（DBMS）之间的关系是（　　）。

A. DBMS 包括 DB 和 DBS 　　　　　　　　B. DB、DBS 和 DBMS 是平等关系

C. DB 包括 DBS 和 DBMS 　　　　　　　　D. DBS 包括 DB 和 DBMS

（2）数据管理技术的发展过程，大致经历了人工管理阶段、文件系统阶段和数据库阶段。其中数据独立性最高的阶段是（　　）阶段。

A. 数据库　　　　　B. 文件系统　　　　　C. 人工管理　　　　　D. 数据项管理

（3）如果表 A 中的一个记录与表 B 中的多个记录相匹配，且表 B 中的一个记录与表 A 中的多个记录相匹配，则表 A 与表 B 间的关系是（　　）关系。

A. 一对一　　　　　B. 一对多　　　　　C. 多对一　　　　　D. 多对多

（4）在数据库中能够唯一标识一个元组的属性（或者属性的组合）称为（　　）。

A. 记录　　　　　　B. 字段　　　　　　C. 关键字　　　　　D. 域

（5）表示二维表中的"列"的关系模型术语是（　　）。

A. 数据项　　　　　B. 元组　　　　　　C. 记录　　　　　　D. 字段

（6）表示二维表中的"行"的关系模型术语是（　　）。

A. 数据表　　　　　B. 元组　　　　　　C. 记录　　　　　　D. 字段

（7）Access 的数据库类型是（　　）。

A. 层次数据库　　　B. 网状数据库　　　C. 关系数据库　　　D. 面向对象数据库

（8）属于传统的集合运算的是（　　）。

A. 加、减、乘、除 　　　　　　　　　　B. 增加、删除、合并

C. 选择、投影、联接 　　　　　　　　　D. 并、差、交

（9）关系数据库管理系统的3种基本关系运算不包括（　　）。

A. 投影　　　　　　B. 选择　　　　　　C. 联接　　　　　　D. 比较

（10）下列关于关系模型特点的描述中，错误的是（　　）。

A. 在一个关系中元组和列的次序都无关紧要

B. 每个属性必须是不可分割的数据单元，表中不能再包含表

C. 可以将日常手工管理的各种表格，按照一个表作为一个关系直接存放到数据库系统中

D. 在同一个关系中不能出现相同的属性名

（11）在数据库设计的步骤中，确定了数据中的表后，接下来应该（　　）。

A. 确定表的主键　　　　　　　　　　　B. 确定表之间的关系

C. 确定表中的字段　　　　　　　　　　D. 分析建立数据库的目的

（12）在建立"学生管理"数据库时，将学生信息和教师信息分开，保存在不同的表的原因是（　　　）。

A. 避免字段太多，表太大

B. 便于确定主键

C. 当删除某一学生信息时，不会影响教师信息，反之亦然

D. 以上都不是

（13）Access 所属的数据库应用系统的理想开发环境的类型是（　　　）。

A. 大型　　　　　　B. 大中型　　　　　　C. 中小型　　　　　　D. 小型

（14）Access 是一个（　　　）软件。

A. 文字处理　　　　B. 数据库管理　　　　C. 网页制作　　　　D. 电子表格

（15）利用 Access 创建的数据库文件，其默认的扩展名为（　　　）。

A. .adp　　　　　　B. .dbf　　　　　　C. .accdb　　　　　D. .frm

3. 填空题

（1）在文件系统阶段存在的问题，主要表现在_____、_____、_____。

（2）实体间的联系可分为 3 种类型，即_____、_____和_____。

（3）数据库系统的特点是_____、_____、_____、_____、_____。

（4）数据库系统可分为_____、_____和_____三类。

（5）一个关系的逻辑结构就是一个二维表，而用二维表的形式表示事物之间联系的数据模型就称为_____。

（6）数据完整性包括_____、_____和_____。

（7）目前常用的数据库管理系统软件有_____、_____和_____。

（8）_____实际上就是存储在某一种媒体上的能够被识别的物理符号。

（9）一个关系的逻辑结构就是一个_____。

（10）对关系进行选择、投影或联接运算后，运算的结果仍然是一个_____。

（11）在关系数据库的基本操作中，从表中选择满足条件的元组的操作称为_____，从表中抽取属性值满足条件的列的操作称为_____，把两个关系中相同属性和元组联接在一起构成新的二维表的操作称为_____。

（12）要想改变关系中属性的排列顺序，应使用关系运算中的_____运算。

（13）工资关系中有工资号、姓名、职务工资、津贴、公积金、所得税等字段，其中可作为主键的字段是_____。

（14）表之间的关系有 3 种，即一对一关系、_____和_____。

（15）Access 是功能强大的_____系统，具有界面友好、易学易用、开发简单、接口灵活等特点。

第 1 章习题答案

第 2 章　创建与管理数据库

本章学习目标：

- 熟悉 MS Access 2016 的基本操作
- 掌握 MS Access 2016 数据库的基本操作
- 熟悉 MS Access 2016 数据库的基本对象
- 掌握 MS Access 2016 数据库的管理

2.1　Access 2016 系统概述

Access 是微软公司出品的关系数据库管理系统，是微软的 Office 产品套装软件之一，是中小型的数据库管理系统，具有功能丰富强大、界面简洁友好、操作简单方便、灵活易用的特点。Access 最早诞生于 20 世纪 90 年代初期，历经多次升级改版，其功能越来越强大，操作更加简单。尤其是 Access 与 Office 的高度集成，风格统一的操作界面使许多初学者更容易掌握。

2.1.1　Access 2016 简介

从 20 世纪 90 年代初期 Access 1.0 的诞生到目前 Access 2016，都得到了广泛应用。Access 2016 由 2013 版升级而来，所以它既包含了 Access 2013 版本中已有的功能，同时又进行了改进和完善，使用户的操作和使用更加方便，同时其功能也更加完善和人性化。

2.1.2　Access 2016 启动与退出

当用户安装完 Office 2016（典型安装）之后，Access 2016 也将成功安装到系统中，这时启动 Access 就可以创建数据库。

1. 启动

启动 Access 2016 的方式，与启动其他 Office 软件完全相同，可通过"开始"菜单、桌面快捷方式、"运行"对话框中输入命令等方法来启动。

2. 退出

退出 Access 2016 的方法比较多，常采用以下两种方法：

①单击 Microsoft Access 标题栏右边的"关闭"按钮 ✕；

②使用〈Alt+F4〉组合键。

如果意外退出了 Microsoft Access，则可能会损坏数据库文件。

2.1.3　Access 2016 工作界面介绍

Access 2016 工作界面与 Office 2016 等其他组件的工作界面基本相似，但是更为复杂。只有新建一个数据库或打开包含表的数据库，才能看见完整的数据库工作界面，如图 2.1 所示。

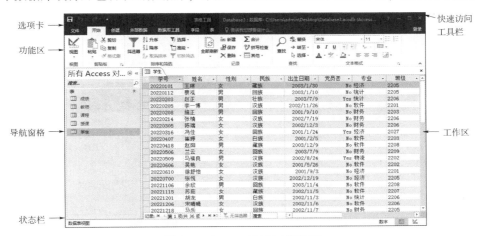

图 2.1　Access 2016 工作界面

1. "文件"选项卡

"文件"选项卡是 Access 2016 系列软件均包含的一个选项卡，通过它可以执行一些对 Access 文件或程序的基本操作，如保存、另存为、新建、关闭等操作，如图 2.2 所示。

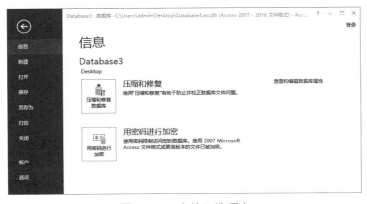

图 2.2　"文件"选项卡

"文件"选项卡中有很多选项卡和按钮，在"选项"选项卡中可以对 Access 应用程序和当前的数据库文件进行多种设置。

2. 快速访问工具栏

快速访问工具栏 　 默认位于 Access 工作界面左上角，默认只有"保存""撤销"和"恢复"3 个按钮。

3. 功能区

微软公司推出的 Access 系列软件中，从 2007 版本开始，逐渐使用功能区取代了原有的菜单和工具栏功能，在 2007 和 2010 版本中，还支持菜单功能，但是在 2016 版本中已经不再支持菜单功能了。

功能区将软件的功能按照一定的规律分布到不同的选项卡中，在每个选项卡中又按照功能分为不同的组，每个组中又包含一些按钮。

其他功能将在第 3 章中介绍。

2.1.4　Access 2016 新增功能

1. 使用"操作说明搜索"快速执行功能

在 Access 2016 的功能区上方有一个"告诉我您想要做什么"的文本框，用户可在其中输入与操作相关的字词和短语，系统立即进行搜索并提供相应选项，供用户查询使用，从而节省手动查找相应功能或帮助的时间和精力，如图 2.3 所示。

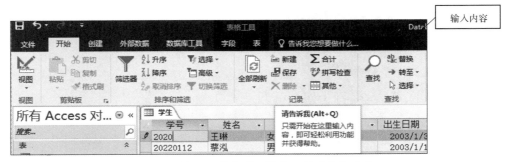

图 2.3　使用"操作说明搜索"快速执行功能

2. 新增"彩色"主题

在 Access 2016 中新增"彩色"主题，同时将"浅灰色"和"深灰色"主题用"白色"主题替代，选择"文件"→"选项"命令，打开"Access 选项"对话框，如图 2.4 所示。

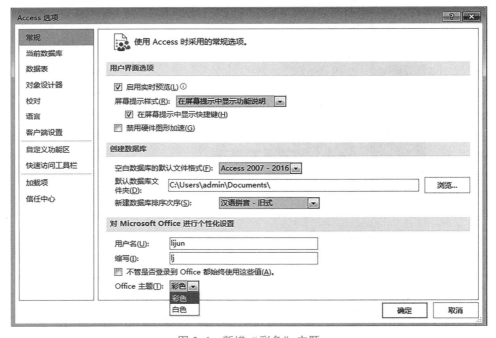

图 2.4　新增"彩色"主题

2.2　Access 2016 的数据库

使用 Access 2016 设计数据库应用系统，首先要创建数据库文件。数据库文件作为一个容器、一个组织机构，把表对象、各个表对象之间的关系，围绕表对象而存在的查询、窗体、报表以及操作与程序都包含在其中，使处理某数据库应用问题的所有对象以一个整体来呈现，这就是数据库文件。因此，Access 2016 的数据库应用系统设计通常从创建数据库文件开始。

2.2.1　Access 2016 数据库的创建

Access 2016 的数据库文件默认以 .accdb 为扩展名，与微软 Office 等其他组件一样，创建文件之初都提供了"空白"和"模板"两种方式（限 Windows 10 及以上版本的操作系统）。如果选择"空白数据库"，如图 2.5 所示，则先创建一个空的数据库文件，然后逐一添加表、查询、窗体和报表等各种对象。

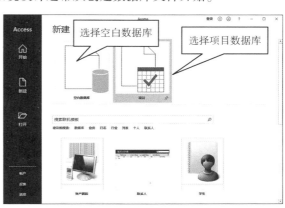

图 2.5　创建空白数据库

2.2.2　使用模板创建数据库

另一种方式是通过模板创建数据库，模板是已经按照常见需求设计好的数据库。如果选择通过模板创建，则选择一种模板，如"项目"模板，如图 2.5 所示，或者联机搜索一种更适合需要的模板，下载到本机，在模板的基础上创建数据库文件。

对于常见任务，系统有预先制作好的数据库，这些数据库就是模板。当使用者的设计需要与这些模板相当吻合的时候，或者说模板可以为我所用时，就可以通过模板来创建新的数据库。

下面以"项目"模板创建"教学管理"数据库为例，简单介绍操作步骤。

（1）选择模板下载到本机创建数据库文件。在图 2.5 中单击"项目"按钮，弹出如图 2.6 所示的对话框，下载相应模板到本机，同时为新建数据库选择保存位置并命名为"教学管理"，然后单击"创建"按钮。

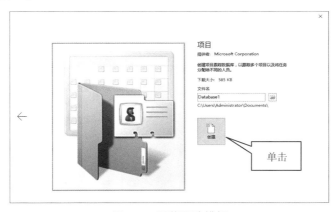

图 2.6　下载所选模板

（2）浏览数据库组成和架构。"教学管理"数据库建立以后，在导航窗格中默认按组显示出所有数据库对象，如图 2.7 所示，分为"项目""任务""员工"和"支持对象"4 个分组。在导航窗格中分别选择各个对象类型，可以看到表、查询、窗体和报表，这些对象均由模板生成，如图 2.8～图 2.12 所示。

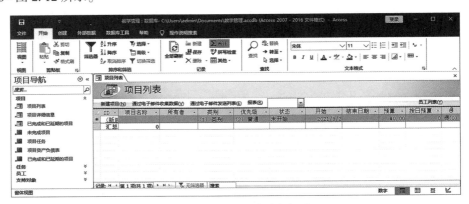

图 2.7　由模板创建的数据库

图 2.8　按组显示的数据库对象　　　图 2.9　由模板生成的表　　　图 2.10　由模板生成的查询

图 2.11　由模板生成的窗体　　　　　图 2.12　由模板生成的报表

根据模板生成的教学管理数据库具备了一般项目管理所需要的数据管理与跟踪功能，当导入必要的数据之后，即可完成数据库设计。因此，如果现有模板能够满足设计需要，则使用模板创建数据库是比较简单易行的途径。

2.2.3　创建空白数据库

在如图 2.5 所示的初始窗口中，单击"空白数据库"按钮，弹出如图 2.13 所示的对话框，在"文件名"下的文本框中输入"学生管理"，通常只输入主文件名即可，扩展名 .accdb 由系统自动添加。同时为新建的数据库文件选择存储位置，单击"创建"按钮，进入数据库设计窗口，如图 2.14 所示，至此，一个空白数据库文件已经建立。

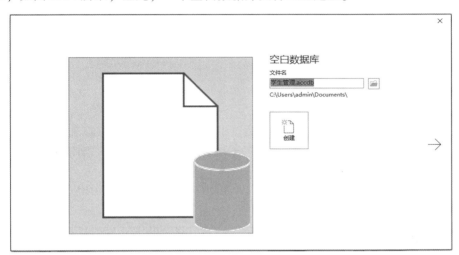

图 2.13　创建文件对话框

图 2.14　数据库设计窗口

2.2.4　打开数据库

在 Access 中，数据库是一个文档文件，所以在"这台电脑"窗口中，通过双击扩展名为 .accdb 的文件，即可打开数据库文件。

除普通的打开方式之外，Access 数据库文件还有一些特殊的打开方式，如以只读、独占或独占只读的方式打开数据库文件，操作如图 2.15 所示。

①以只读方式打开：如果只是想查看已有的数据库而并不想对它进行修改，则可以选择以只读方式打开，这种方式可以防止对数据库的修改。

②以独占方式打开：可以防止网络上的其他用户访问这个数据库文件，也可以有效地保护自己对共享数据库文件的修改。

图 2.15　以特殊方式打开数据库文件

③以独占只读方式打开：为了防止网络上的其他用户同时访问这个数据库文件，且无须对数据库进行修改时，可以选择这种方式。

2.2.5　设置默认数据库文件夹

用 Access 创建的各种文件都需要保存在磁盘中，为了快速正确地保存和访问磁盘上的文件，应当设置默认的磁盘目录。在 Access 中，如果不指定文件的保存路径，则使用系统默认的保存文件的位置，即"文档"。

选择"文件"→"选项"命令，在弹出的对话框的"常规"选项卡中设置默认数据库文件夹，如图 2.16 所示。

图 2.16　设置默认数据库文件夹

2.3　Access 2016 的数据库对象

一个数据库包含的对象有表、查询、窗体、报表、宏、数据访问页和模块，这些对象都存放

在一个数据库文件中。（数据访问页单独存放在数据库文件之外，数据库文件中包含的只是数据访问页的快捷方式）

1. 表（Table）

在整个关系中，"表"的位置处于最顶层，由它衍生出数据库对象的其他部分，它是数据库系统的数据源。一个数据库中可能有多个表，表与表之间都有关系，表与表之间的关系构成数据库的核心。

2. 查询（Query）

查询就是从一个或多个表（或查询）中选择一部分数据，将它们集中起来，形成一个全局性的集合，供用户查看。查询可以从表中查询，也可以从另一个查询（子查询）的结果中再查询，查询作为数据库的一个对象保存后，就可作为窗体、报表甚至另一个查询的数据源。从本质上来说，查询是对表中数据的查询，窗体和报表也是对表中数据的维护。

3. 窗体（Form）

窗体是用户与 Access 数据库应用程序交互的主要接口，用户通过建立和设计不同风格的窗体，加入数据、文字、图像、多媒体，使数据的输入/输出更加方便，程序界面友好而实用。

窗体本身并不存储数据，数据一般存在数据表中。它只是提供了访问数据、编辑数据的界面。通过这个界面，用户对数据库的操作更加简单。

4. 报表（Report）

报表是以打印格式展示数据的一种有效方式。与窗体不同，报表不能用来输入数据。在数据库的使用中，用户的目的是打印和显示数据，尽管窗体也可提供打印和显示功能，但要产生复杂的打印输出及许多统计分析时，窗体所提供的功能不能满足用户的需求。而报表对数据的专业化的显示和分析功能正好弥补了窗体在这方面的不足。

5. 宏（Macro）

宏是由一些操作组成的集合，创建这些操作可帮助用户自动完成常规任务。宏对象既可以是单个宏命令、多个宏操作，也可以是一组宏的集合。通过事件触发宏操作，可以更方便地在窗体或报表中操作数据。

宏操作可以打开窗体、运行查询、生成报表、运行另一个宏以及调用模块等。

6. 数据访问页（Web）

Access 2016 可以兼容低版本数据访问页对象，但数据访问页功能已被 Access Service 代替，可以生成 Web 数据库，并将它们发布到 SharePoint 网站上。

7. 模块（Module）

模块是一个用 VBA 代码编辑的程序，基本上是由声明、语句和过程组成的集合。可以通过 Visual Basic 程序设计语言编写数据库应用系统的前台界面，再依靠 Access 的后台支持，实现系统开发的全过程。用户一般不需要创建模块，除非需要编写应用程序来完成宏无法实现的复杂功能。

2.4　在导航窗格中操作数据库对象

在 Access 2016 中，出现在导航窗格中的对象有 6 种，分别为表、查询、窗体、报表、宏和模块。当打开数据库文件时，在没有进行特殊设置的情况下，所有的对象都不是处于显示状态的，如果要对这些对象进行操作，则需要通过导航窗格来进行。

2.4.1　通过导航窗格打开对象

默认情况下，打开用户手动制作的 Access 数据库之后（这里不包括设置自动打开指定对象的数据库文件），系统不会打开任何对象，如图 2.17 所示。

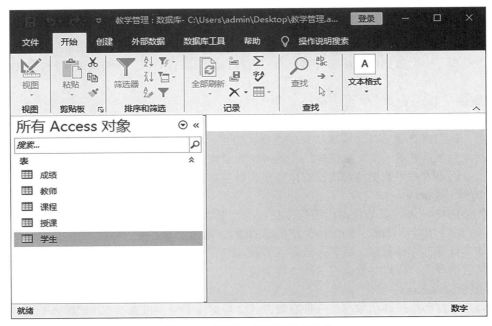

图 2.17　默认打开的数据库文件

如果要打开导航窗格中显示的对象，有以下 3 种方法。

1. 双击对象名称打开

在导航窗格中双击某个对象的名称，便可在工作区打开这个对象，如图 2.18 所示。

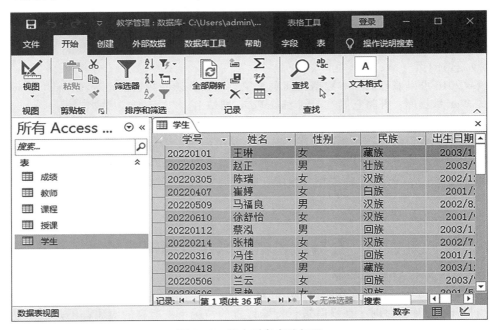

图 2.18　双击对象名称打开

2. 移动对象到工作区打开

将需要打开的对象的名称拖动到 Access 工作区，可以打开该对象，如图 2.19 所示。

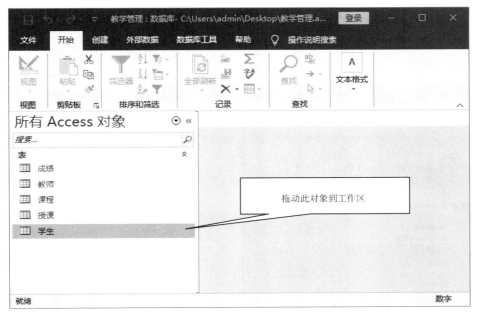

图 2.19　移动对象到工作区打开

3. 通过右键快捷菜单打开

将光标移动到需要打开的对象名称上，然后右击，在弹出的快捷菜单中选择"打开"命令，即可打开该对象，如图 2.20 所示。

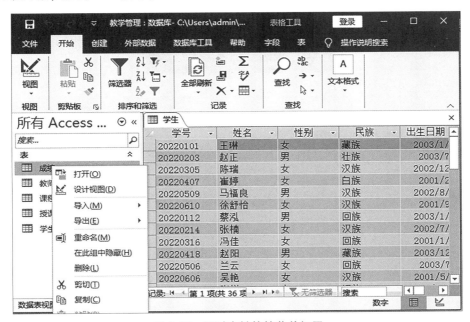

图 2.20　通过右键快捷菜单打开

2.4.2　设置对象在导航窗格中的显示效果

在导航窗格中，Access 数据库对象的显示效果包括类别、排序显示和查看方式 3 个方面的内容。

1. 对象的类别

在导航窗格中，对象的浏览类别有自定义、对象类型、表和相关视图、创建日期及修改日期5种。

单击导航窗格的标题或在导航窗格标题上右击，在弹出的"类别"子菜单中可以选择浏览类别，如图2.21所示。

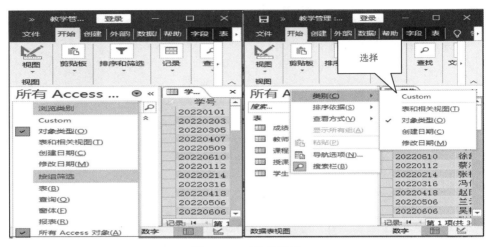

图 2.21 对象的类别

在这些浏览类别中，除自定义类别需要手动设置以外，其他的类别都是自动设置的。

手动设置自定义类别的操作步骤如下。

（1）打开"导航窗格"对话框。

在导航窗格标题上右击，在弹出的快捷菜单中选择"导航选项"命令，如图2.22所示。

图 2.22 选择"导航选项"命令

（2）添加自定义组。

在"导航选项"对话框的"类别"列表框中选择"自定义类别1"选项，单击"添加组"按钮，如图2.23所示。

（3）设置自定义组名。

在新添加的自定义组中将组名更改为需要的自定义组名，如"学生管理"，结果如图2.24所示。

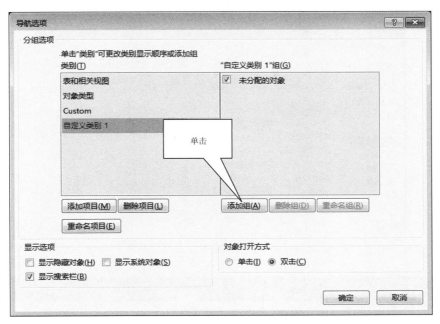

图 2.23　添加自定义组

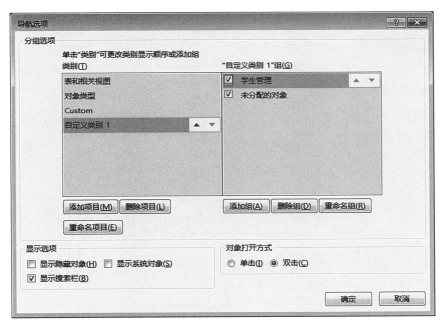

图 2.24　设置自定义组名

（4）切换浏览类别至"自定义类别 1"，如图 2.25 所示。

（5）将对象拖动到自定义组"学生管理"中，如图 2.26 所示。

2. 对象的排序显示

将导航窗格中的对象按照一定的顺序进行排列可以更为方便地查找和使用。对导航窗格中的对象进行排序，只会对各个组内部的数据进行排序，各个组的顺序是不会发生变化的。

在导航窗格上右击，弹出快捷菜单，在"排序依据"子菜单中有两栏选项，上面一栏指定进行升序排序还是降序排序，下面一栏指定根据什么类型进行排序，如图 2.27 所示。

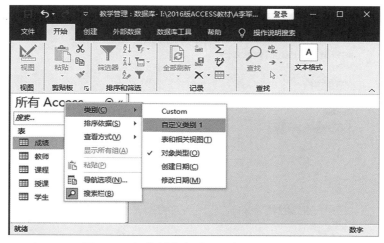

图 2.25 切换浏览类别至"自定义类别 1"

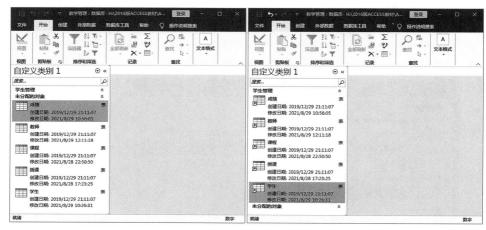

图 2.26 将对象拖动到自定义组"学生管理"中

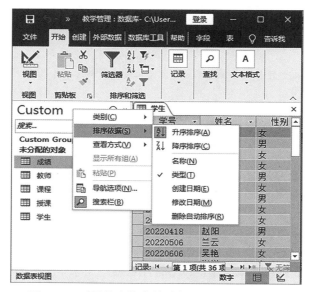

图 2.27 对导航窗格中的对象进行排序及其效果

3. 对象的查看方式

对象的查看方式与 Windows 系统中查看文件的方式类似。

2.4.3 隐藏和显示导航窗格

在编辑 Access 数据库文件时，大部分的操作都是在工作区中完成的，如果不需要使用导航窗格，则可以将导航窗格隐藏，使工作区有更大的空间可用。

单击导航窗格标题右侧的 « 按钮，可以隐藏导航窗格，如图 2.28 所示。如果单击 » 按钮，则可以显示导航窗格。

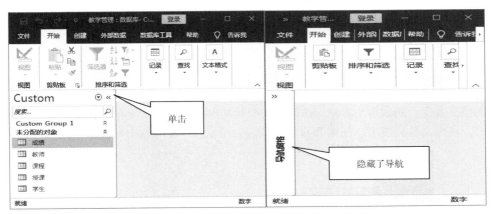

图 2.28 隐藏导航窗格

2.5 管理数据库

当数据库建立完成以后，Access 2016 为确保数据库使用安全，提供了完整的安全保护机制，使数据库的管理方便、可靠。

2.5.1 数据库文件的压缩与修复

数据库的长期使用会产生很多无用文件和数据，使数据库变得非常庞大，即使删除数据库中的数据、对象，数据库文件也不会明显减少，这是因为删除数据库数据之后，这些数据只是被标记为“已删除”，而实际上并未删除，将影响数据库的使用效率及数据库的性能。因此，可以用 Access 2016 提供的数据库管理工具“压缩和修复”来解决这一问题。压缩数据库文件有自动压缩和手动压缩两种方法。

1. 自动压缩数据库文件

自动压缩数据库文件需要在“Access 选项”对话框中进行设置，该设置只对当前数据库有效，操作如下：

打开数据库文件后，选择“文件”→“选项”命令，在打开的对话框中选中左侧的“当前数据库”选项卡，勾选右侧的“关闭时压缩”复选框，该数据库关闭时就会自动压缩，如图 2.29 所示。

2. 手动压缩数据库文件

可以对数据库文件进行手动压缩修复，选择“文件”→“信息”命令，单击“压缩和修复数据库”按钮即可，如图 2.30 所示。

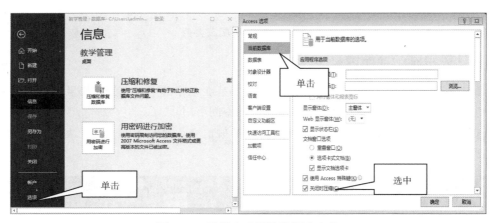

图 2.29　设置自动压缩数据库文件

　　数据库文件之所以要修复，是因为数据库文件在使用过程中，可能因为各种原因导致写入不一致的情况发生，例如多个客户端访问同一个数据库的情况，这就会导致数据库文件损坏，无法再次打开这个文件。使用"压缩和修复"功能就可以在一定程度上解决这个问题。

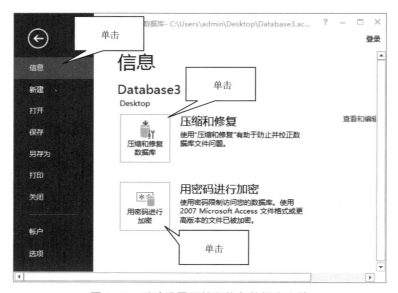

图 2.30　手动设置压缩和修复数据库文件

2.5.2　备份与还原数据库

　　Access 2016 还提供了备份与还原数据库的功能，在数据库的开发使用过程中，往往会因为事物故障、系统故障、网络故障、传输阻塞和病毒破坏等因素，造成数据库被破坏，所以数据库的使用者和开发者需要经常备份和还原数据库。

　　1. 备份数据库

　　备份数据库可以选择"文件"→"另存为"→"数据库另存为"命令来备份。数据库另存为可选择"数据库文件类型"和"高级"选项，如图 2.31 所示。

　　在"数据库文件类型"选项中可选择：

　　①Access 数据库，这是一种默认数据库格式；

　　②Access 2002-2003 数据库，可以保存一个与 Access 2002-2003 兼容的副本；

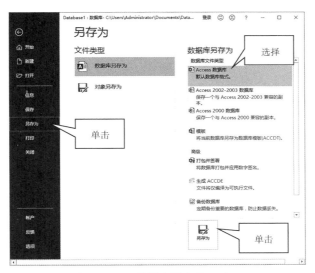

图 2.31 "数据库另存为"窗口

③Access 2000 数据库，保存一个与 Access 2000 兼容的副本；

④模板，将当前数据库另存为数据库模板（ACCDT）。

在"高级"选项中可选择：

①打包并签署，将数据库打包并应用数字签名；

②生成 ACCDE，文件将仅编译为可执行文件，此文件只能使用而不能修改，是机器代码文件（*.accde）；

③备份数据库，定期备份重要的数据库，防止数据丢失。

④SharePoint，通过将数据库保存到文档管理服务器来共享数据库。

选择上述选项后，单击"另存为"按钮来保存数据库。

2. 还原数据库

Access 2016 没有直接提供"还原数据库"的菜单或命令操作，我们可以将数据库的备份文件用"重命名"的方法还原数据库文件，也可以用"复制""粘贴"的方法来还原数据库。

2.5.3 加密数据库

保护好数据库的最基本方法就是为数据库加密，使用数据库的用户只有正确输入密码才能打开并使用数据库，确保数据库拥有者的合法权益及数据的安全，防止非法者盗用、破坏。单击图 2.30 中的"用密码进行加密"按钮，弹出如图 2.32 所示的对话框，输入"密码"和"验证"后，可对数据库进行加密。

图 2.32 设置数据库密码

本章小结 ▶▶ ▶

本章主要介绍了以下内容：

（1）Access 2016 工作界面介绍、启动与退出，以及 Access 2016 新增功能；

（2）Access 2016 数据库的创建，打开数据库；

（3）Access 2016 数据库对象以及在导航窗格中操作数据库对象；

（4）Access 2016 数据库文件的压缩与修复、备份与还原以及加密数据库。

习 题 ▶▶ ▶

1. 思考题

（1）请说明 Access 数据库中七大对象之间的关系。

（2）Access 是什么类型的数据库管理系统？

（3）利用 Access 数据库模板创建的数据库与创建的空白数据库有哪些不同？

（4）常用的打开数据库的方法是什么？

（5）不同版本数据库之间可以相互转化吗？

（6）如何设置数据库文件的默认保存位置？

2. 选择题

（1）Access 2016 所属的数据库应用系统的理想开发环境的类型是（　　）。

A. 大型　　　　　　　B. 大中型　　　　　C. 中小型　　　　　　D. 小型

（2）Access 是一个（　　）软件。

A. 文字处理　　　　　B. 电子表格　　　　C. 网页制作　　　　　D. 数据库管理

（3）利用 Access 2016 创建的数据库文件，其默认的扩展名为（　　）。

A. . adp　　　　　　　B. . dbf　　　　　　C. . frm　　　　　　　D. . accdb

（4）在 Access 中，建立数据库文件可以选择"文件"→（　　）命令。

A. 新建　　　　　　　B. 打开　　　　　　C. 保存　　　　　　　D. 另存为

（5）Access 2016 建立的数据库文件，默认为（　　）版本。

A. Access 2007－2016　　　　　　　　B. Access 2000

C. Access 2002－2003　　　　　　　　D. 以上都不是

（6）以下不属于 Access 数据库对象的是（　　）。

A. 窗体　　　　　　　B. 报表　　　　　　C. 宏　　　　　　　　D. 组合框

（7）在 Access 数据库对象中，不包括（　　）对象。

A. 窗体　　　　　　　B. 工作簿　　　　　C. 表　　　　　　　　D. 报表

（8）Access 数据库中的（　　）对象允许用户使用 Web 浏览器访问 Internet 或企业网中的数据。

　　A. 宏　　　　　　　B. 表　　　　　　　C. 数据访问页　　　　D. 模块

（9）Access 数据库中存储和管理数据的基本对象是（　　），它是具有结构的某个相同主题的数据集合。

　　A. 窗体　　　　　　B. 表　　　　　　　C. 工作簿　　　　　　D. 报表

（10）数据表及查询是 Access 数据库的（　　）。

A. 控制中心　　　　　B. 数据来源　　　　C. 强化工具　　　　　D. 用于浏览器浏览

（11）下列说法中正确的是（　　）。

A. 在 Access 中，数据库中的数据存储在表和查询中

B. 在 Access 中，数据库中的数据存储在表和报表中

C. 在 Access 中，数据库中的数据存储在表、查询和报表中

D. 在 Access 中，数据库中的全部数据都存储在表中

3. 填空题

（1）Access 是功能强大的_____系统，具有界面友好、易学易用、开发简单、接口灵活等特点。

（2）_____是数据库中用来存储数据的对象，是整个数据库系统的基础。

（3）Access 数据库中的对象包括：_____，_____，_____，_____，_____，_____，_____。

（4）Access 中，除_____外，其他对象都存放在一个扩展名为_____的数据库文件中。

第 2 章习题答案

第3章 创建数据表和关系

本章学习目标：

- 掌握创建表的方法
- 熟悉数据表中数据的输入
- 掌握设置表的字段名称、数据类型和字段属性的方法
- 熟悉设置表的参照完整性的方法
- 掌握维护和操作数据表的方法
- 熟悉数据表的导入与导出

本章主要介绍表的创建和编辑。在介绍表的各种创建方式的基础之上，重点介绍使用设计视图和数据表视图对表进行设计与编辑。

3.1 数据表

3.1.1 二维表与数据表

如表 3.1 所示的"学生"表是常见的二维表，在 Access 的处理中，能够将这种二维表作为数据表文件存入计算机。数据表（Table，也称表）是数据库中重要的对象之一。通常，一个 Access 数据库由多个表组成，若数据关系简单，则一个数据库中可以只有一个表对象。Access 所管理的表与人们日常工作和生活中所使用的由横竖线组成的表格相似。该表由标题行和若干数据行组成，其中标题行的列标题，如学号、姓名、性别、出生日期等，在 Access 中称为字段；紧接在标题行下面的数据行则称为表记录，也就是对应字段的值，每一行的数据称为表的一条记录。

表 3.1 "学生"表

学号	姓名	性别	出生日期	政治面貌	兴趣爱好	班级编号	照片
20220001	王娜	女	2003/1/30	群众	游泳，旅游	2202	
20220010	李政新	男	2003/7/9	群众	游泳，摄影	2201	
20220111	杨龙	男	2002/12/3	中共党员	看书，唱歌	2206	
20220135	李进	女	2001/2/5	中共党员	游泳，电影	2202	
20221445	王玉	女	2001/9/3	群众	电影，体育	2203	

续表

学号	姓名	性别	出生日期	政治面貌	兴趣爱好	班级编号	照片
20222278	许阳	男	2003/1/10	群众	摄影，看书	2206	
20223228	陈志达	男	2002/8/24	群众	游泳，体育	2201	
20223245	吴元元	女	2001/1/24	群众	摄影，旅游	2206	
20223500	王一凡	男	2003/12/9	群众	电影，体育	2203	
20224321	李丹	女	2004/5/27	中共党员	电影，体育	2202	

3.1.2 Access 2016 表的操作界面

创建、设计和编辑数据库中的表时，Access 2016 提供了两种视图方式，即数据表视图和设计视图。在数据表视图中，主要完成对表中数据记录的输入和编辑；在设计视图中，主要完成对表中的字段名称、字段类型、字段属性的设置。

1. 数据表视图界面

启动 Access 2016 应用程序后，创建"学生管理"数据库，即可进入表的数据表视图界面，如图 3.1 所示。界面由标题栏、选项卡、功能区、工作区、快速访问工具栏、导航窗格和状态栏等部分组成，下面介绍主要组成部分的作用。

图 3.1 数据表视图界面

1）标题栏

标题栏位于窗口的最上方，用于显示当前正在运行的数据库文件名等信息。如果是新建的空白数据库文件，则用户所看到的文件名是"Database1"，这是 Access 默认建立的文件名；如果是新建的"学生管理"空白数据库文件，则用户所看到的文件名就是"学生管理"。

2）选项卡

在表的相关操作中，"开始"选项卡用于设置视图方式、字体、文本格式，并可对数据进行排序、筛选和查找等；"创建"选项卡用于创建数据表等；"表格工具/字段"和"表格工具/表"选项卡用于设计字段、表，以及设置格式等。

3）状态栏与视图快捷方式

状态栏与视图快捷方式位于程序窗口的底部，用于显示当前表的视图方式及状态信息，并包括可用于更改表的视图方式的视图快捷方式按钮。

4）工作区

工作区用于显示表对象，是 Access 进行表操作的主要区域。

5）快速访问工具栏

快速访问工具栏中包含了与表操作有关的常用命令按钮，可自定义快速访问工具栏。

6）导航窗格

导航窗格用来显示当前数据库中的表等对象的名称。

2. 设计视图界面

成功启动 Access 2016 应用程序后，打开创建的"学生管理"数据库，即可进入表的设计视图界面，如图 3.2 所示。

图 3.2　表的设计视图界面

3.2　创建表

在 Access 数据库应用系统的开发过程中，当数据库文件建立之后，就可以开始创建各种对象了。通常来说，首先需要创建的是表，因为表是其他操作的根基，是数据库应用系统的核心处理对象。

3.2.1　创建表的几种方式

表的主要功能就是存储数据，Access 可以通过多种方式创建表对象，如设计视图方式、模板方式，在数据表视图中直接添加记录建立的方式以及导入数据方式等。

1）用设计视图创建表

在表的设计视图中，为每个字段输入名称、选择数据类型、设置必要的属性，然后决定要不要设置主键等。

2）通过模板创建表

当数据库是用模板创建的时候，表就是由模板创建的，此时的表对象可以使用 Access 内置的表模板来创建。

3）直接输入数据创建表

与 Excel 表相似，在数据表视图方式中，直接在表中输入数据，Access 会自动识别存储在该表中的数据类型，并根据数据类型设置表的字段属性。

4）通过导入外部数据创建表

导入或链接来自其他 Access 数据库中的数据，或者来自其他程序的各种文件格式的数据。例如，从 Excel 表中导入数据，或者执行生成表查询以创建新的表。

5）通过字段模板创建表

通过 Access 自带的字段模板创建表。

无论是用上述哪种方法创建的表，只要调整表的结构，就可以在表的设计视图中，对表的结构进行修改。

3.2.2　数据表视图及表的创建

当创建了数据库进入 Access 2016 主窗口时，默认显示的就是一个名为"表 1"的数据表视图，如图 3.1 所示。它初始只有一个名为"ID"的自动编号字段，没有任何记录。一方面，可以直接在表格中输入数据形成记录，字段名被自动命名为"字段 1""字段 2"…，各字段的数据类型由系统自动分析后确定；另一方面，如果希望先定义表的结构，那么每次单击"单击以添加"，然后选择字段数据类型、输入字段名，就可以增加一个字段。也就是说，在数据表视图中可以将简单定义结构和添加记录同时完成。

在主窗口的功能区选择"创建表"，同样可以切换到如图 3.3 所示的数据表视图。

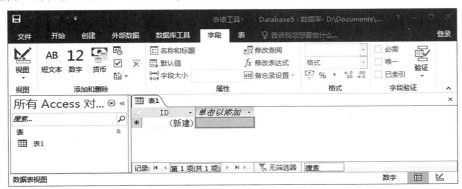

图 3.3　在数据表视图中创建表

【例 3.1】在数据表视图方式中创建"学生管理"数据库中的"学生"表，表中的数据记录和表结构如表 1.2 和表 1.9 所示。

解　在"学生管理"数据库中创建"学生"表的步骤如下。

①启动 Access 2016 应用程序，新建一个空白数据库，并将其命名为"学生管理"，此时自动建立一个名为"表 1"的数据表，如图 3.4 所示。

②单击"单击以添加"，在弹出的列表中按表 1.9 中"学号"字段的数据类型选择"短文本"，此时"字段 1"左侧单元格内出现闪烁光标。

③重命名，将系统自动给出的字段名"字段 1"修改为"学号"，按〈Enter〉键即可输入下一个字段名和相应的数据类型。

④使用同样的方法依次输入表 1.9 中的"姓名""性别""出生日期"等字段名和数据类型，结果如图 3.4 所示。

图 3.4　输入字段名及数据类型

⑤参照表 1.2 中的数据记录，直接在单元格中输入多条学生记录，结果如图 3.5 所示。

ID	学号	姓名	性别	民族	出生日期	党员否	专业
1	20220101	王琳	女	藏族	2003/1/30	☐	经济
2	20220203	赵正	男	壮族	2003/7/9	☑	统计
3	20220305	陈瑞	女	汉族	2002/12/3	☐	财务
4	20220407	崔婷	女	白族	2001/2/5	☐	软件
5	20220509	马福良	男	汉族	2002/8/24	☑	物流
6	20220610	徐舒怡	女	汉族	2001/9/3	☐	经济
7	20220112	蔡泓	男	回族	2003/1/10	☐	统计
8	20220214	张楠	女	汉族	2002/7/19	☐	财务
9	20220316	冯佳	女	回族	2001/1/24	☑	经济
10	20220418	赵阳	男	藏族	2003/12/9	☐	软件

记录：第 1 项（共 36 项）　无筛选器　搜索

图 3.5　输入的学生记录

⑥在 Access 2016 界面中，单击数据表右上角的"关闭"按钮，弹出数据表保存提示框，如图 3.6 所示。

⑦单击"是"按钮，出现"另存为"对话框，在"表名称"文本框中输入"学生"，如图 3.7 所示。

图 3.6　Access 数据表保存提示框

图 3.7　"另存为"对话框

⑧单击"确定"按钮，完成对"学生"表的保存操作。

说明

　　在以上创建表的过程中，也可以先输入表 3.1 中各个字段的记录值，由系统自动确认数据类型，再将系统的字段名"字段 1""字段 2"…以重命名的方法建立"学生"表。

数据表的建立方法有多种，无论是用哪种方法建立表，只需要调整表的结构，最好的方法是在表的设计视图中，对表的结构进行修改。

3.2.3　设计视图及表结构的设置

表的设计视图是用来创建和修改表结构的。在主窗口的功能区选择"创建"→"表设计"命令，或者在导航窗格选中一个表，在功能区中选择"视图"→"设计视图"命令，当弹出"另存为"对话框时，单击"是"按钮，均可以切换到表的设计视图，如图 3.8 所示。在设计视图的工作区中，上半部分的每一行用来定义当前表的每个字段，包括字段名称、数据类型、说明，下半部分用来设置每个字段的属性。

在 Access 中的表由结构和数据两部分组成，创建表时，首先要对表的结构进行设计，即用 Access 应用系统创建表之前，先创建表的结构，然后向表中输入数据（记录）。

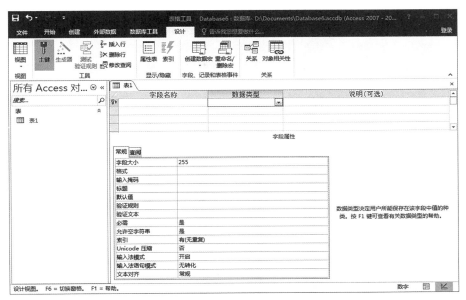

图 3.8　表的设计视图

设计表的结构就是把表中每一个字段都确定下来，例如，"学生"表中的学号、姓名、性别、民族、出生日期、党员否、专业、班级、简历和照片等（参见表 1.9），即要确定各字段的字段名、字段类型和字段属性，"学生"表结构设计示例如图 3.9 所示。

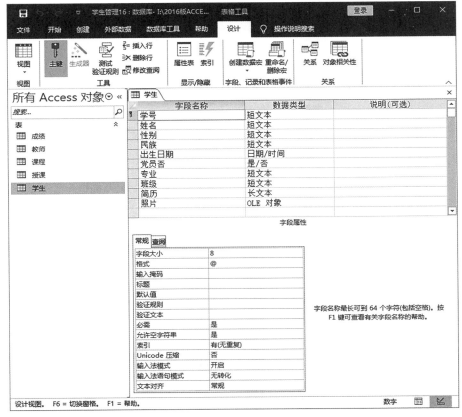

图 3.9　"学生"表结构设计示例

【例 3.2】在设计视图中，设置字段名、数据类型、字段大小及字段属性，创建名为"学生"的表对象，表的结构要求如表 1.9 所示，表结构设计示例如图 3.9 所示。

解 在"学生管理"数据库中创建"学生"表结构的步骤如下。

①启动 Access 2016 应用程序，新建一个空白数据库，并将其命名为"学生管理"，此时自动建立一个名为"表1"的数据表，如图 3.1 所示。

②单击图 3.2 所示"视图"按钮，选择"设计视图"选项。

③在弹出的"另存为"对话框中，输入表名"学生"，然后单击"确定"按钮，如图 3.7 所示。

④进入设计视图界面后，单击 Access 给出的"ID"字段，将其改为"学号"，按〈Enter〉键，在"数据类型"列表中选择"短文本"，如图 3.10 所示；然后按表 1.9 中的结构要求依次输入"姓名""性别""民族""出生日期"等字段名和相应的数据类型。

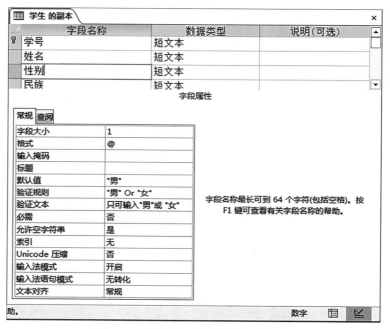

图 3.10 字段名、数据类型设计界面

⑤"学生"表字段名和数据类型设计完成后，再在"字段属性"窗格中按表 1.9 所示的结构要求完成各个字段属性的设置。

⑥将"学生"表设计视图切换为数据表视图，按照表 1.2 所示的数据，将其输入"学生"表，结果如图 3.11 所示。

3.2.4 字段名称

表中字段的命名需要遵循以下原则，并且同一表中不能有同名字段。

①字段名称的长度为 1~64 个字符。

②可以使用汉字、英文字母、数字符号（+、−）、空格和一些可显示的特殊符号。

③不可以用空格作第一个符号。

④不可以使用句号（.）、感叹号（!）、重音符（`）和方括号（[ ]）。

⑤英文字母不区分大小写。

⑥不能使用 ASCII 值为 0~31 的字符。

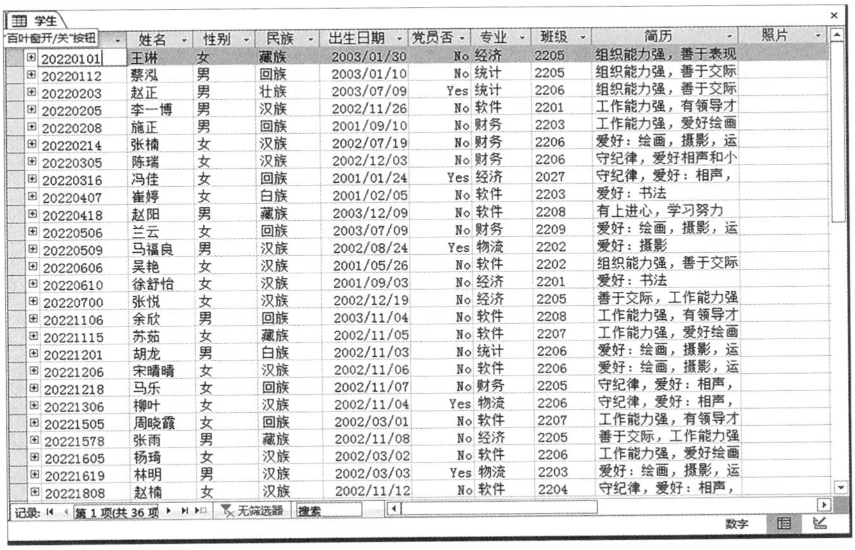

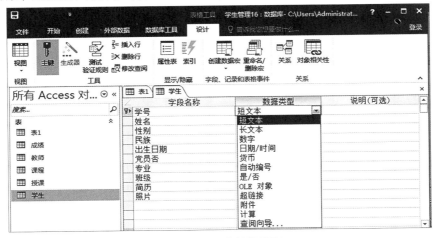

图 3.11 "学生"表视图

在数据表视图中通过输入数据来添加字段时，Access 会自动为字段分配通用名称，第一个新字段分配通用名称"字段 1"，第二个新字段分配通用名称"字段 2"，以此类推。默认情况下，无论在哪里显示字段，都将使用字段的名称作为其标签，如数据表上的列标题。可以重命名字段以便它们具有描述性的名称，这样有助于用户在查看或编辑记录时可以更轻松地使用。

3.2.5 字段的数据类型

在数据表中存储的数据记录，其中的每一列数据都应该是相同的数据类型，字段的数据类型即可决定用户所能保存在该字段中的值的种类。例如，学号一般为文本型数字，则存储在"学号"字段中的值为字符型；出生日期为日期/时间型，则存储在"出生日期"字段中的值为日期/时间型。

字段的数据类型决定着字段数值的存储方式和运算使用方式。Access 2016 数据库系统共有12 种常用的字段数据类型，分别是短文本、长文本、数字、日期/时间、货币、自动编号、是/否、OLE 对象、超链接、附件、计算和查阅向导，如图 3.12 所示。

图 3.12 12 种数据类型

Access 字段的数据类型如表 3.2 所示。

表 3.2　Access 字段的数据类型

数据类型	标识	保存的数据内容	字段大小
短文本	Text	文本或文本与数字的组合，可以是不必计算的数字字符	0~255 字符
长文本	Text	超出短文本类型表示范围的长文本字符串	大于 255 个字符
数字	Number	只可保存数字，可分为字节型、整型、长整型、单精度型和双精度型，是可以进行算术运算的数值	1、2、4、4、8 个字节
日期/时间	Datetime	可以保存日期和时间，允许范围为 100/1/1 至 9999/12/31	8 字节
货币	Money	以货币格式存储和显示的数值，小数点后 1~4 位，整数最多 15 位	8 字节
自动编号	AutoNumber	在添加记录时，由系统自动生成的编号	4 字节
是/否	Yes/No	记录逻辑性数据，有 Yes（-1）或 No（0）两个取值	1 字节
OLE 对象	OLE Object	各种可以嵌入或链接的多媒体对象，如文档、图像、声音等	0~1 GB
超链接	Hyperlink	可超链接到其他文档或网页的地址	0~2 048 字符
附件	Attachment	系统能够支持的任意类型的文件，就像在 e-mail 中粘贴附件一样	700 KB 或 2 GB
计算	Calculate	对当前表的已有字段使用表达式进行计算，并返回计算的结果	8 字节
查阅向导	Lookup Wizard	在向导创建的字段中，允许使用组合框来选择其他表或控件的数值	4 字节

1．Access 表中常用的数据类型

1）文本型

文本型分为短文本型和长文本型。短文本型最多 255 个字符，长文本型大于 255 个字符。通过设置字段大小属性，可以设置文本字段中允许输入的最大字符数。当文本中包含汉字时，一个汉字也只占一个字符，如果输入的数据长度不超过定义的字段长度，则系统只保存输入字段中的字符，该字段中未使用的位置上的内容不被保存。

短文本型通常用于存放文字或不需要计算的数字，如姓名、地址、学号和邮编等；长文本型通常用于存放大于 255 个字符的文本，如简历、简介、备注、摘要等。

2）数字型

数字型由阿拉伯数字 0~9、小数点和正负号构成，是用于进行算术运算的数据。数字型字段又细分为字节型、整型、长整型、单精度型和双精度型，其长度由系统分别设置为 1、2、4、4、8 个字节。

系统默认数字型字段长度为长整型。单精度型小数位数精确到 7 位，双精度型小数位数精确到 15 位，字节型只能保存 0~255 的整数。

3）日期/时间型

日期/时间型用于表示 100~9999 年之间任意日期和时间的组合。日期/时间型数据的存放和显示格式完全取决于用户定义格式。根据存放和显示格式的不同，日期/时间型又分为常规日期型、长日期型、中日期型、短日期型、长时间型、中时间型和短时间型等，系统默认其长度为 8 个字节。

4）货币型

货币型用于存储货币值。向该字段输入数据时，系统会自动添加货币符号和千位分隔符，货币型数据的存放和显示格式完全取决于用户定义格式。根据显示格式的不同，货币型又分为常规数字、货币、欧元、固定和标准等。

货币型数据整数部分的最大长度为 15 位，小数部分长度不能超过 4 位。

5）自动编号型

自动编号型用于存放递增数据和随机数据。在向表中添加记录时，由系统为该字段制定唯一的顺序号，顺序号的确定有两种方法，分别是递增和随机。

递增方法是默认的设置，每新增一条记录，该字段的值自动增 1。

使用随机方法时，每新增一条记录，该字段的数据被指定为一个随机的长整型数据。该字段的值一旦由系统指定，不能进行删除和修改。因此，对于含有该类型字段的表，在操作时应注意以下问题。

> **注意**
>
> ①如果删除一条记录，其他记录中该字段的值不会进行调整。
> ②如果向表中添加一条新的记录，则字段不会使用被删除记录表中已经使用过的值。
> ③用户不能对该字段的值进行定制或修改。
> ④每一个数据表中只允许有一个自动编号型字段，其长度由系统设置为 4 个字节，如顺序号、商品编号和编码等。

6）是/否型

是/否型用于判断逻辑值为真或假的数据，表示为 Yes/No、True/False 或 On/Off。其字段长度由系统设置为一个字节，如通过否、婚否等。

7）OLE 对象型

OLE 对象型用于链接或嵌入由其他应用程序所创建的对象。例如，在数据库中嵌入声音、图片等，它的大小可以达到 1 GB。

链接和嵌入的方式在输入数据时可以进行选择，链接对象是将表示文件内容的图片插入文档，数据库中只保存该图片与源文件的链接，这样对源文件所做的任何更改都能在文档中反映出来，而嵌入对象是将文件的内容作为对象插入文档，该对象也保存在数据库中，这时插入的对象与文件无关。

8）超链接型

超链接型用于存放超链接地址，链接到 Internet、局域网或本地计算机上，大小不超过 2 048 个字节。

9）查阅向导型

查阅向导字段主要是为该字段重新创建一个查阅列，以便能够方便地输入和查阅其他表或该表中其他字段的值，以及该字段已经输入过的值。

打开数据表视图，逐行输入记录数值。对于不同类型字段的数据，输入的方式有所不同。

2. 常用字段类型数据的输入

1）短文本、长文本、数字、货币型的数据

对于这类数据，可直接输入。

2）日期/时间型数据

日期/时间型数据可直接输入，也可以单击文本框右边的日历按钮打开日历，从中选择日期。

3）是/否型数据

是/否型数据显示为一个复选框，数据为"是"则勾选复选框；为"否"则取消勾选。

4）附件型数据

输入附件型数据时，双击对应字段，打开"附件"对话框，如图 3.13 所示，单击"添加"按钮，在随后的"选择文件"对话框中选中要添加为附件的文件，使文件名出现在附件列表中，单击"确定"按钮返回数据表视图。

图 3.13 "附件"对话框

5）OLE 对象型数据

输入 OLE 对象型数据时，先在该字段上右击，在弹出的快捷菜单中选择"粘贴"或"插入对象"命令。"粘贴"命令是把已复制的源直接粘贴到字段中，例如，"学生"表中的"照片"字段，可以粘贴一张图片，但在字段里显示为"图片"。若选择"插入对象"命令，则弹出如图 3.14 所示的对话框，从列表中选择一个应用程序新建一个对象插入字段，或者选中"由文件创建"单选按钮，将已有文件所表示的对象插入字段，例如，可以选择照片对应的图像文件作为对象插入。

图 3.14 插入对象

6）超链接型数据

超链接型数据就是一个链接地址，可以用键盘输入，但更常见的做法是把链接地址复制之后粘贴过来，简单又不易出错。

7）计算型字段

计算型字段不需要输入数据，只要计算表达式相关的源字段有数据，计算结果就会自动显示出来。

3. 字段数据类型的更改方法

1）输入数据时 Access 确定

在数据表视图中通过输入数据来创建字段时，Access 会检查该数据以便为该字段确定适当的数据类型。例如，如果用户输入"1/1/2024"，则 Access 会将该数据识别为日期并将字段的数据类型设置为"日期/时间"。如果 Access 无法确定字段的数据类型，则默认将该数据类型设置为文本型。

2）手动更改数据类型

如果用户希望手动更改字段的数据类型，例如，假定用户在数据表视图方式下，向数据表的新字段中输入"20241009"，则 Access 系统会自动将该字段认定为"数字"型。由于该值是编码（如学号、职工号、产品编号），不是数字字符，所以它们应使用文本型。可以使用下面的操作方式来手动更改字段的数据类型。

切换至"表格工具/字段"选项卡的"格式"选项组，在"数据类型"下拉列表框中选择所需的数据类型，如图 3.15 所示。

图 3.15　数据类型的更改

注意

建立字段后，必须立即定义其数据类型，数据类型一经定义完成，除非非常必要，最好不要更改。因为数据表及字段是数据库的重要基础，更改数据类型会造成数据库系统在后续设计时的许多麻烦，还可能造成数据类型转换错误或数据遗失。因此，如果要修改数据类型，首先必须了解更改数据类型可能造成的结果。表 3.3 列出了更改数据类型时可能造成的结果。

表 3.3　更改数据类型时可能造成的结果

更改数据类型	是否允许	可能造成的结果
文本改数字	允许	若含有文本，则删除字段内的文本
数字改文本	允许	无影响
文本改日期	允许	该栏数据必须符合日期格式，若不符合，则予以删除
日期改文本	允许	无影响
数字改日期	允许	1 代表 1899/12/31，2 代表 1900/1/1，以此类推
日期改数字	允许	1899/12/31 代表 1，1900/1/1 代表 2，以此类推

3.2.6　字段属性

在数据表的结构设计中，首先设置完成的是"字段名称"和相应的"数据类型"，然后还需要在"字段属性"窗格中完成相应字段属性值的设置。"字段属性"指的是关于字段的存储、处理和显示等方面的特性。字段属性包含"常规"属性和"查阅"属性两个页面，这两个页面的内容会因字段数据类型而异，如果不设置，则取系统自动设置的默认值。字段属性包括字段大小、格式、输入掩码、标题、默认值、验证规则（又称有效性规则）、验证文本（又称有效性文本）、输入法模式等，表 3.4 给出了较为通用的字段属性。在"常规"页面中，当把光标放置在某个条目的设置栏上时，系统将在字段属性区域的右侧显示对该条目的简单说明。

表 3.4　字段属性

字段属性	属性说明	适用类型
字段大小	指定用于存储对应字段取值的存储空间大小	短文本、数字、自动编号
格式	规定对应字段的显示格式	OLE 对象除外
输入掩码	规定对应字段的输入格式和取值	短文本、数字、日期/时间、货币
标题	给对应字段一个显示标题	所有
默认值	指定不必输入字段值时的自动取值	自动编号和 OLE 对象除外
验证规则	规定字段取值的规则	自动编号和 OLE 对象除外
验证文本	指出违反验证规则时系统显示的提示内容	自动编号和 OLE 对象除外
必需	规定对应字段是否可以为空值	自动编号除外
允许空字符串	是否区分空值的两种情况：空字符串和 Null 值	短/长文本、超链接
索引	指出是否为对应字段创建索引	长文本、OLE 对象和超链接除外
Unicode 压缩	是否压缩存储以 Unicode 方式存储的字符数据	短/长文本、超链接
输入法模式	指定对字段数值的输入法	短/长文本、日期、超链接
输入法语句模式	正常、复数、讲述、无转化	短/长文本、日期、超链接
文本对齐	文本对齐方式：左、中、右或两边	短文本、数字、日期、货币

　　数据表中的每个字段都有一系列的属性描述，在设计视图方式下，当选择了某一个字段时，就会在设计视图的下半部的"字段属性"区依次显示出该字段的相应属性，如图 3.16 所示。

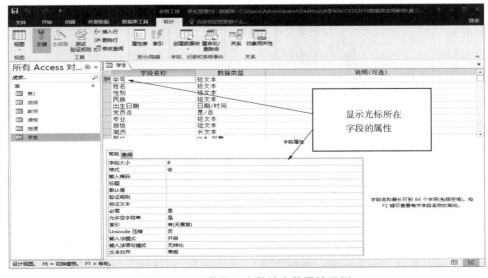

图 3.16　"学号"字段的字段属性示例

1. 字段大小

字段大小即字段的长度，可在短文本、数字及自动编号 3 种数据类型中使用。

字段的数据类型有很多种，一般会将"短文本"作为默认的数据类型，在该字段中所能输入的字符数为 1～255 个，默认长度为 255 个字符。通过设置字段大小属性，可以设置文本字段中允许输入的最大字符数（例如"学号"一般为 8 个字符）。当文本中包含汉字时，一个汉字也只占一个字符。

对于"数字"数据类型，其"字段大小"属性包括 7 个类型（字节、整型、长整型、单精度型、双精度型、同步复制 ID 和小数），默认的类型是长整型，在实际使用时，应根据"数字"数据类型字段表示的实际含义确定合适的类型。

7 个类型各代表不同的允许范围，除"同步复制 ID"（此项不可使用）外，其他 6 个类型的允许范围如表 3.5 所示。

表 3.5　"数字"数据类型的字段大小

字段大小	可输入数值的范围	标识	小数	存储空间
字节	0～255	Byte	无	1 字节
整型	−32 768～32 767	Integer2	无	2 字节
长整型	−2 147 483 648～2 147 483 647	Integer4	无	4 字节
单精度型	-3.4×10^{38}～3.4×10^{38}	Float4	7	4 字节
双精度型	-1.797×10^{308}～1.797×10^{308}	Float8	15	8 字节
小数	-1.797×10^{308}～1.797×10^{308}	Dec（\<all\>，\<dec\>）	28	12 字节

表 3.5 中，"数字"数据类型的"字段大小"属性决定该栏数字的允许范围，主要差别为是否允许有小数，前三者为整数，后三者可以含有小数。"存储空间"表示无论在该字段输入多大或多小的数字，均占用一定的存储空间，应根据字段内容的需要设置字段大小。其实不仅是"数字"数据类型的字段，其他数据类型的字段也是如此，只要字段已定义完成及产生、保存记录，无论是否已在字段内输入数据，该字段都需要一定的存储空间，不会因为输入较少的数据而使用较小的存储空间。

注意

①若"数字"数据类型字段需要小数，则最好定义为"双精度型"，这样的字段大小比较稳定。

②在表的设计视图中打开表，可对表的字段大小进行设置。在减小字段大小时要小心，如果在修改之前字段中已经有了数据，则在减小字段大小时可能会丢失数据，对于文本型字段，将截去超出的部分；对于数字型字段，如果原来是单精度或双精度数据，则在改为整数时，会自动将小数取整。

2. 字段的格式

字段的格式用来确定数据在屏幕上的显示方式以及打印方式，从而使表中的数据输出有一定规范，浏览、使用更为方便。

注意

格式设置对输入数据本身没有影响，只是改变了数据输出的样式。若要让数据按输入时的格式显示，则不要设置格式属性。

选择预定义格式可用于设置自动编号、数字、货币、日期/时间和是/否等数据类型的字段，"文本""附件"和"超链接"等数据类型的字段则无预定义格式，可以自定义格式。

用户也可以按照 Windows 区域设置中所指定的设置进行日期格式的定义，此时与 Windows 区域设置中所指定的设置不一致的自定义格式将被忽略。

"是/否"提供了 Yes/No、True/False 及 On/Off 预定义格式。Yes、True 及 On 是等效的，No、False 及 Off 也是等效的。如果指定了某个预定义的格式并输入了一个等效值，则将显示等效值的预定义格式。例如，如果在一个"是/否"属性被设置为 Yes/No 的文本框控件中输入 True 或 On，数值将自动转换为 Yes。

3. 输入掩码

设置"输入掩码"属性是为了对相应字段的数据输入格式进行规范，并限制不符合规格的文字或符号输入，或者希望检查输入时的错误。可以人工输入掩码，也可以用 Access 提供的"输入掩码向导"来设置一个输入掩码。输入掩码主要应用于短文本、数字、日期/时间和货币数据类型的字段。

> **注意**
>
> 当同时使用"格式"和"输入掩码"属性时，要注意两者结果不要冲突。

1）人工设置输入掩码

在设计视图的"字段属性"区的"输入掩码"文本框中直接输入输入掩码字符，可以使用的输入掩码字符如表 3.6 所示。

表 3.6　输入掩码字符

字符	说　明	设置范例	输入范例
0	数字，0~9，必选项，不允许输入空格	（000）0000-0000	（022）2668-1234
9	数字或空格，非必选项	（99）000-0000	输入（1）668-4567 变为（16）6684-567
#	数字或空格，非必选项，允许使用"+"和"-"，空白将转换为空格	#999	-022
&	任一字符或空格，必选项	&&&&&&	ABC-123
A	字母或数字，必选项	AAAAAAA	ABC1234
C	任一字符或空格，可选项	&&&&CCC	LIJUN-66
L	大小写英文字母，不可输入空格，必选项	0：00LL	8：18AM
?	大小写英文字母，空格，可选项	???? \ -0000	WIN-5678
!	输入数据方向更换为由右至左，字符左边需留空	!????	靠右对齐的文字
<	使其后所有的字符转换为小写，输入英文时，大小写不受〈CapsLock〉键限制		
>	使其后所有的字符转换为大写，输入英文时，大小写不受〈CapsLock〉键限制	>L<LL???	输入 aBCDEF，变为 Abcdef
. , : ; - /	十进制占位符、千分位、日期及时间分隔符等	00：00：00	10：10：10
\	使其后的显示为原义字符，可用于将该表中的任何字符显示为原义	\ A	A
Password	文本框中输入的任何字符都按字面字符保存，但显示为"*"	000000	＊＊＊＊＊＊

注意

"输入掩码"与"格式"属性的区别:"格式"属性定义数据的显示方式,而"输入掩码"属性定义数据的输入方式。

2)输入掩码向导

在表的设计视图方式下,当表的各个字段的数据类型确定后,就可以进行输入掩码的设置了,设置方法是在"字段属性"区选择"常规"选项卡,单击"输入掩码"文本框右侧的按钮,即可进入"输入掩码向导",如图3.17所示。

【例3.3】为"学生"表的"出生日期"字段设置输入掩码。

解　设置步骤如下。

①启动Access 2016应用程序,打开"学生管理"数据库中的"学生"表。

②执行前述操作进入"学生"表设计视图。

③选中"字段名称"中的"出生日期"字段,然后在"字段属性"区的"输入掩码"文本框中单击,并单击其右侧的按钮,如图3.17所示。

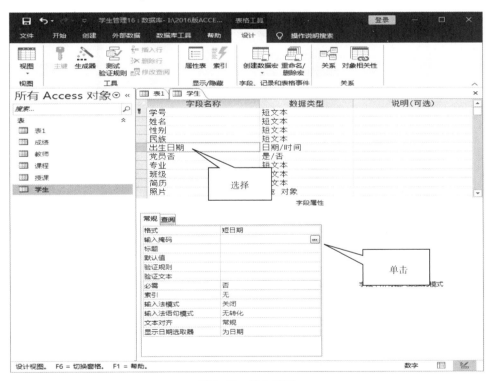

图3.17　输入掩码

④打开"输入掩码向导"对话框,在列表框中选择"长日期"选项,单击"尝试"文本框,文本框中显示掩码格式,如图3.18所示。

⑤单击"下一步"按钮,打开如图3.19所示的对话框,保持对话框中的默认设置,并单击"尝试"文本框,文本框中显示默认掩码格式。

⑥单击"下一步"按钮,打开如图3.20所示的对话框。

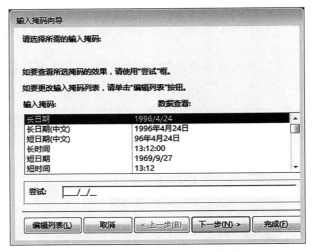

图 3.18　"输入掩码向导"对话框 1

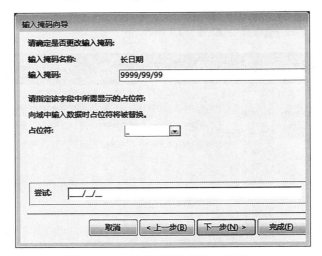

图 3.19　"输入掩码向导"对话框 2

图 3.20　"输入掩码向导"对话框 3

⑦单击"完成"按钮，此时"学生"表设计视图中"输入掩码"文本框的效果如图 3.21所示。

图 3.21 "输入掩码"文本框效果

⑧在快速访问工具栏中单击"保存"按钮，保存修改的字段属性。

⑨切换到数据表视图，在数据表已有记录的下方添加记录，当输入"出生日期"字段时，出现如图 3.22 所示的"输入掩码"的格式。

图 3.22 显示"输入掩码"的格式

4. 默认值

默认值是一个十分有用的属性，使用"默认值"属性可以指定在添加新记录时自动输入的值。在记录的输入过程中，往往会有一些字段的数据相同或含有相同的部分，例如"学生"表中的"性别"字段只有"男"和"女"两种值，这种情况下可以设置一个默认值，减少输入工作量。

下面用例3.4~例3.6来说明如何设置"默认值""字段大小"和"格式"属性。

【例3.4】将"学生"表中"性别"字段的"字段大小"设置为"1"，字段的"默认值"设置为"男"，"出生日期"字段的"格式"设置为"yyyy/mm/dd"格式。

解 设置步骤如下。

①打开"学生管理"数据库，在设计视图中打开"学生"表，如图3.23所示。

②在图3.23中，单击"性别"字段的下拉按钮，这时在"字段属性"区中显示了该字段的所有属性。在"字段属性"区的"常规"选项卡的"字段大小"文本框中输入"1"，在"默认值"文本框中输入"男"。

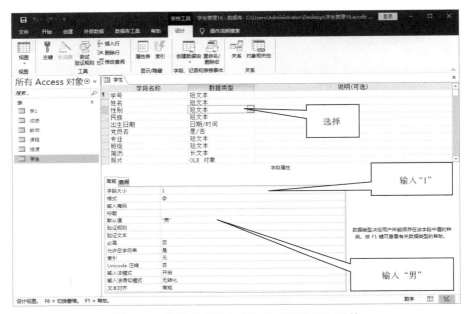

图3.23　设置"字段大小"和"默认值"属性

③选择"出生日期"字段，在"字段属性"区中显示"出生日期"字段的所有属性。单击"格式"下拉按钮，可以看到系统提供了7种日期/时间格式，如图3.24所示。

④由于系统提供的日期/时间格式没有所要求的格式（yyyy/mm/dd），因此直接在"格式"组合框中输入"yyyy/mm/dd"，表示使用4位表示年份，2位表示月，2位表示日，年月日之间的分隔符为"/"。

图3.24　"格式"属性

说明

　　在输入文本值时，例如"男"时，可以不加引号，系统会自动加上引号，设置"默认值"属性时，必须与字段中所设的数据类型相匹配，否则会出现错误。

设置默认值后，Access在生成新记录时，将这个默认值插入相应的字段。如图3.25所示，可以使用这个默认值，也可以输入新值来取代这个默认值。

图3.25 设置字段属性后的"学生"表

【例3.5】 将"成绩"表中"成绩"字段的"字段大小"设置为"单精度型"，"格式"设置为"标准"，小数位数为0。

解 设置步骤如下。

①打开"学生管理"数据库，然后在设计视图中打开"成绩"表。

②单击"成绩"字段，这时在"字段属性"区中显示了该字段的所有属性。设置"字段大小"为"单精度型"；再将"格式"设置为"标准"，"小数位数"设置为"0"，结果如图3.26所示。

图3.26 设置"字段大小"及"格式"属性

 注意

本例的目的是在"数字"数据类型字段中输入带有小数点的数据，但输入完成后，以格式化的方式四舍五入为整数并显示。

图 3.27（a）的状态是在第一条记录的"成绩"字段输入"95.5"，保存后显示四舍五入后的数据"96"，如图 3.27（b）所示。

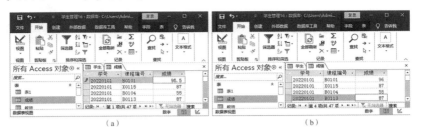

（a）　　　　　　　　　　　　（b）

图 3.27　格式化处理四舍五入

（a）处理前；（b）处理后

说明

本例是四舍五入的处理，由于使用了格式化处理，故在图 3.27（b）中，"96"只是格式化后显示的数据，该字段实际存储的数据仍是四舍五入以前的实际数据"95.5"，计算时也会使用实际数据。因此，如果使用此方式，则会造成格式化后显示的数据与计算结果不一致。

【例 3.6】设置"教师"表中"简历"字段的格式，当字段中没有简历或是 Null 值时，要显示出字符串"忽略"，当字段中有简历时按原样显示。

解　设置步骤如下。

①打开"学生管理"数据库，在设计视图中打开"教师"表。

②单击"简历"字段，在"字段属性"区中显示了该字段的所有属性。在"格式"组合框中输入"@ ;" 忽略""，如图 3.28 所示。

图 3.28　设置"简历"字段的格式

③切换到"教师"表的数据表视图，如图3.29所示，当"简历"字段没有输入数据时，皆显示"忽略"，但当光标移入时，不显示此二字，以便输入。

图3.29　显示的数据

除本例使用的符号外，还可以使用表3.7所示的各种符号，在数据类型为文本的字段内自定义"格式"属性。自定义格式为"<格式符号>；<字符串>"。

表3.7　自定义文本型字段"格式"属性的符号

符号	代表功能	范例
@	显示字符或空格	使用@@，则输入"j"的结果为"J"，前面加一空格
&	与上一项类似，差异为此项在无字符时予以省略	使用&&&，则输入"j"时，显示"j"，不加空格
–	强制向右对齐	–@@@
!	强制向左对齐	! @@@
>	强制所有字符大写	>@@@
<	强制所有字符小写	<@@@

5. 验证规则和验证文本

验证规则是Access中一个非常有用的属性，利用该属性可以防止非法数据输入表。验证规则的形式和设置目的随字段的数据类型不同而不同。对于文本型字段，可以设定输入的字符个数不能超过某一个值；对于数字型字段，可以让Access只能接受一定范围内的数据；对于日期/时间型字段，可以将数值限制在一定的月份或年份之内等。

验证文本是指当输入了字段"验证规则"不允许的值时显示的出错提示信息，此时用户必须对字段值进行修改，直到正确为止。如果不设置验证文本，则出错提示信息为系统默认显示信息。

【例3.7】为"学生"表的"学号"字段和"性别"字段设置验证规则和验证文本。

解　设置步骤如下。

①打开"学生管理"数据库，在设计视图中打开"学生"表。

②单击"学号"字段，使其处于编辑状态，然后在"字段属性"区的"验证规则"文本框

中输入"Is Not Null", 在"验证文本"文本框中输入"学号不能为空"（注意：不用输入引号），如图 3.30 所示。

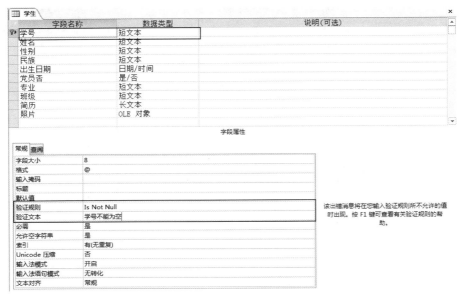

图 3.30　设置"学号"字段的验证规则和验证文本

③单击"性别"字段，使其处于编辑状态，然后在"字段属性"区的"验证规则"文本框中输入""男" Or "女""，在"验证文本"文本框中输入"只可输入"男"或"女""，如图 3.31 所示。

图 3.31　设置"性别"字段的验证规则和验证文本

④按〈Ctrl+S〉快捷键，保存设置的验证规则和验证文本。

⑤切换到"学生"表的数据表视图（可以在状态栏中单击"数据表视图"按钮 ）。

⑥当在"性别"字段中删除一个数据时，会打开如图 3.32 所示的对话框，提示"只可输

入"男"或"女""。

【例3.8】设置"成绩"表中"成绩"字段的验证规则为">=0 And<=100";出错的提示信息（验证文本）为"成绩只能是0到100之间的值"。

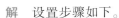

图3.32　　"Microsoft Access"对话框

解　设置步骤如下。

①打开"学生管理"数据库，在设计视图中打开"成绩"表。

②单击"成绩"字段，在"字段属性"区中的"验证规则"文本框中输入">=0 And <= 100"，在"验证文本"文本框中输入"成绩只能是0到100之间的值"，如图3.33所示。

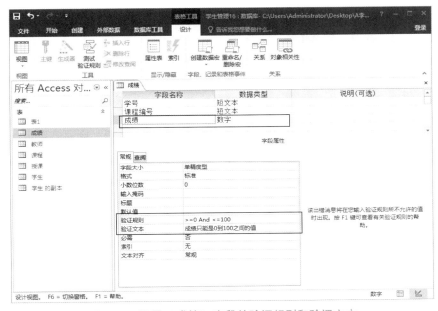

图3.33　设置"成绩"字段的验证规则和验证文本

③切换到"成绩"表的数据表视图，如果输入一个超出限制范围的值，例如输入"110"，按〈Enter〉键，这时屏幕弹出如图3.34所示的对话框。

常用的验证规则示例如表3.8所示。

图3.34　测试所设的"验证规则"

表3.8　常用的验证规则示例

验证规则	验证文本
<>0	必须是非零值
>1 000 Or Is Null	必须大于1 000或是空值
Like"A????"	必须是5个字符并以字母"A"开头
Like"王 * "	第一个字必须是"王"
>=#1/1/2022#And<#1/1/2023#	必须是2022年中的日期

6. 索引

索引实际上是一种逻辑顺序，它并不改变数据表中数据的物理顺序，建立索引的目的是提高查询的速度。可以建立"索引"属性字段的数据类型为文本、数字、货币或日期/时间。

在一个表中，可以根据表中处理的需要创建一个或多个索引，可以用单个字段建立索引，也可以用多个字段（字段组合）创建一个索引。使用多个字段索引进行索引时，一般按第一个字段进行排序，当第一个字段相同时，再按第二个字段进行排序，以此类推。在多字段的索引中最多可以对 10 个字段索引，当表中数据更新时，索引将自动更新。

1）索引类型

（1）主索引：该索引字段的值必须是唯一的，不能重复，同一个表中只能建立一个主索引。

（2）唯一索引：该索引字段的值必须是唯一的，不能重复，同一个表中可以建立多个唯一索引。

（3）普通索引：该索引字段值允许有重复值。

2）索引属性

（1）无：表示无索引（默认值）。

（2）有（有重复）：表示有索引但允许字段中有重复值（普通索引）。

（3）有（无重复）：表示有索引但不允许字段中有重复值（主索引或唯一索引）。

7. 其他属性

1）标题

"标题"属性用于为当前字段设置显示标题。如果没有此项设置，则通常以字段名为默认列标题，但有时候并不适宜，这时就可以使用此项重新设置显示标题。如果字段名是英文，则可以在"标题"属性中输入中文，即可在打开数据表或制作窗体时，使该字段显示中文名称。

2）必需和允许空字符串

"必需"属性用来设定该字段是否一定要输入数据，该属性只有"是/否"两种属性。当设置为"否"且未在该字段输入任何数据时，该字段便存入了一个 Null 值（空值）；如果设置为"是"且未在该字段输入任何数据，当将光标移开时，系统会有"必须在该字段中输入一个值"的提示信息。

"允许空字符串"属性的设置是指定该字段是否允许空字符串。Access 以""""表示长度为 0 的字符串，用户可以在表中直接输入""""表示字段的内容为空字符串。

3）Unicode 压缩

该属性可以设定是否对"文本""附件"或"超链接"数据类型的字段中的数据进行压缩，目的是节约存储空间。

4）输入法模式

该属性设置的输入法模式，可以在焦点移至该字段时，按照设置的输入法模式输入数据，有多种选择。若使用中文环境，则只有 3 项可使用（开启、关闭和随意），其他均是针对日文及韩文环境的。

3.2.7　设置表的主键

主键，也称为主关键字，用来唯一标识每条记录。可以定义 3 种主键：单字段主键、多字段主键、"自动编号"主键。这 3 种主键的定义方法如下。

1）单字段主键

在表的设计视图中，将光标移到要定义为主键的字段行。然后右击，在弹出的快捷菜单中选择"主键"命令；或者在功能区里单击"主键"按钮。

2）多字段主键

在表的设计视图中，先将光标移到主键字段组的第一个字段上，按住〈Ctrl〉键的同时，依次单击其他字段。然后右击，在弹出的快捷菜单中选择"主键"命令；或者在功能区里单击"主键"按钮。

3）"自动编号"主键

一般在创建表的结构时，就需要定义主键，否则在保存操作时系统会询问是否要创建主键。如果选择"是"，则系统将自动创建一个名为 ID 的"自动编号"字段作为主键。该字段在输入记录时会自动输入一个具有唯一顺序的数字，如果选择"否"，则表没有主键，没有主键的表不能与数据库中的其他表建立关系。

在表的设计视图中，主键字段行左侧有 🔑 标志。在接收数据时，系统既不允许主键值有重复值，也不能为空。

3.2.8　字段说明

字段说明是可选的，用于为字段输入一些说明信息，如字段的含义、取值范围等。而且当在窗体上选择某字段时，对应的字段说明将在状态栏中显示。

3.3　维护表

在创建数据库和表时，可能由于种种原因，表的结构设计不合适，有些内容不能满足实际需要。另外，随着数据库的不断使用，也需要增加一些内容或删除一些内容，这样表结构和表内容都会发生变化。为了使数据库中的表在结构上更加合理，使用更有效，就需要经常对表进行维护。

3.3.1　打开和关闭表

表建好以后，根据需要，用户可以对表进行修改，如修改表的结构、编辑表中的数据、浏览表中的记录等。在进行这些操作之前，首先要打开相应的表，完成这些操作后要关闭表。

1）打开表

在 Access 中，可以在数据表视图中打开表，也可以在设计视图中打开表。

【例 3.9】在数据表视图中打开"教师"表。

解　操作步骤如下。

①启动 Access 并打开"学生管理"数据库。

②双击左边任务窗格中的"教师"表，此时，Access 打开了所需的表，如图 3.29 所示。

【例 3.10】在设计视图中打开"学生"表。

解　操作步骤如下。

①启动 Access 并打开"学生管理"数据库。

②在左边任务窗格中找到"学生"表并右击，在弹出的快捷菜单中选择"设计视图"命令，如图 3.35 所示。

说明

在数据表视图中打开表以后，可以在该表中输入新的数据、修改已有的数据或删除不需要的数据。如果要修改表结构，应在表的设计视图中操作。

2）关闭表

对表的操作结束后，应该将其关闭。无论表是处于设计视图状态，还是处于数据表视图状态，单击表窗口右上角的"关闭"按钮都可以将打开的表关闭。在关闭表时，如果曾对表的结构或布局进行过修改，Access 会显示一个提示框，询问是否保存所作的修改，单击"是"按钮保存所作的修改；单击"否"按钮放弃所作的修改；单击"取消"按钮则取消关闭操作。

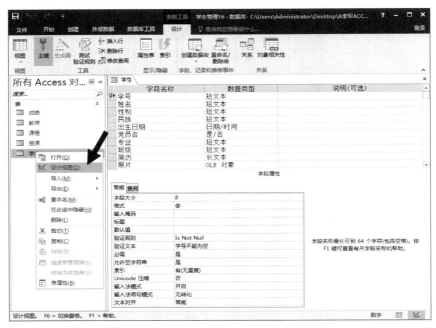

图 3.35 在设计视图中打开 "学生" 表

3.3.2 修改表的结构

修改表结构的操作主要包括增加字段、修改字段、删除字段和重新设置主键等。修改表结构只能在表的设计视图中完成。

1. 增加字段

在表中增加一个新字段不会影响其他字段和现有的数据，其操作如下。

①在设计视图中打开表。

②将光标移到要插入新字段的位置并右击，在弹出的快捷菜单中选择 "插入行" 命令，如图 3.36 所示。

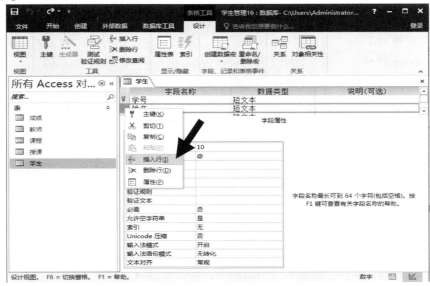

图 3.36 增加字段

③在新行的"字段名称"列中输入新字段的名称。

④单击"数据类型"列右侧的下拉按钮，在弹出的下拉列表框中选择所需的数据类型。

在插入字段并设置完字段数据类型之后，还可以在窗口下面的"字段属性"区修改字段的属性。

2. 修改字段

修改字段包括修改字段的名称、数据类型、说明、属性等，其操作如下。

①在设计视图中打开表。

②如果要修改某字段的名称，则在该字段的"字段名称"列中单击，即可修改字段名；如果要修改字段的数据类型，则单击该字段"数据类型"列右侧的下拉按钮，在弹出的下拉列表框中选择所需的数据类型。

3. 删除字段

删除表中某一字段的操作如下。

①在设计视图中打开表。

②将光标移到要删除字段的位置并右击，在弹出的快捷菜单中选择"删除行"命令。

在上述操作中，只删除了一个字段，实际上可以一次删除多个字段，其操作如下。

①在设计视图中单击其中一个要删除字段的字段选定器，然后按住〈Ctrl〉键不放，再单击余下要删除字段的字段选定器。

②在选定的字段上右击，在弹出的快捷菜单中选择"删除行"命令。

说明

> 如果所删除字段的表为空，则不会出现删除提示框；如果表中含有数据，不仅会出现删除提示框需要用户确认，而且还将删除利用该表所建立的查询、窗体或表中的字段。即删除字段时，还要删除整个 Access 中对该字段的使用。

4. 重新设置主键

如果原定义的主键不合适，可以重新定义。重新定义主键需要先删除原主键，然后定义新的主键，其操作如下。

①在设计视图中打开表。

②将光标移到主键所在行的字段选定器并右击，在弹出的快捷菜单中选择"主键"命令，此操作将取消原来设置的主键。

③按照 3.2.7 小节讲解的方法重新设置主键。

3.3.3　编辑表的内容

编辑表中的内容是为了确保表中数据的准确，使所建的表能够满足实际需要。编辑表中内容的操作主要包括定位记录、选择记录、添加及保存记录、删除记录和修改数据等。

1. 定位记录

数据表中有了数据后，修改是经常进行的操作，其中定位和选择记录是首要的任务。常用的定位方法有两种：使用记录号定位，使用快捷键定位。

【例 3.11】将光标定位到"学生"表中第 10 条记录上。

解　操作步骤如下。

①打开"学生管理"数据库，双击"学生"表，打开该表的数据表视图。

②在窗口底部记录定位器 记录: Ⅰ ◀ 第 1 项(共 36 项 ▶ Ⅰ Ⅰ 中的记录编号框中双击编号，然后在记录编号框中输入要查找记录的记录号"10"，如图 3.37 所示。

③按〈Enter〉键，这时，光标将定位在该记录上，结果如图 3.37 所示。

图 3.37　定位查找记录

使用表 3.9 所示的快捷键也可以快速定位记录或字段。

表 3.9　快捷键及定位功能

快捷键	定位功能
Tab、Enter、右箭头	下一字段
Shift+Tab、左箭头	上一字段
Home	当前记录中的第一个字段
End	当前记录中的最后一个字段
Ctrl+上箭头	第一条记录中的当前字段
Ctrl+下箭头	最后一条记录中的当前字段
Ctrl+Home	第一条记录中的第一个字段
Ctrl+End	最后一条记录中的最后一个字段
上箭头	上一条记录中的当前字段
下箭头	下一条记录中的当前字段
PgDn	下移一屏
PgUp	上移一屏
Ctrl+PgDn	左移一屏
Ctrl+PgUp	右移一屏

2. 选择记录

在对数据表进行操作时，选定表中的记录是必不可少的操作。

在 Access 中选定字段值及数据记录的方法，与在 Excel 表格中选定单元格数据的方法类似，数据表左侧为行选定栏，左上角为"全选"按钮，每行记录最左侧为"行选"按钮，如图 3.38 所示。当光标移动至相应位置时，可以选定任何一个字段值、选定一行（条）、选定一列、选定某个区域，也可选定所有数据记录，在数据表视图下选定记录字段的方法如下：

①移动光标至记录中的某单元格左边缘，光标变为空十字 ，单击可选定一个字段值；

②移动光标至记录中的"行选"按钮位置，光标变为向右箭头 ➡️，单击可选定一行记录；

③移动光标至某字段名，光标变为向下箭头 ⬇️，单击可选定整列字段值；

④移动光标至记录中的某单元格左边缘，光标变为空十字 ✚，单击并拖动鼠标可选定某个区域字段值；

⑤移动光标至数据表"全选"按钮位置，光标变为左倾斜空箭头 ▧，单击可选定所有数据表中的记录。

图 3.38　数据表选定示例

在数据表视图下打开相应表后，可以用如下方法选择记录范围：

①选择一条记录，单击该记录的记录选定器；

②选择多条记录，单击第一条记录的记录选定器，按住鼠标左键，拖动鼠标到选定范围的结尾处。

也可以用键盘选择数据范围，用键盘选择对象及操作方法如表 3.10 所示。

表 3.10　用键盘选择对象及操作方法

选择对象	操作方法
一个字段的部分数据	将光标移到字段开始处，按住〈Shift〉键，再按方向键到结尾处
整个字段的数据	将光标移到字段中，按〈F2〉键

3. 添加及保存记录

在已建立的表中，如果需要添加新记录，则可打开需添加记录的表，切换到数据表视图，在最后一条记录的下面直接单击，即可以添加新记录。也可以用【例 3.12】中的方法添加新记录。

【例 3.12】在"学生"表中添加一条新记录。

解　操作步骤如下。

①打开"学生管理"数据库，双击"学生"表，打开该表的数据表视图。

②单击窗口底部记录定位器 记录: ◀ ◀ 第10项(共36) ▶ ▶ ▶ 上的"新记录"按钮，将光标移到新记录上。

③开始输入数据，输入完成后，单击窗口右上角的"关闭"按钮并保存。

图 3.39 为正在输入记录的状态，一个字段输入完毕，按〈Tab〉键继续向右移动插入点，若已是最后一个字段，则下移至新记录内，表示可以继续添加记录。

图 3.39　输入及保存记录

说明

　　除了按〈Tab〉键，也可以按〈Enter〉键，且每一条记录的每个字段不一定都有数据。以"学生"表为例，只要求"学号"字段必须有数据，因为"学号"字段为该表的主键，而其他字段则可以为空值。

4. 删除记录

表中如果出现了不需要的数据，则应将其删除。

【例 3.13】删除"学生"表中的某 3 条记录。

解　操作步骤如下。

①打开"学生管理"数据库，双击"学生"表，打开该表的数据表视图。

②将光标移至要删除记录的行选定器上，当光标变为➡时，按住鼠标左键不放，向下或向上拖动，选取 3 条记录，如图 3.40（a）所示。

③右击，在弹出的快捷菜单中选择"删除记录"命令。

④若确定要删除记录，则在弹出的对话框中单击"是"按钮，如图 3.40（b）所示。

（a）　　　　　　　　　　　　（b）

图 3.40　选取 3 条记录并确认是否删除

（a）选取 3 条记录；（b）确认是否删除

说明

　　可以删除上下连续的多条记录，但无法同时选取多条不连续的记录。记录删除后无法恢复，因 Access 不提供删除标记及恢复功能。

5. 修改数据

在已建立的表中，如果出现了错误数据，可以对其进行修改。在数据表视图中修改数据的方法非常简单，只要将光标移到要修改数据的相应字段直接修改即可。

3.3.4　调整表的外观

调整表的外观是为了使表看上去更清楚、美观。调整表的外观的操作包括：改变字段顺序、调整字段显示宽度和高度、隐藏列或显示列、冻结列或解冻列、更改字体及设置数据表格式等。

1. 改变字段顺序

在默认设置下，Access 显示数据表中的字段顺序与它们在表或查询中出现的顺序相同。但在使用数据表视图时，往往需要移动某些列来满足查看数据的需要。此时，可以改变字段的显示顺序。

【例 3.14】将"学生"表中的"学号"和"姓名"字段位置互换。

解　操作步骤如下。

①打开"学生管理"数据库，双击"学生"表，打开该表的数据表视图。

②选择"学号"字段列，如图 3.41（a）所示。

③将光标放在"学号"字段列的字段名上，然后按住鼠标左键并拖动鼠标，使光标移到"姓名"字段后，释放鼠标左键，结果如图 3.41（b）所示。

（a）　　　　　　　　　　　　　　　（b）

图 3.41　改变字段顺序

（a）选择"学号"字段列；（b）改变字段顺序后的结果

说明

移动数据表视图中的字段，不会改变设计视图中字段的排列顺序，只是改变字段在数据表视图中的显示顺序。

2. 调整字段显示宽度和高度

在所建立的表中，有时由于数据过长，数据显示被遮住；有时由于数据设置的字号过大，数据在一行中被切断。为了能够完整地显示字段中的全部数据，可以调整字段显示的宽度和高度。

调整字段显示的宽度有两种方法：鼠标操作和菜单命令。

（1）使用鼠标调整字段显示宽度的操作步骤如下：

①双击打开所需的表；

②将光标放在表中两个字段的交界处，这时光标变为左右方向的双箭头；

③按住鼠标左键，拖动鼠标左右移动，当调整到所需宽度时，释放鼠标左键。

（2）使用菜单命令调整字段显示宽度的操作步骤如下：

①双击打开所需的表；

②将光标放在需要调整列宽的任一单元格，选择“开始”→“记录”→“其他”→“字段宽度”命令，在弹出的对话框中选择“最佳匹配”选项调整字段显示宽度。

调整字段显示的高度也有两种方法：鼠标操作和菜单命令。

(1) 使用鼠标调整字段显示高度的操作步骤如下：

①双击打开所需的表；

②将光标放在表中任意两行选定器之间，这时光标变为上下方向双箭头；

③按住鼠标左键，拖动鼠标上下移动，当调整到所需高度时，释放鼠标左键。

(2) 使用菜单命令调整字段显示高度的操作步骤如下：

①双击打开所需的表；

②将光标放在表中的任一单元格；

③选择“开始”→“记录”→“其他”→“行高”命令，弹出“行高”对话框；

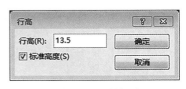

④在该对话框的“行高”文本框中输入所需的行高值，如图 3.42 所示。

图 3.42　设置行高

说明

调整字段的列宽与行高基本相同。但在更改行高后，会改变所有记录的高度，而列宽则可以针对个别字段进行设置，也就是各字段可以使用不同的宽度。

3. 隐藏列或显示列

在数据表视图中，为了便于查看表中的主要数据，可以将某些列暂时隐藏起来，需要时再将其显示出来。

1) 隐藏某些列

【例 3.15】将“学生”表中的“性别”字段列隐藏起来。

解　操作步骤如下。

①打开“学生管理”数据库，双击“学生”表，打开该表的数据表视图。

②单击“性别”字段列。如果一次要隐藏多列，则单击要隐藏的第一列，然后按住鼠标左键，拖动鼠标到达最后一个需要选择的列。

③选择“开始”→“记录”→“其他”→“隐藏字段”命令，Access 即将选定的“性别”字段列隐藏起来，结果如图 3.43 所示。

学号	姓名	民族	出生日期	党员否	专业	班级	简历	照片
20220101	王琳	藏族	2003/01/30	No	经济	2205	组织能力强，善于表现	
20220112	蔡泓	回族	2003/01/10	No	统计	2205	组织能力强，善于交际	
20220203	赵正	壮族	2003/07/09	Yes	统计	2206	组织能力强，善于交际	
20220205	李一博	汉族	2002/11/26	No	软件	2201	工作能力强，有领导才	
20220208	施正	回族	2001/09/10	No	财务	2203	工作能力强，爱好绘画	
20220214	张楠	汉族	2002/07/19	No	财务	2206	爱好：绘画，摄影，运	
20220305	陈瑞	汉族	2002/12/03	No	财务	2206	守纪律，爱好相声和小	
20220316	冯佳	回族	2001/01/24	Yes	经济	2027	守纪律，爱好：相声，	
20220407	崔婷	白族	2001/02/05	No	软件	2203	爱好：书法	

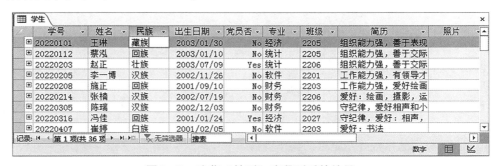

图 3.43　隐藏“性别”字段列后的结果

2) 显示隐藏的列

如果希望将隐藏的列重新显示出来，则操作步骤如下。

①打开“学生管理”数据库，双击“学生”表，打开该表的数据表视图。

②选择"开始"→"记录"→"其他"→"取消隐藏字段"命令，弹出"取消隐藏列"对话框，如图3.44所示。

③在"列"列表框中勾选要显示列的复选框。

④单击"关闭"按钮，即可将隐藏的列重新显示出来。

图3.44 "取消隐藏列"对话框

4. 冻结列或解冻列

如果表的字段较多，有些关键的字段值因为水平移动后无法看到，则会影响数据的查看。例如"学生管理"数据库中的"学生"表，由于列（字段）数比较多，当查看"学生"表中的"简历"列时，"姓名"列已经移出了屏幕，因而不知道是哪位学生的简历，解决这一问题的最好方法是利用Access提供的冻结列功能，将"姓名"列冻结，该列不会随着水平滚动而向左移动。

【例3.16】冻结"学生"表中的"姓名"列。

解 操作步骤如下。

①打开"学生管理"数据库，双击"学生"表，打开该表的数据表视图。

②选择要冻结的"姓名"列。

③选择"开始"→"记录"→"其他"→"冻结字段"命令。

④在"学生"表中，移动水平滚动条，结果如图3.45所示。

当向右移动水平滚动条后，"姓名"列始终固定在最左方。若要取消冻结，则可以选择"开始"→"记录"→"其他"→"取消冻结所有字段"命令，即可解除所有冻结的列。

图3.45 冻结"学生"表中的"姓名"列

5. 更改字体及设置数据表格式

在数据表视图中，一般在水平方向和垂直方向都显示网格线，网格线采用银色，背景采用白色。可以改变单元格的显示效果，如字体、字形和字号等，也可以选择网格线的显示方式和颜色、表格的背景颜色等。

【例3.17】将"学生"表设置为如下的格式：字体为隶书、字号为16号、字形为斜体、颜色为红色、单元格效果为平面、网格线显示方式为水平方向、背景色为黄色。

解 设置步骤如下。

①打开"学生管理"数据库，双击"学生"表，打开该表的数据表视图。

②选择"开始"→"文本格式"命令，在"字体"下拉列表框中选择"隶书"，设置"字形"为"斜体"，"字号"为"16号"，"颜色"为"红色"，如图3.46（a）所示。

③继续在数据表视图中选择"开始"→"文本格式"→"设置数据表属性"命令，弹出"设置数据表格式"对话框，如图 3.46（b）所示。

④将"单元格效果"更改为平面、"网格线显示方式"更改为水平、"背景色"更改为黄色，再单击"确定"按钮。

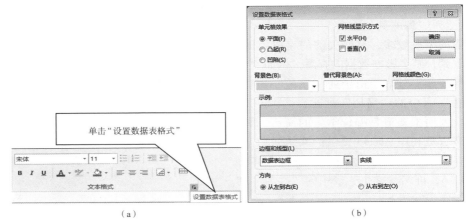

（a）（b）

图 3.46　"文本格式"组及"设置数据表格式"对话框

（a）"文本格式"组；（b）"设置数据表格式"对话框

更改字体及设置数据表格式都是以整个数据表为设置对象，无法针对特定记录或字段更改。

3.4　表的基本操作

3.4.1　记录的排序

最初建立好的 Access 表中记录的顺序是按输入时的顺序排列的，为了快速找到需要的记录，可以采用系统提供的排序方法重新组织表中记录的顺序。在数据表视图中，可按一个或多个字段升序或降序重新排列表中记录的顺序。排序的规则如下：

①英文按字母顺序、数字按大小顺序排序，且英文不区分大小写；

②汉字字符按拼音字母顺序排序；

③日期/时间数据类型的字段按年、月、日及时间的先后顺序排序；

④空值 Null，按升序排列时，包含 Null 的记录排在最开始；

⑤长文本、超链接和 OLE 对象数据类型的字段不能排序；

⑥排序后，排序顺序将与表一起保存。

排序是在数据表视图下进行的，当光标置于某一字段值位置或选择某一字段时，可选择"开始"→"筛选和排序"命令，再单击 ↑↓升序 或 ↓↑降序 按钮，即可对字段进行简单排序。如果将光标置于字段名位置且光标变为向下的实心箭头，同时水平拖动鼠标选中多个字段时，再选择排序，则记录将按照选定字段由左到右依次为主、次关键字排序，即首先按照第一个字段排序，当第一个字段值相同时再按照第二个字段排序，以此类推。排序之后如果想要恢复记录的原始排列顺序，则选择"取消筛选/排序"命令即可。

【例 3.18】 在"学生"表中按"专业"字段升序排序。

解 操作步骤如下。

①打开"学生管理"数据库，双击"学生"表，打开该表的数据表视图。

②将光标放在"专业"字段列的任意一个单元格内。

③选择"开始"→"排序和筛选"→"升序"命令，排序结果如图 3.47 所示。

学号	姓名	性别	民族	出生日期	党员否	专业	班级
20225005	卢榕	女	汉族	2001/03/01	No	财务	2208
20223078	徐菲	女	汉族	2001/11/03	No	财务	2209
20220208	施正	男	回族	2001/09/10	No	财务	2203
20220214	张楠	女	汉族	2002/07/19	No	财务	2206
20220305	陈瑞	女	汉族	2002/12/03	No	财务	2206
20221218	马乐	女	回族	2002/11/07	No	财务	2205
20220506	兰云	女	回族	2003/07/09	No	财务	2205
20220316	冯佳	女	回族	2001/01/24	Yes	经济	2027
20224012	韦宇	男	回族	2002/03/03	Yes	经济	2203
20223307	王仪琳	男	回族		No	经济	2207
20220700	张悦	女	汉族	2002/12/19	No	经济	2205
20220101	王琳	女	藏族	2003/01/30	No	经济	2205
20221578	张雨	男	藏族	2002/11/08	No	经济	2205
20220610	徐舒怡	女	汉族	2001/09/03	No	经济	2201
20221106	余欣	男	回族	2003/11/04	No	软件	2208

记录: 第1项(共 36 项) 无筛选器 搜索 数字

图 3.47 按"专业"字段升序排序后的结果

【例 3.19】 在"学生"表中按"民族"和"专业"两个字段升序排序。

解 操作步骤如下。

①打开"学生管理"数据库，双击"学生"表，打开该表的数据表视图。

②选择"民族"字段列，将此列移动至"党员否"和"专业"字段列中间。

③选择用于排序的"民族"和"专业"两个字段，选择"开始"→"排序和筛选"→"升序"命令，排序结果如图 3.48 所示。

学号	姓名	性别	出生日期	党员否	民族	专业	班级
20220407	崔婷	女	2001/02/05	No	白族	软件	2203
20221201	胡龙	男	2002/11/03	No	白族	统计	2206
20220101	王琳	女	2003/01/30	No	藏族	经济	2205
20221578	张雨	男	2002/11/08	No	藏族	经济	2205
20220418	赵阳	男	2003/12/09	No	藏族	软件	2208
20221115	苏茹	女	2002/11/05	No	藏族	软件	2207
20222305	白金	女	2002/11/07	No	藏族	软件	2205
20220214	张楠	女	2002/07/19	No	汉族	财务	2206
20220305	陈瑞	女	2002/12/03	No	汉族	财务	2206
20225005	卢榕	女	2001/03/01	No	汉族	财务	2208
20223078	徐菲	女	2001/11/03	No	汉族	财务	2209
20220700	张悦	女	2002/12/19	No	汉族	经济	2205
20220610	徐舒怡	女	2001/09/03	No	汉族	经济	2201
20220606	吴艳	女	2001/05/26	No	汉族	软件	2202
20220205	李一博	男	2002/11/26	No	汉族	软件	2201
20223054	张倩	女	2002/03/05	Yes	汉族	软件	2206
20221808	赵楠	女	2002/11/12	No	汉族	软件	2204
20224056	刘建玲	女	2002/11/12	No	汉族	软件	2204
20221605	杨琦	女	2003/03/02	No	汉族	软件	2206
20221206	宋晴晴	女	2002/11/06	No	汉族	软件	2206
20220509	马福良	男	2002/08/24	Yes	汉族	物流	2202

记录: 第1项(共 36 项) 无筛选器 搜索 数字

图 3.48 按"民族"和"专业"两个字段升序排序后的结果

说明

选择多个字段排序时，必须注意字段的先后顺序。Access 先对最左边的字段进行排序，然后依次从左到右对字段进行排序。

【例 3.20】 使用"高级筛选/排序"功能，在"学生"表中先按"专业"字段升序排序，再按"班级"字段降序排序。

解 操作步骤如下。

①打开"学生管理"数据库，双击"学生"表，打开该表的数据表视图。

②选择"开始"→"排序和筛选"→"高级"→"高级筛选/排序"命令，出现如图 3.49 所示的"筛选"窗口。"筛选"窗口分为上、下两部分。上半部分显示了被打开表的字段列表；下半部分是设计网格，用来指定排序字段、排序方式和条件。

图 3.49 "筛选"窗口

③单击设计网格中第一列字段行右侧的下拉按钮，从弹出的下拉列表框中选择"专业"选项，然后用同样的方法在第二列的字段行上选择"班级"选项。

④单击"专业"的"排序"单元格右侧的下拉按钮，选择"升序"选项；使用同样的方法在"班级"的"排序"单元格中选择"降序"选项，如图 3.50（a）所示。

⑤选择"开始"→"排序和筛选"→"切换筛选"命令，查看筛选结果，如图 3.50（b）所示。

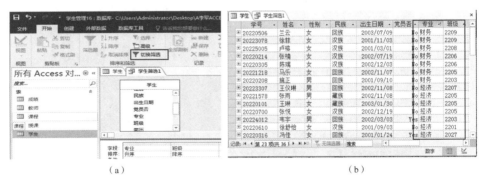

图 3.50 排序结果

（a）分别选择"升序""降序"选项；（b）查看筛选结果

说明

在【例 3.19】中，排序的两个字段必须是相邻的两个字段，而且两个字段都按同一种顺序排序。如果希望两个字段按照不同的顺序排序，或者排序的两个字段是两个不相邻的字段，则必须采用【例 3.20】的方法，即使用"高级筛选/排序"功能。

3.4.2　记录的筛选

使用数据表时，经常需要从众多的数据表中挑选出一部分满足某些条件的数据进行处理。例如，在"学生"表中，找出民族是"藏族"的学生。

对于筛选记录，Access 中提供了 3 种方法：使用筛选器筛选、按窗体筛选和高级筛选。

1. 使用筛选器筛选

使用筛选器筛选是一种最简单的筛选方法，它可以很容易地找到包含某字段值的记录。

【例 3.21】在"学生"表中筛选出民族是"藏族"的所有学生记录。

解　操作步骤如下。

①打开"学生管理"数据库，双击"学生"表，打开该表的数据表视图。

②在"民族"字段列中，选中字段值"藏族"，然后右击，或者右击"选择"按钮 ▼，在弹出的快捷菜单中选择"等于"藏族""选项，如图 3.51 所示，筛选结果如图 3.52 所示。

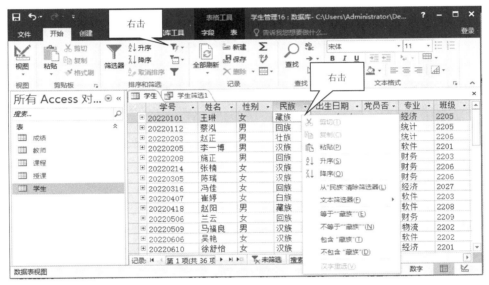

图 3.51　设置筛选条件

图 3.52　筛选结果

2. 按窗体筛选

按窗体筛选是一种快速的筛选方法，使用它不用浏览整个表中的记录，同时可以对两个以上字段的值进行筛选。按窗体筛选记录时，Access 将数据表变成一条空白记录，每个字段是一个下拉列表框，可以从每个下拉列表框中选取一个值作为筛选的条件。如果选择两个以上的值，则还可以通过窗体底部的"或"选项卡来确定两个字段值之间的关系。

【例 3.22】在“学生”表中筛选出专业为“经济”的所有“汉族”的学生记录。

解　操作步骤如下。

①打开“学生管理”数据库，双击“学生”表，打开该表的数据表视图。

②选择“开始”→“排序和筛选”→“高级”→“按窗体筛选”命令，打开“学生：按窗体筛选”窗体，如图 3.53 所示。

学生: 按窗体筛选
学生筛选1
学号
姓名
性别
民族
出生日期
党员否
专业
班级
简历
"汉族"
"经济"
查找
或
数字

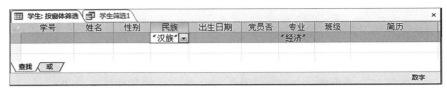

图 3.53　“学生：按窗体筛选”窗体

③在“查找”选项卡中，单击“专业”字段右侧的下拉按钮，从下拉列表框中选择“经济”选项。

④再单击“民族”字段右侧的下拉按钮，从下拉列表框中选择“汉族”选项。

⑤选择“开始”→“排序和筛选”→“切换筛选”命令，即可显示筛选结果，如图 3.54 所示。

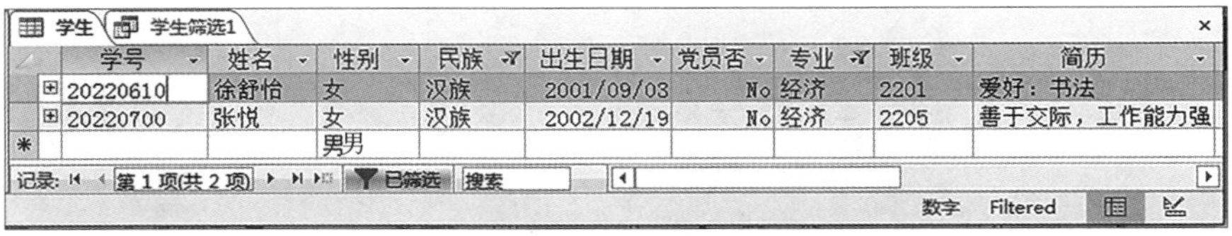

学生
学生筛选1
学号
姓名
性别
民族
出生日期
党员否
专业
班级
简历
20220610
徐舒怡
女
汉族
2001/09/03
No
经济
2201
爱好：书法
20220700
张悦
女
汉族
2002/12/19
No
经济
2205
善于交际，工作能力强
男男
记录: 第 1 项(共 2 项)
已筛选
搜索
数字
Filtered

图 3.54　筛选结果

说明

图 3.53 中，窗体底部有两个选项卡（“查找”和“或”选项卡）。在“查找”选项卡中输入的各条件表达式之间是“与”操作，表示各条件必须同时满足；在“或”选项卡中输入的各条件表达式之间是“或”操作，表示只要满足其中之一即可。

3. 高级筛选

前面介绍的两种方法是筛选记录中最容易的方法，筛选的条件单一，操作简单。但在实际应用中，常常涉及复杂的筛选条件。此时使用高级筛选，可以很容易实现复杂的筛选条件，而且还可以对筛选的结果进行排序。

高级筛选可以使用表达式来表达更加丰富的筛选条件，还可以对筛选结果进行排序。当选择了高级筛选之后，将打开一个筛选窗体，高级筛选的筛选窗体分为上下两个窗格，上窗格显示要做筛选的表的字段列表，下窗格用来设置筛选条件和筛选结果的排序依据。“字段”行设置的字段或表达式与对应下方的“条件”行的具体值共同构成条件表达式，超过一个的条件可以用“条件”同行或不同行来分别表示“与”或“或”的关系，如图 3.49 所示。“排序”行用来设置筛选结果的排序依据列。

【例 3.23】在“学生”表中查找 2002 年出生的男生，并按“出生日期”降序排序。

解　操作步骤如下。

①打开“学生管理”数据库，双击“学生”表，打开该表的数据表视图。

②选择“开始”→“排序和筛选”→“高级”→“高级筛选/排序”命令，进行高级筛选，如图 3.55 所示。

③单击设计网格中第一列"字段"行右侧的下拉按钮，从弹出的下拉列表框中选择"出生日期"选项，然后用同样的方法在第二列的"字段"行上选择"性别"选项。

④在"出生日期"的"条件"单元格中输入筛选条件"Between#2002-1-1#And#2002-12-31#"（该条件的书写方法将在后续章节中介绍），在"性别"的"条件"单元格中输入筛选条件"男"。

⑤单击"出生日期"的"排序"单元格右侧的下拉按钮，在弹出的下拉列表框中选择"降序"选项。

⑥选择"开始"→"排序和筛选"→"切换筛选"命令，即可显示筛选结果，如图3.56所示。

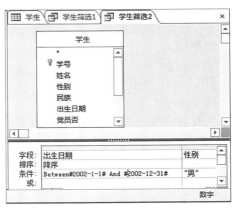

图 3.55　设置筛选条件和排序方式

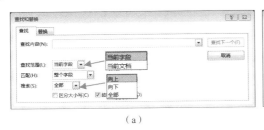

图 3.56　显示结果

取消筛选恢复显示全部记录的方法，是在"开始"选项卡中，选择"切换筛选（取消筛选）"，或者单击工具栏中形如漏斗的"取消筛选"按钮。

3.4.3　查找与替换

查找是指在表中查找某个特定的字段值，替换是指将查找到的某个字段值用新值来替换。当需要在表中查找所需要的特定的字段值，或者替换某个字段值时，就可以使用 Access 提供的查找和替换功能。在 Access 中，选择"开始"选项卡，单击功能区"查找"组中的"查找"按钮或"替换"按钮，即可进入"查找和替换"对话框，如图3.57所示。

（a）　　　　　　　　　　（b）

图 3.57　"查找和替换"对话框
（a）"查找"选项卡；（b）"替换"选项卡

对话框中部分选项的含义如下。
①"查找范围"下拉列表框：在当前光标所在的字段里进行查找，或者在当前文档内进行查找。
②"匹配"下拉列表框："整个字段"选项表示字段内容必须与"查找内容"文本框中的

文本完全符合；"字段任何部分"选项表示"查找内容"文本框中的文本可包含在字段中的任何位置；"字段开头"选项表示字段必须是以"查找内容"文本框中的文本开头，但后面的文本可以是任意的。

③ "搜索"下拉列表框：包含"全部""向上"和"向下" 3 种搜索方式。

【例 3.24】查找"学生"表中"专业"为"软件"的所有记录，并将其值改为"人工智能"。

解　操作步骤如下。

①打开"学生管理"数据库，打开"学生"表的数据表视图。选择"开始"→"查找"→"替换"命令，弹出如图 3.58 所示的对话框。

②在"查找内容"文本框中输入"软件"，然后在"替换为"文本框中输入"人工智能"，其他选项如图 3.58 所示。

图 3.58　"查找和替换"对话框

③如果一次仅替换一个，则单击"查找下一个"按钮，找到后再单击"替换"按钮；如果不替换当前找到的内容，则继续单击"查找下一个"按钮；如果一次要替换出现的全部指定内容，则单击"全部替换"按钮。这里单击"全部替换"按钮后，会出现一个提示框，要求确认是否要完成替换操作。

④单击"是"按钮，进行替换操作。

在指定查找内容时，希望在只知道部分内容的情况下对数据表进行查找，或者按照一定特定的要求查找记录。如果出现以上情况，则可以使用通配符作为其他字符的占位符。

在"查找和替换"对话框中，可以使用如表 3.11 所示的通配符。

表 3.11　通配符的用法

字符	代表功能	范例
*	通配任意个数的字符（个数可以为 0）	wh * 可以找到 white、wh 和 why 等，但找不到 wash 和 with
?	通配任何单一字符	b? ll 可以找到 ball 和 bill 等，但找不到 blle 和 beall 等
[ ]	通配方括号内任何单个字符	B[ae]ll 可以找到 ball 和 bell，但找不到 bill 等
!	通配任何不在括号内的字符	B[! ae]ll 可以找到 bll，但找不到 bell 和 ball
—	通配范围内的任何一个字符，必须以递增排序来指定区域（A 到 Z）	b[a-c]d 可以找到 bad、bbd 和 bcd，但找不到 bdd 等
#	通配任何单个数字字符	1#3 可以找到 103、113、123 等

3.4.4　表的复制、删除及重命名

在 Access 中，若要对数据库中的表对象进行复制、删除及重命名，可以按如下方法进行。

1）复制表

数据库中的表由两部分组成，即结构部分和数据记录部分。当对表进行复制操作时，可以对已有的表进行全部复制、仅复制表的结构或将某个表的数据记录追加到另一个表的尾部。

【例 3.25】将"学生"表的结构复制一份，并命名为"学生备份"表。

解　操作步骤如下。

①打开"学生管理"数据库，在数据库窗口中，选中需要复制的表对象。

②单击快速访问工具栏上的 🔲🔳 **复制** 按钮；或者右击，在弹出的快捷菜单中选择"复制"命令；或者直接按〈Ctrl + C〉快捷键。

③单击快速访问工具栏上的"粘贴"按钮🔳；或者右击，在弹出的快捷菜单中选择"粘贴"命令；或者直接按〈Ctrl + V〉快捷键。打开"粘贴表方式"对话框，如图 3.59 所示。

图 3.59　"粘贴表方式"对话框

④在"表名称"文本框中输入"学生备份"，并选中"粘贴选项"栏中的"仅结构"单选按钮，最后单击"确定"按钮，"学生"表的结构复制完成。

2）删除表

选中待删除的表对象，按〈Delete〉键，或者右击，从弹出的快捷菜单中选择"删除"命令；在弹出的对话框中，单击"是"按钮执行删除操作，如图 3.60 所示。

图 3.60　删除表

3）表的重命名

右击待重命名的表对象，在弹出的快捷菜单中选择"重命名"命令，即可完成表对象的重命名操作。

【例 3.26】将"学生备份"表重命名为"学生基本信息"表，然后将其删除。

解　操作步骤如下。

①打开"学生管理"数据库。

②在左边的任务窗格中右击"学生备份"表，在弹出的快捷菜单中选择"重命名"命令。

③在弹出的对话框中输入"学生基本信息"，单击"确定"按钮。

④选择"学生基本信息"表，按〈Delete〉键，或者右击，在弹出的快捷菜单中选择"删除"命令；在弹出的对话框中单击"是"按钮，执行删除操作。

3.5　创建表间关系

3.5.1　多表之间关系的创建

在 Access 中如果要管理和使用好表中的数据，则需要建立表和表之间的关系，这样多个表才有意义，才能为创建查询、窗体或报表打下良好的基础。在关系数据库中，利用关系可以避免

出现冗余的数据。关系是通过匹配字段（通常是两个表中同名的列）中的数据进行工作的。相关联的字段（即匹配字段）不一定要有相同的名称，但必须有相同的字段类型，并具有相同的字段大小。通过建立关系可以实施表之间的参照完整性约束。

数据库中的多个表之间要建立关系，必须先给各个表建立主键或索引，并且要关闭所有打开的表，否则不能建立表间的关系。

关系的建立过程基本分为选择表、部署关系、编辑关系、保存关系几个步骤。

1）选择表

在成绩管理数据库窗口，选择"数据库工具"→"关系按钮"→"关系"命令，打开"显示表"对话框，把需要建立联系的表逐一添加到"关系"窗格中，关闭"显示表"对话框。

2）部署关系

"学生"表和"课程"表都是有主键的，"成绩"表没有主键，"学生"表到"成绩"表、"课程"表到"成绩"表，这两对表之间均存在一对多的实际关系。用鼠标分别把"学生"表的主键字段"学号"和"课程"表的主键字段"课号"拖到"成绩"表的对应字段上，系统将弹出"编辑关系"对话框。

3）编辑关系

"编辑关系"对话框用来设置相关联的字段、联接类型和参照完整性。

参照完整性是用来设置相互关联的两个表，如果其中一个表在联接字段上有数据变动，那么另一个表对这种关键数据变动作何反应？可以设置的参照方式有3种，一是允许变动并且跟着一起变动，使两个表的数据始终保持同步一致，如级联更新、级联删除；二是阻止变动，也就是不允许改变联接字段数据、不允许删除记录；三是无所谓，既不阻止也不跟着一起变动，两个表可以随意增删改数据记录。对于第一种方式，要勾选"实施参照完整性"复选框，这时，其下面两个复选框也变为可选，根据需要勾选即可；对于第二种方式，仅勾选"实施参照完整性"复选框，并且让下面两个复选框为空；对于第三种方式，则是不勾选"实施参照完整性"复选框，即不需要参照完整。

对于每一对表之间关系编辑完成后，单击"创建"按钮，相应关系随即生成。

4）保存关系

上述设置完成后，关闭"关系"窗格，保存关系布局。

【例3.27】定义"学生管理"数据库中5个表之间的关系。

解 操作步骤如下。

①打开"学生管理"数据库。

②选择"数据库工具"→"关系"→"关系"命令，打开如图3.61所示的"关系"窗格。

③在"关系"窗格中添加需要创建关系的表。在"关系"窗格中右击，在弹出的快捷菜单中选择"显示表"命令，在弹出的"显示表"对话框中，添加数据库的5个表，如图3.62所示。在图3.62中，每个表中字段前有小钥匙 🔑 的字段即为该表的主键或联合主键（主键一般是在建立表结构时设置的）。

④选定"学生"表中的"学号"字段，然后按住鼠标左键并将其拖动到"成绩"表中的"学号"字段上，释放鼠标左键，弹出如图3.63所示的"编辑关系"对话框，勾选"实施参照完整性"复选框。

⑤用同样的方法，依次建立其他几个表之间的关系，结果如图3.64所示。

⑥单击"关闭"按钮，这时Access询问是否保存布局的修改，单击"是"按钮，即可保存所建的关系。

图 3.61　"关系"窗格

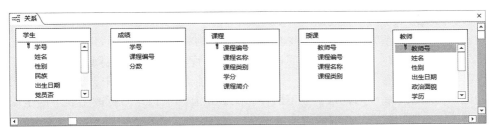

图 3.62　添加了 5 个表之后的"关系"窗格

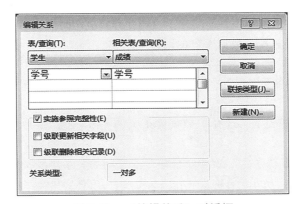

图 3.63　"编辑关系"对话框

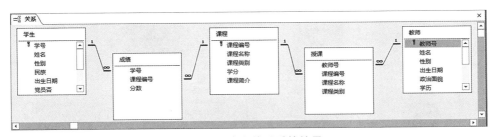

图 3.64　建立关系后的结果

　　表间关系建立后，在主表的数据表视图中能看到左边新增了带有"+"按钮的一列，这说明该表与另外的表（子数据表）建立了关系。通过单击"+"按钮就可以看到子数据表中的相关记录。图 3.65（a）是建立关系前的"学生"表，图 3.65（b）是建立关系后的"学生"表。

图 3.65　建立关系前、后的"学生"表

（a）建立关系前；（b）建立关系后

3.5.2　实施参照完整性

关系是通过两个表之间的公共字段建立起来的，一般情况下，由于一个表的主键字段是另一表的字段，因此形成了两个表之间一对多的关系。

在定义表之间的关系时，应设立一些准则，这些准则将有助于数据的完整。参照完整性就是在输入记录或删除记录时，为维持表之间已定义的关系而必须遵循的规则。如果实施了参照完整性，那么当主表中没有主键字段值时，就不能将该键值添加到相关表中，也不能在相关表中存在匹配的记录时删除主表中的记录，更不能在相关表中有相关记录时更改主表中的主键值。也就是说，实施了参照完整性后，对表中主键字段进行操作时，系统会自动检查主键字段，查看该字段是否被添加、修改或删除。如果对主键的修改违背了参照完整性的要求，那么系统会自动强制执行参照完整性。实施参照完整性，如同我们在日常生活中要建立集体意识和团队意识，要正确认识个体、群体与社会的辩证关系，要善于发现并理解事物间的联系，要具有协作精神和团队意识，使自己能够更好地融入"数据库"的团体中。

1. 实施参照完整性的步骤

【例 3.28】通过实施参照完整性，修改"学生管理"数据库中 5 个表之间的关系。

解　操作步骤如下。

①在【例 3.27】的基础上，选择"数据库工具"→"关系"→"关系"命令，打开"关系"窗格。

②在图 3.64 中，单击"学生"表和"成绩"表之间的关系连线，然后在连线处右击，弹出快捷菜单，如图 3.66（a）所示。

③在快捷菜单中选择"编辑关系"命令，弹出"编辑关系"对话框，如图 3.66（b）所示，勾选"实施参照完整性"复选框，保存建立完成的关系。

图 3.66　弹出"编辑关系"对话框

（a）快捷菜单；（b）"编辑关系"对话框

说明

在图 3.66（b）中，可以选择勾选或不勾选"实施参照完整性"复选框，若不勾选，则表示关系不会限制及检查完整性。在该图中，关系类型只会显示一对一或一对多，若为"未确定的"，则表示关系无效。若建立关系双方的字段都是主键或主索引，则关系类型为一对一；若只有其中一方为主键或主索引，则为一对多。

2. 使用级联显示

只有勾选了"实施参照完整性"复选框，"级联更新相关字段"和"级联删除相关记录"复选框才可以使用。

如果勾选了"级联更新相关字段"复选框，则当更新主表中的主键值时，系统会自动更新相关表中的相关记录的字段值。

如果勾选了"级联删除相关记录"复选框，则当删除主表中的记录时，系统会自动删除相关表中所有相关的记录。

如果上述"级联更新相关字段"和"级联删除相关记录"复选框都不勾选，则只要子表有相关记录，主表中该记录就不允许删除。

【例 3.29】在"学生管理"数据库中，"课程"表和"成绩"表的关系是一对多的关系，使用"级联更新相关字段"功能，使两个表中的"课程编号"同步更新。

解　操作步骤如下。

①打开"学生管理"数据库。

②选择"数据库工具"→"关系"→"关系"命令，打开如图 3.61 所示的"关系"窗格。

③选中"课程"表和"成绩"表之间的关系连线，右击，在弹出的快捷菜单中选择"编辑关系"命令，弹出如图 3.67 所示的"编辑关系"对话框。

④在图 3.67 中勾选"级联更新相关字段"及"级联删除相关记录"复选框。

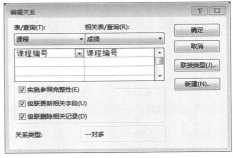

图 3.67　"编辑关系"对话框

⑤由于"课程"表和"授课"表也建立了"实施参照完整性"，参照步骤③中的方法，在"课程"表和"授课"表的"编辑关系"对话框中勾选"级联更新相关字段"及"级联删除相关记录"复选框。

⑥将"课程"表的第一条记录的"课程编号"由"B0101"改为"B0106"，将光标移到下一个"课程编号"字段时，会发现"成绩"表的"课程编号"也由"B0101"改为了"B0106"，"授课"表的"课程编号"也由"B0101"改为了"B0106"，如图 3.68 所示。

图 3.68　级联更新相关字段

说明

在图 3.68 中，在一对多关系的"一"方（即"课程"表）更改数据，此时由于已启动"级联更新相关字段"，所以在"多"方（即"成绩"表和"授课"表）原来的数据也会自动更改。反之，若未启动"级联更新相关字段"，则 3 个表的"课程编号"字段不会同时更新。

注意

在建立表之间的关系时，应注意以下事项。

①确定没有记录。建议在没有记录时建立关系。否则若选择了较严格的条件，如"参照完整性"，有时就无法建立关系。因为关系建立之后，Access 会立即在两个数据表内检查记录是否合法。

②确定关系双方的字段及意义。也就是必须经过系统分析，确切了解为何要在两个数据表间建立关系，只有这样，每个关系才有意义。

③双方字段类型需相同。如果关系双方都是字段，字段名称可以不同，但类型必须相同。

3.5.3　编辑和删除表间关系

表间关系创建后，在使用过程中，如果不符合要求，可以重新编辑表间关系，也可以删除表间关系。

1）编辑表间关系

若要重新编辑两个表之间的关系，双击所要修改的关系连线，弹出"编辑关系"对话框，即可对其进行修改。

2）删除表间关系

若要删除两个表之间的关系，右击所要修改的关系连线，在弹出的快捷菜单中选择"删除"命令，即可删除两个表之间的关系。

3.5.4　查阅向导

在一般情况下，表中大多数字段的数据都来自用户输入的数据，或者从其他数据源导入的数据，但在有些情况下，表中某个字段的数据也可以取自其他表中某个字段的数据，或者取自固定的数据，这就是字段的查阅功能。该功能可以通过使用表设计器的"查阅向导"对话框来实现。

【例 3.30】创建一个查阅列表，使输入"成绩"表的"课程编号"字段的数据时不必直接输入，而是通过下拉列表框选择来自"课程"表中的"课程编号"和"课程名称"字段的数据。

解　操作步骤如下。

①打开"学生管理"数据库，在设计视图中打开"成绩"表，如图 3.69 所示。

②在图 3.69 中，选择"课程编号"字段，打开其"数据类型"下拉列表框，选择"查阅向导"选项，打开"查阅向导"的第一个对话框，如图 3.70 所示。

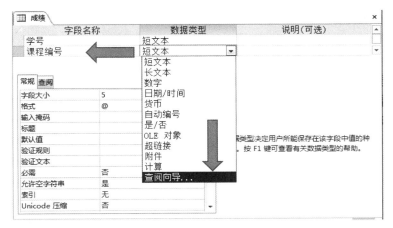

图 3.69　"成绩"表

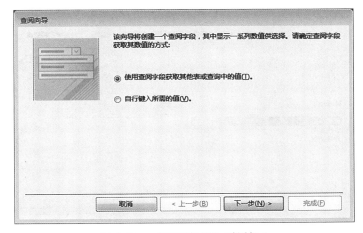

图 3.70　"查阅向导"对话框 1

说明

　　如果"成绩"表的"课程编号"字段已经和其他的表建立了关系，则系统会打开一个提示用户删除该关系的对话框，如图 3.71 所示。可以根据提示先删除关系，再打开"查阅向导"对话框。如果一个表使用了"查阅向导"，则会自动建立和相关表的关系。

图 3.71　提示删除已有关系的对话框

　　③在图 3.70 中，选中"使用查阅字段获取其他表或查询中的值"单选按钮，单击"下一步"按钮，打开"查阅向导"的第二个对话框，如图 3.72 所示，可以根据要求选中"视图"栏中的"表""查询"或"两者"单选按钮。在此选中"表"单选按钮，选择列表框中的"表：课程"，单击"下一步"按钮，打开"查阅向导"的第三个对话框，如图 3.73 所示。

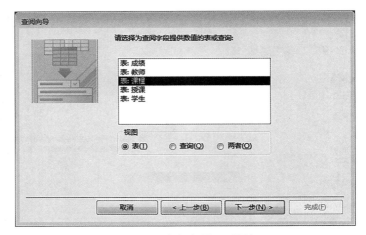

图 3.72　"查阅向导"对话框 2

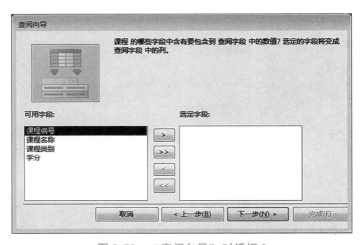

图 3.73　"查阅向导"对话框 3

④在图 3.73 中，从"可用字段"列表中选择"课程编号"和"课程名称"字段，将其移到"选定字段"列表中，单击"下一步"按钮，打开"查阅向导"的第四个对话框，如图 3.74所示。

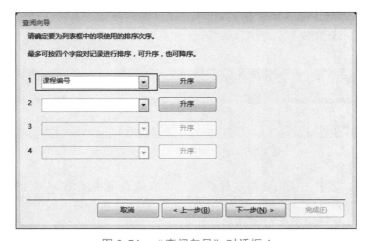

图 3.74　"查阅向导"对话框 4

⑤在图 3.74 中，从下拉列表框中选择"课程编号"选项，并按系统默认的"升序"排序，单击"下一步"按钮，弹出"查阅向导"的第五个对话框，如图 3.75 所示。在该对话框中勾选"隐藏键列（建议）"复选框，表示隐藏"课程编号"列，只显示与"课程编号"对应的"课程名称"字段，单击"下一步"按钮，弹出"查阅向导"的第六个对话框，如图 3.76 所示。

图 3.75　"查阅向导"对话框 5

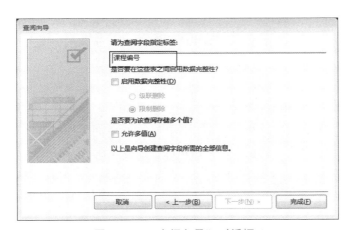

图 3.76　"查阅向导"对话框 6

⑥在图 3.76 中，用"课程编号"作为标签，单击"完成"按钮。

⑦在数据表视图中打开"成绩"表，看到"课程编号"字段显示的不再是数字，而是课程名称，如图 3.77 所示。

成绩		
学号	课程编号	分数
20220101	B0101	67
20220101	X0115	87
20220101	B0104	55
20220101	B0113	87
20220203	B0101	56
20220203	B0114	67
20220203	X0109	67
20220203	B0113	56
20220208	B0113	81
20220208	B0110	67
20220208	B0116	87

记录：第 1 项（共 47 项）　无筛选器

关系　成绩		
学号	课程编号	分数
20220101	大学英语	96
20220101	软件工程	87
20220101	数据库原理	55
20220101	程序设计	87
20220203	大学英语	56
20220203	统计学	67
20220203	经济法	67
20220203	程序设计	56
20220208	程序设计	81
20220208	数据结构	67
20220208	计算机网络	87

记录：第 1 项（共 47 项）　无筛选器

图 3.77　"成绩"表的对比

说明

当一个数据表 A 的一个字段的值来源于数据表 B 中的某个字段时，可以使用"查阅向导"的方法实现，其优点一是便于数据的输入及数据的直观性；二是可以用下拉列表框防止输入不存在的值。

3.6 数据表的导入和导出

在操作数据库过程中，有时需要将 Access 表中的数据导出成其他的文件格式，如 Excel 文档（.xlsx）、文本文件（.txt）、XML 文件、PDF 或 XPS、电子邮件、Word 等；相反，Access 也可以直接将其他应用软件中的数据导入成 Access 文件，Access 中的"外部数据"选项卡如图 3.78所示。

图 3.78 Access 中的"外部数据"选项卡

3.6.1 导入表

如果有数据存储在其他程序中，而且希望将这些数据导入新表，或者将这些数据追加到 Access 内的现有表中。与将数据存放在其他程序中的用户协同工作，而且希望通过链接数据在 Access 中使用这些用户的数据。无论上述哪种情况，都可以在 Access 中轻松地使用来自其他文件的数据。Access 的数据可以从 Excel 工作表、其他 Access 数据库中的表等导入。所用过程会因数据源的不同而略有差别。在 Access 的"外部数据"选项卡的"导入并链接"组中，单击"新数据源"按钮，可以显示相应的导入文件类型，如图 3.79 所示。

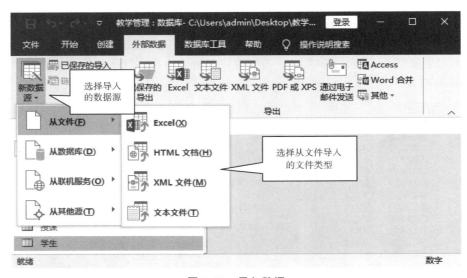

图 3.79 导入数据

图 3.80 显示了"从数据库""从联机服务"和"从其他源"导入数据的图示。

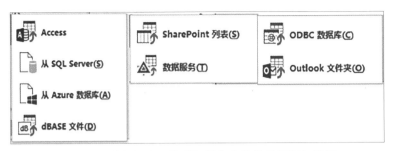

图 3.80　从数据库、从联机服务和从其他源导入数据

如果要从 Excel 工作表导入数据，则单击图 3.79 所示的"Excel"，如图 3.81 所示。

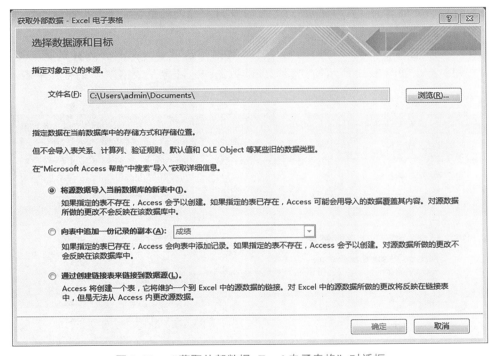

图 3.81　"获取外部数据-Excel 电子表格"对话框

 注意

如果在"外部数据"选项卡的"导入并链接"组中找不到正确的格式类型，则可能有必要启动最初创建这些数据所用的程序，然后使用该程序以通用文件格式或带分隔符的文本文件（该文件所含数据中的各个字段值由字符分隔开，如逗号或制表符）保存数据，这样才能将这些数据导入 Access 。

（1）在图 3.81 中，单击"浏览"按钮，找到源数据文件，或者在"文件名"文本框中输入源数据文件的完整路径。

（2）在"指定数据在当前数据库中的存储方式和存储位置"下选择所需的选项（所有程序都允许导入，并且有些程序允许追加或链接）。可以创建一个新表使用导入的数据，对于某些程序，也可以将数据追加到现有表，或者创建一个链接表，以维护一个指向源程序中数据的链接。

（3）如果启动向导，则请按照向导后面的说明操作。在向导的最后一页，单击"完成"按钮。如果从 Access 数据库导入对象或链接表，将会弹出"导入对象"或"链接表"对话框。选择所需的项目，然后单击"确定"按钮。具体过程取决于是选择导入、追加还是链接数据。

（4）Access 将提示"您是否要保存刚刚完成的导入操作的详细信息"。如果觉得以后会再次执行这一相同的导入操作，请单击"保存导入步骤"按钮，然后输入详细信息。可在以后通过单击"外部数据"选项卡"导入并链接"组中的"已保存的导入"按钮 来轻松重复该操作。如果不想保存该操作的详细信息，请单击"关闭"按钮。

（5）如果选择导入表，则 Access 会将数据导入新表中，然后在导航窗格中的"表"组下显示该表。如果选择将数据追加到现有表，则数据将添加到现有的表中。如果选择链接到数据，则 Access 会在导航窗格中的"表"组下创建一个链接表。

【例 3.31】将文件名为"成绩汇总"的 Excel 文件，导入已建立的"学生管理"数据库。

解　操作步骤如下。

①打开"学生管理"数据库。切换到"外部数据"选项卡，在"导入并链接"组中单击"Excel"按钮，弹出如图 3.82 所示的"获取外部数据–Excel 电子表格"对话框，单击"浏览"按钮。

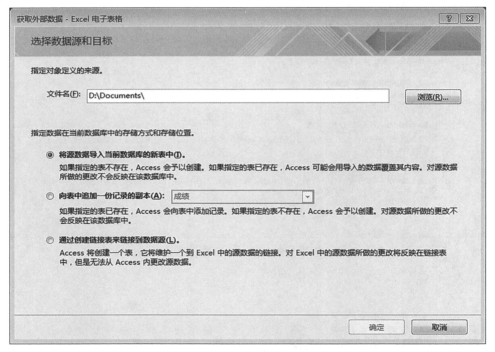

图 3.82　"获取外部数据–Excel 电子表格"对话框

②在弹出的"打开"对话框中，选择导入文件所在的路径，单击"打开"按钮，如图 3.83 所示。当返回到图 3.82 所示的"获取外部数据–Excel 电子表格"对话框时，保持其他设置，单击"确定"按钮。

③弹出"导入数据表向导"的第一个对话框，选中"显示工作表"单选按钮，如图 3.84 所示，然后单击"下一步"按钮；在"导入数据表向导"的第二个对话框中，勾选"第一行包含列标题"复选框，如图 3.85 所示，单击"下一步"按钮。

图 3.83　"打开"对话框

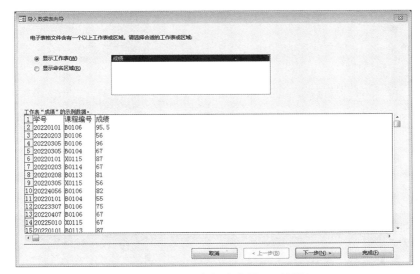

图 3.84　"导入数据表向导"对话框 1

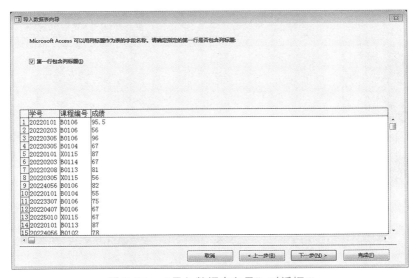

图 3.85　"导入数据表向导"对话框 2

④弹出"导入数据表向导"的第三个对话框，设置"字段名称"为"学号"，"数据类型"为"短文本"，"索引"为"有（有重复）"，如图 3.86 所示，然后单击"下一步"按钮。

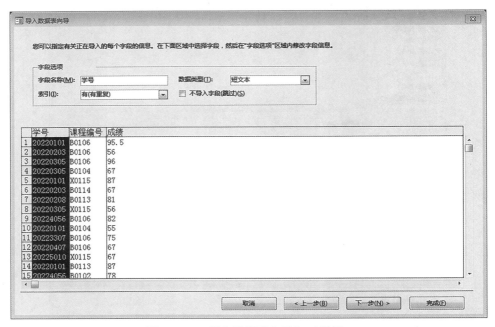

图 3.86　"导入数据表向导"对话框 3

⑤弹出"导入数据表向导"的第四个对话框，选中"我自己选择主键"单选按钮，并在其右侧的下拉列表框中选择"学号"选项，如图 3.87 所示，单击"下一步"按钮。

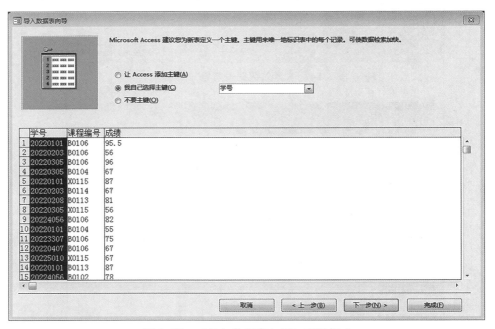

图 3.87　"导入数据表向导"对话框 4

⑥弹出如图 3.88 所示的对话框，在"导入到表"文本框中输入表名称"成绩汇总"，单击

"完成"按钮；返回到"获取外部数据–Excel 电子表格"对话框，显示完成导入向导操作信息，
如图 3.89 所示。

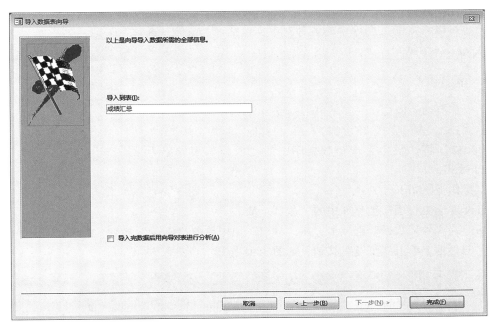

图 3.88　"导入数据表向导"对话框 5

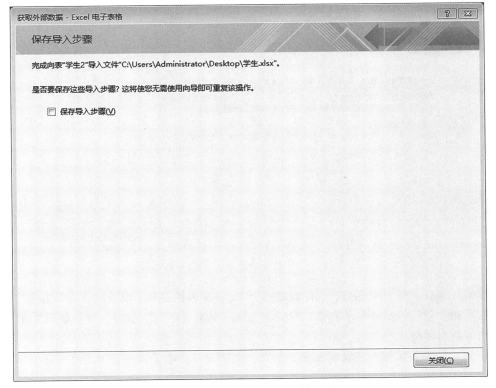

图 3.89　完成向表导入文件提示框

⑦单击"关闭"按钮，此时"学生管理"数据库的导航窗格中的"表"组中显示导入的"成绩汇总"表，如图 3.90 所示。

用户也可以将当前数据库中的各种对象，包括表、窗体、查询等导入 Access 数据库。

3.6.2 导出表

导出操作有两个概念：一是将 Access 表中的数据转换成其他的文件格式；二是将当前表输出到 Access 的其他数据库使用。

【例 3.32】将"学生管理"数据库中的"教师"表导出为 Excel 电子表格。

图 3.90 显示导入的表名称

解 操作步骤如下。

①打开"学生管理"数据库中的"教师"表。

②切换到"外部数据"选项卡，在"导出"组中单击"Excel"按钮。打开"导出－Excel 电子表格"对话框，单击"浏览"按钮，如图 3.91 所示。

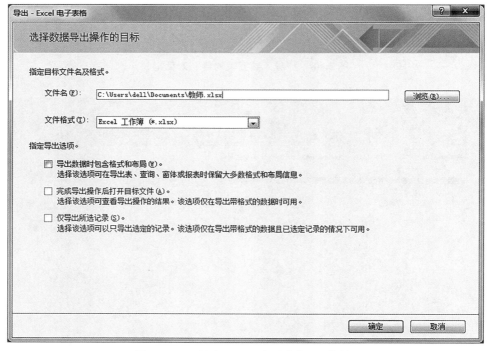

图 3.91 "导出－Excel 电子表格"对话框

③弹出"保存文件"对话框，选定设置目标 Excel 文件的路径，单击"保存"按钮。

④返回到"导出－Excel 电子表格"对话框，然后单击"确定"按钮，弹出如图 3.92 所示的提示导出成功对话框。

⑤单击"关闭"按钮，完成数据表的导出。打开 Excel 电子表格应用软件，显示"教师"表，如图 3.93 所示。

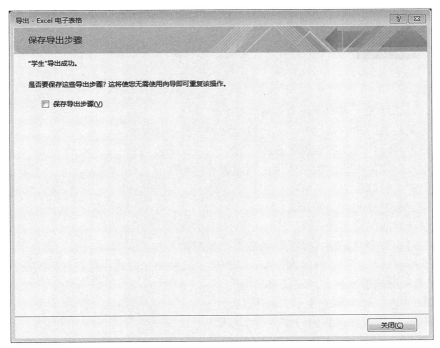

图 3.92　"导出–Excel 电子表格"导出成功对话框

教师号	姓名	性别	出生日期	政治面貌	学历	职称	专业	所属院系	在职否
20010102	王强	男	1968/7/8	中共党员	大学本科	教授	英语	外语学院	TRUE
20010589	张宏	男	1970/5/26	群众	研究生	教授	英语	外语学院	TRUE
20010591	李刚	男	1971/1/25	群众	大学本科	教授	管理	管理学院	TRUE
20010593	赵辉	男	1967/9/18	中共党员	研究生	教授	英语	外语学院	TRUE
20010601	孙同心	男	1969/10/6	群众	研究生	教授	计算机	信息学院	TRUE
20011010	康燕	女	1970/6/18	中共党员	研究生	教授	管理	管理学院	TRUE
20020592	孙海强	男	1969/6/25	中共党员	研究生	副教授	计算机	信息学院	TRUE
20020594	李娜	女	1968/5/19	群众	研究生	副教授	金融	会计学院	TRUE
20030103	张丽云	女	1972/1/27	群众	研究生	副教授	管理	管理学院	TRUE
20030104	王丽	女	1979/12/29	中共党员	研究生	副教授	金融	会计学院	TRUE
20050590	刘玲	女	1979/12/29	群众	大学本科	讲师	财务	会计学院	TRUE
20050602	周扬	男	1978/9/9	群众	研究生	讲师	财务	会计学院	TRUE
20050603	李彤彤	女	1972/4/29	中共党员	研究生	讲师	财务	计算机	FALSE
20060105	李元	女	1987/12/11	群众	研究生	讲师	计算机	信息学院	TRUE

图 3.93　显示导出的 Excel 电子表格

本章小结 ▶▶ ▶

本章主要介绍了以下内容：

（1）创建表的几种方式，使用数据表视图创建表和使用设计视图创建表；

（2）向数据表中输入数据的两种方法，即直接输入数据和导入外部数据；

（3）表的字段名称及数据类型设计；

（4）设置表的字段属性，包括字段大小、格式、默认值、输入掩码、验证规则、验证文本、索引等字段属性；

（5）设置表的主键，建立、编辑和删除多表关联及参照完整性的设置；

（6）数据表的维护，包括打开及关闭表、修改表的结构、编辑表的内容和调整表的外观等；

（7）操作表，包括复制、重命名及删除表，查找及替换数据，记录的排序及筛选；

（8）数据表的导入和导出。

习 题 ▶▶ ▶

1. 思考题

（1）什么是二维表？表中字段类型有哪些？

（2）简述创建表的两种常用方法，比较这两种方法的优缺点。

（3）数据表有设计视图和数据表视图，它们各有什么作用？

（4）使用表的设计视图和数据表视图创建表有何不同？

（5）表中常用的数据类型有哪些？

（6）表中定义主键的目的是什么？

（7）表设计器的作用是什么？

（8）OLE 对象型字段能输入什么样的数据？如何输入？

（9）记录的筛选与排序有何区别？Access 提供了几种筛选方式？它们有何区别？

（10）如何冻结或解冻列、隐藏或显示列？

（11）表的导入、导出和链接分别指什么？

（12）Access 支持的导入数据的文件类型有哪些？

2. 选择题

（1）Access 中，可以选择输入字符或空格的输入掩码是（　　　）。

A. 0　　　　　　　　　B. A　　　　　　　　　C. &　　　　　　　　　D. C

（2）下面有关主键的说法中，错误的是（　　　）。

A. Access 并不要求在每一个表中都必须包含一个主键

B. 利用主键可以对记录快速地进行排序和查找

C. 在输入数据或对数据进行修改时，不能向主键的字段输入相同的值

D. 在一个表中只能指定一个字段成为主键

（3）关于字段默认值，下列叙述错误的是（　　　）。

A. 设置文本型默认值时不用输入引号，系统自动加入

B. 设置默认值时，必须与字段中所设的数据类型相匹配

C. 默认值是一个确定的值，不能使用表达式

D. 设置默认值时可以降低用户输入强度

（4）Access 编辑表中的数据记录，应使用（　　　）。

A. 数据表视图　　　　　　　　　　　B. 设计视图

C. 数据透视表视图　　　　　　　　　D. 数据透视图视图

（5）Access 修改表的结构，应使用（　　　）。

A. 数据透视表视图　　　　　　　　　B. 数据透视图视图

C. 数据表视图　　　　　　　　　　　D. 设计视图

（6）数据表中的"行"称为（　　　）。

A. 字段　　　　　　　B. 记录　　　　　　　C. 数据　　　　　　　D. 数据视图

（7）Access 表中字段的数据类型不包括（　　　）。

A. 文本　　　　　　　B. 附件　　　　　　　C. 通用　　　　　　　D. 日期/时间

（8）Access 中要建立两表之间的关系，（　　　）来建立。

A. 字段的类型和内容可以不同　　　　B. 字段名称一定相同的字段

C. 必须是两表的共同字段　　　　　　D. 可以是任何字段

（9）如果表中有"联系电话"字段，若要确保输入的联系电话值只能为 8 位数字，则应将该字段的输入掩码设置为（　　）。

A. ########　　　　B. 99999999　　　　C. 00000000　　　　D. ????????

（10）通配任何单个字母的通配符是（　　）。

A. ?　　　　　　　　B. !　　　　　　　　C. #　　　　　　　　D. [

（11）若要求在文本框中输入文本时达到密码"*"的显示效果，则应设置的属性是（　　）。

A. "默认值"属性　　　　　　　　　B. "输入掩码"属性

C. "密码"属性　　　　　　　　　　D. "标题"属性

（12）下列选项叙述不正确的是（　　）。

A. 如果数字字段中包含小数，那么将字段大小设置为整数时，Access 自动将小数取整

B. 如果文本字段中已经有数据，那么减小字段大小不会丢失数据

C. 为字段设置默认属性时，必须与字段所设的数据类型相匹配

D. 可以使用 Access 的表达式来定义默认值

（13）要在输入某"日期/时间"型字段值时自动插入当前系统日期，应在该字段的默认值属性框中输入（　　）表达式。

A. Date [ ]　　　　B. Time ( )　　　　C. Date ( )　　　　D. Time [ ]

（14）默认值设置是通过（　　）操作来简化数据输入的。

A. 清除用户输入数据的所有字段　　　　B. 用指定的值填充字段

C. 消除重复输入数据的必要　　　　　　D. 用与前一个字段相同的值填充字段

（15）在 Access 中，利用"查找和替换"对话框可以查找到满足条件的记录，要查找当前字段中所有第一个字符为"y"，最后一个字符为"w"的数据，下列选项中正确使用通配符的是（　　）。

A. Y [abc] w　　　　B. y? w　　　　C. y * w　　　　D. y#w

3. 填空题

（1）修改表结构只能在_____视图中完成。

（2）修改字段包括修改字段的名称、_____、说明等。

（3）在 Access 中，可以在_____视图中打开表，也可以在设计视图中打开表。

（4）"是/否"型字段实际保存的数据是_____或_____，_____表示"是"，_____表示"否"。

（5）如果希望两个字段按不同的顺序排序，或者排序的两个字段是两个不相邻的字段，则必须使用_____窗口。

（6）在数据表视图中，_____某字段列或几个字段列后，无论用户怎样水平移动窗口，这些字段总是可见的，并且总是显示在窗口的最左边。

（7）在 Access 的数据表中，必须为每个字段指定一种数据类型，字段的数据类型有_____、_____、_____、_____、_____、_____、_____、_____、_____、_____、_____。其中，_____数据类型可用于为每个新记录自动生成数字。

（8）在输入数据时，如果希望输入的格式标准保持一致或希望检查输入时的错误，可以通过设置字段的_____属性来设置。

第 3 章习题答案

第4章 查询

本章学习目标:

- 了解查询的概念和类型
- 掌握查询条件的建立
- 熟练掌握选择查询的创建
- 掌握参数查询的创建
- 掌握交叉表查询的创建
- 掌握操作查询的创建
- 掌握 SQL 基础知识与 SQL 语句

　　数据库中的数据通常被保存在数据表中,虽然用户可以在表中进行很多操作,如浏览数据、对数据进行排序、对数据进行筛选和更新等,但必要时还应该对数据进行检索和分析。并且用户对数据库的数据管理及利用并不只是停留在某一个数据表的数据上,有时需要综合利用多个数据源来完成某些任务。

　　数据库管理系统的优点是能存储数据、处理数据,其强大的查询功能,使用户能够很方便地从海量数据中找到针对特定需求的数据。使用 Access 的查询对象可以按照不同的方式查看、更改和分析数据,查询结果还可以作为其他数据库对象(如窗体和报表等)的数据来源。

4.1　认识查询

　　在 Access 中,任何时候都可以从已经建立的数据表中按照一定的条件抽取出需要的记录,查询就是实现这种操作最主要的方法。

4.1.1　查询的功能

　　查询是对数据表中的数据进行查找,产生一个类似于表的结果。在 Access 中可以方便地创建查询,在创建查询的过程中定义要查询的内容和条件,Access 将根据定义的内容和条件在数据库的表中搜索符合条件的记录,同时查询可跨越多个数据表,也就是通过关系在多个数据表间寻找符合条件的记录。利用查询可以实现以下功能。

1. 选择字段

在查询中,可以只选择表中的部分字段。例如,建立一个查询,只显示"教师"表中每名教师的姓名、性别和专业。利用查询这一功能,可以通过选择一个表中的不同字段从而生成所需要的表。

2. 选择记录

根据特定的条件选择所需要的记录。

3. 编辑记录

编辑记录主要包括添加记录、修改记录和删除记录等。在 Access 中，可以利用查询添加、修改和删除表中的记录。例如，将政治面貌是"群众"的教师从"教师"表中删除。

4. 实现计算

查询不仅可以找到满足条件的记录，而且还可以在建立查询的过程中进行各种统计计算，如计算每门课程的平均成绩。另外，还可以建立一个计算字段，利用计算字段保存计算的结果。

5. 建立新表

利用查询得到的结果可以建立一个新表。例如，将"成绩"大于或等于 90 分的学生组成一个新表。

6. 建立基于查询的报表或窗体

为了从一个或多个表中选择合适的数据显示在报表或窗体中，可以先建立一个查询，然后将该查询的结果作为报表或窗体的数据源。每次打印报表或窗体时，该查询就从它的基表中检索出符合条件的新记录，增强了报表或窗体的使用效果。

4.1.2　查询与数据表的关系

由于表和查询都可以作为数据库的"数据来源"对象，可以将数据提供给窗体、报表或另外一个查询，因此，一个数据库中的表和查询名称不可重复。例如，有"学生"表，则不可以再建立名为"学生"的查询。

与表不同的是，查询本身并不保存数据，它保存的是如何取得信息的方法与定义，当运行查询时，便会取得这些信息，通过查询所得的信息并不会存储在表中。在数据库中建立查询，以便在需要取得特定信息时立即运行特定的查询来获取所需的信息。因此，两者的关系可以理解为，数据表负责保存记录，查询负责取出记录，两者在目的上完全相同，都可以将记录以表格形式显示在屏幕上，使用这些记录可以用来制作窗体、报表等。

4.1.3　查询的类型

Access 支持 5 种不同类型的查询，即选择查询、参数查询、交叉表查询、操作查询和 SQL 查询。

1. 选择查询

选择查询是最常用的查询类型，它可以从数据库的一个或多个表中检索数据，也可以在查询中对记录进行分组，并对记录进行总计、计数、求平均值以及其他类型的统计计算。

2. 参数查询

参数查询在执行时将会出现对话框，提示用户输入参数，系统根据所输入的参数找出符合条件的记录。

3. 交叉表查询

使用交叉表查询可以计算并重新组织数据的结构，这样可以更加方便地分析数据。交叉表查询可以进行数据的总计、计数、求平均值以及其他类型的综合计算。这种数据可以分为两类信息：一类作为行标题在表左侧排列；另一类作为列标题在表的顶端显示。

4. 操作查询

操作查询是仅在一个操作中更改若干记录的查询，共有 4 种类型：删除、更新、追加与生成表查询。

5. SQL 查询

SQL 查询是用户使用 SQL 语句创建的查询。可以用结构化查询语言（SQL）来查询、更新和管理 Access 关系数据库。在 Access 设计视图中创建的每一个查询，系统都在后台为它建立了一个等效的 SQL 语句。系统执行查询，时实际上就是执行这些 SQL 语句。

说明

> 并不是所有的 SQL 查询都能够在设计视图中创建出来，如联合查询、传递查询、数据定义查询和子查询只能通过编写 SQL 语句来实现。

4.2　使用查询向导创建查询

Access 提供了两种创建查询的方法：一是使用查询向导创建查询；二是使用设计视图创建查询。使用查询向导可以快捷地创建所需要的查询，如图 4.1 所示。

图 4.1　"新建查询"对话框

4.2.1　使用"简单查询向导"创建查询

这种方式创建的查询是最常用、最简单的查询，可以在向导的提示下选择表和表中的字段。

【例 4.1】使用"简单查询向导"创建一个查询，查询的数据源为"学生"表，查询结果显示"学生"表中的"学号""姓名""性别"和"出生日期"4 个字段，查询命名为"学生基本信息"。

解　操作步骤如下。

①启动 Access 并打开"学生管理"数据库（注：以下例题都使用此数据库）。

②选择"创建"→"查询"→"查询向导"命令，弹出"新建查询"对话框，如图 4.1 所示。

③选择"简单查询向导"选项，单击"确定"按钮，弹出"简单查询向导"对话框，如图 4.2 所示。在"表/查询"下拉列表框中选择"表：学生"选项，此时在"可用字段"列表框中显示了"学生"表中

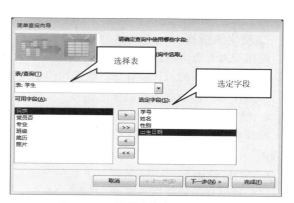

图 4.2　"简单查询向导"对话框

的所有字段，选择查询需要的字段，然后单击 > 按钮，所选字段被添加到"选定字段"列表框中。重复上述操作，依次将需要的字段添加到"选定字段"列表框中。

说明

在选择字段时，可以使用 > 按钮和 >> 按钮。单击 > 按钮可一次选择一个字段，单击 >> 按钮可一次选择全部字段，若要取消已选择的字段，则可以使用 < 按钮和 << 按钮。

④单击"下一步"按钮，弹出指定查询标题的"简单查询向导"对话框，如图4.3所示，在"请为查询指定标题"文本框中输入标题名为"学生基本信息"。如果要打开查询查看结果，则选中"打开查询查看信息"单选按钮；如果要修改查询设计，则选中"修改查询设计"单选按钮。这里选中"打开查询查看信息"单选按钮。

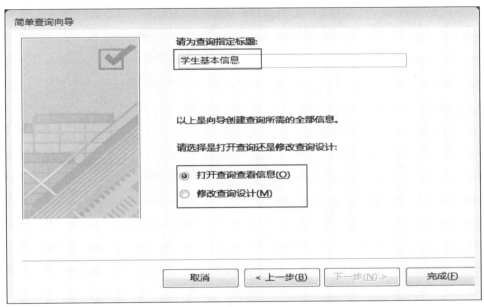

图 4.3　输入新查询名称

⑤单击"完成"按钮，查询结果如图4.4所示。

图4.4显示了"学生"表中的一部分信息。这个例子说明，使用查询可以从一个表中检索需要的数据。但在实际工作中，需要查找的信息可能不在一个表中，因此，必须建立多表查询，这样才能找出满足要求的记录。

【例4.2】使用"简单查询向导"在"学生管理"数据库中查找每名学生的选课成绩，并显示"学号""姓名""课程名称"和"分数"4个字段，查询命名为"学生成绩查询"。

学号	姓名	性别	出生日期
20220101	王琳	女	2003/01/30
20220112	蔡泓	男	2003/01/10
20220203	赵正	男	2003/07/09
20220205	李一博	男	2002/11/26
20220208	施正	男	2001/09/10
20220214	张楠	女	2002/07/19
20220305	陈瑞	女	2002/12/03
20220316	冯佳	女	2001/01/24
20220407	崔婷	女	2001/02/05
20220418	赵阳	男	2003/12/09

图 4.4　"学生基本信息"数据表视图

解　操作步骤如下。

①启动Access并打开"学生管理"数据库。

②选择"创建"→"查询"→"查询向导"命令，弹出"新建查询"对话框，如图4.1所示。选择"简单查询向导"选项，单击"确定"按钮，弹出"简单查询向导"对话框，如图4.2所示。

③在"表/查询"下拉列表框中选择"表：学生"选项，然后分别双击"可用字段"列表框中的"学号""姓名"字段，将它们添加到"选定字段"列表框中，如图 4.5 所示。

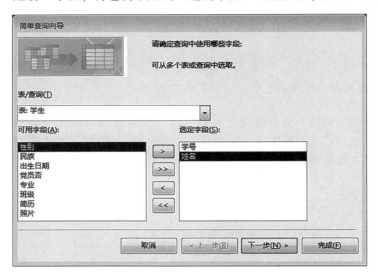

图 4.5 选择"学生"表中的字段

④再次在"表/查询"下拉列表框中选择"表：课程"选项，然后双击"可用字段"列表框中的"课程名称"字段，将该字段添加到"选定字段"列表框中，如图 4.6 所示。

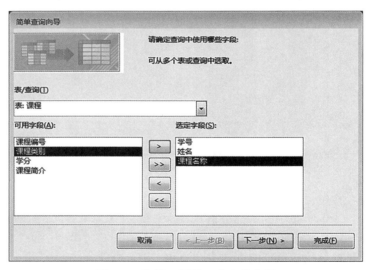

图 4.6 选择"课程"表中的字段

⑤重复步骤③，将"成绩"表中的"分数"字段添加到"选定字段"列表框中，选择结果如图 4.7 所示。

⑥单击"下一步"按钮，确定是采用"明细"查询，还是"汇总"查询。选中"明细（显示每个记录的每个字段）"单选按钮，查看详细信息；选中"汇总"单选按钮，则对一组或全部记录进行各种统计。本例选中"明细（显示每个记录的每个字段）"单选按钮，如图 4.8 所示，单击"下一步"按钮。

⑦在"简单查询向导"对话框的"请为查询指定标题"文本框中输入"学生成绩查询"，选中"打开查询查看信息"单选按钮，如图 4.9 所示。

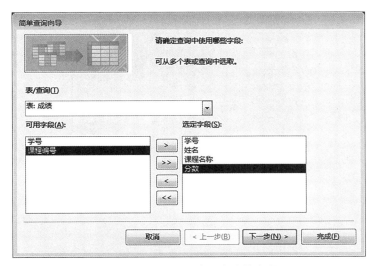

图 4.7 选择"成绩"表中的字段

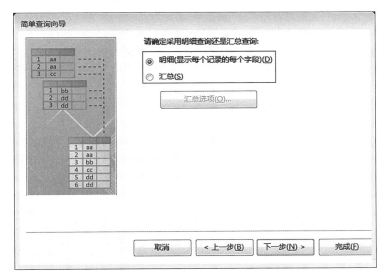

图 4.8 选择"明细"或"汇总"

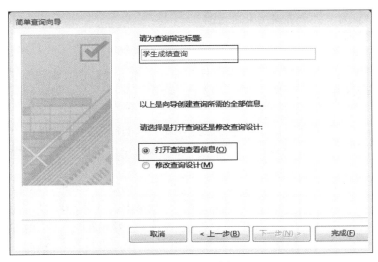

图 4.9 指定查询标题

⑧单击“完成”按钮，查询结果如图 4.10 所示。

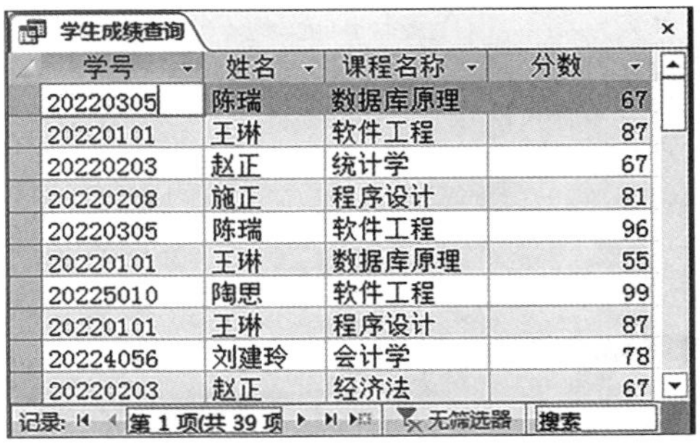

学生成绩查询

学号	姓名	课程名称	分数
20220305	陈瑞	数据库原理	67
20220101	王琳	软件工程	87
20220203	赵正	统计学	67
20220208	施正	程序设计	81
20220305	陈瑞	软件工程	96
20220101	王琳	数据库原理	55
20225010	陶思	软件工程	99
20220101	王琳	程序设计	87
20224056	刘建玲	会计学	78
20220203	赵正	经济法	67

记录: 第 1 项(共 39 项) 无筛选器 搜索

图 4.10　“学生成绩查询”数据表视图

说明

该查询不仅显示了“学号”“姓名”“课程名称”字段，而且还显示了“分数”字段，它涉及了“学生管理”数据库的 3 个表。由此可见，Access 的查询功能非常强大，它可以将多个表中的信息联系起来，并且可以从中找出满足条件的记录。

在数据表视图显示查询结果时，字段的排列顺序与在“简单查询向导”对话框中选定字段的次序相同。因此，在选择字段时，应该考虑按字段的显示顺序选取，当然，也可以在数据表视图中改变字段的顺序。

4.2.2　使用“交叉表查询向导”创建查询

交叉表查询以水平和垂直方式对记录进行分组，并计算和重构数据，使查询后生成的数据显示得更清晰，结构更紧凑、合理。交叉表查询还可以对数据进行汇总、计数、求平均值等操作。

说明

交叉表查询，就是将来源于某个表中的字段进行分组，一组列在数据表的左侧，一组列在数据表的上部，然后在数据表行与列的交叉处显示表中某个字段的各种计算值，类似由行列组成的二维表，如图 4.16 所示。

【例 4.3】使用“交叉表查询向导”在“学生管理”数据库中创建统计各班男女生人数的交叉表查询，查询命名为“各班男女生人数查询”。

解　操作步骤如下。

①启动 Access 并打开“学生管理”数据库。

②选择“创建”→“查询”→“查询向导”命令，弹出“新建查询”对话框，如图 4.1 所示。选择“交叉表查询向导”选项，单击“确定”按钮，弹出“交叉表查询向导”对话框，如图 4.11 所示。

③交叉表查询的数据源可以是表，也可以是查询。本例所需的数据源是“学生”表，因此选中“视图”栏中的“表”单选按钮，这时上面的列表框中显示出“学生管理”数据库中存储的所有表的名称，选择“表：学生”选项。

④单击“下一步”按钮，弹出如图 4.12 所示的对话框，确定交叉表的行标题。行标题最多可以选择 3 个字段，为了在交叉表的每一行的前面显示班级，应双击“可用字段”列表框中的“班级”字段（本例只需要选择一个行标题），然后单击“下一步”按钮，弹出如图 4.13 所示的对话框。

⑤确定交叉表的列标题，列标题只能选择一个字段。为了在交叉表的每一列上面显示性别，这里选择“性别”字段，单击“下一步”按钮，弹出如图 4.14 所示的对话框。

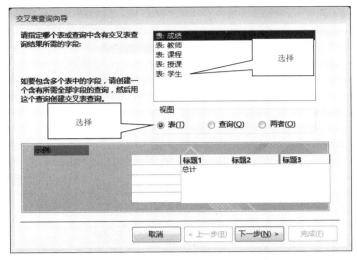

图 4. 11　"交叉表查询向导" 对话框 1

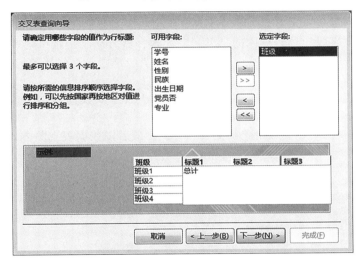

图 4. 12　"交叉表查询向导" 对话框 2

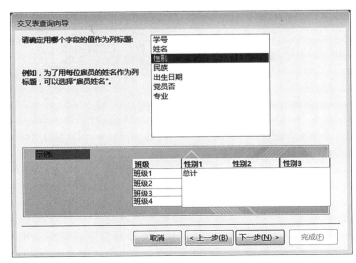

图 4. 13　"交叉表查询向导" 对话框 3

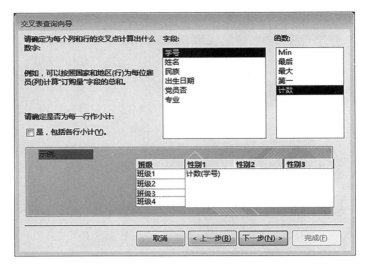

图 4.14　"交叉表查询向导"对话框 4

⑥确定每一行和每一列的交叉点可以计算出什么数据。为了让交叉表查询显示每班男女生的人数，应该选择"字段"列表框中的"学号"字段，然后在"函数"列表框中选择"计数"选项。若不在交叉表的每行前面显示总计数，则应取消勾选"是，包括各行小计"复选框，然后单击"下一步"按钮。

⑦在"请指定查询的名称"文本框中输入"各班男女生人数查询"，选中"查看查询"单选按钮，如图 4.15 所示，再单击"完成"按钮。

此时，"交叉表查询向导"开始建立交叉表查询，最后以数据表视图方式显示如图 4.16 所示的查询结果。

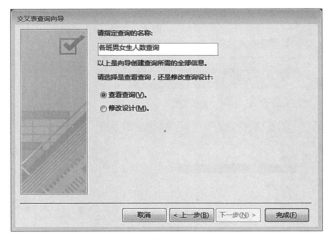

图 4.15　"交叉表查询向导"对话框 5　　　　　图 4.16　查询结果

　　使用"交叉表查询向导"创建的查询，数据源必须来源于一个表或查询。如果数据源来自多个表，则可以先建立一个查询，然后以此查询作为数据源。如果用查询的设计视图来作交叉表查询，则数据源可以是多个表或多个查询。

4.2.3　使用"查找重复项查询向导"创建查询

在 Access 中有时需要对数据表中某些具有相同字段值的记录进行统计计数，如统计学历相同的人数等。使用"查找重复项查询向导"可完成这个查询功能。

【例 4.4】使用"查找重复项查询向导"在"学生管理"数据库中完成对"教师"表中各种职称人数的统计查询，查询命名为"教师职称统计查询"。

解　操作步骤如下。

①启动 Access 并打开"学生管理"数据库。

②选择"创建"→"查询"→"查询向导"命令，弹出"新建查询"对话框，如图 4.1 所示。选择"查找重复项查询向导"选项，单击"确定"按钮，弹出"查找重复项查询向导"对话框，如图 4.17 所示。

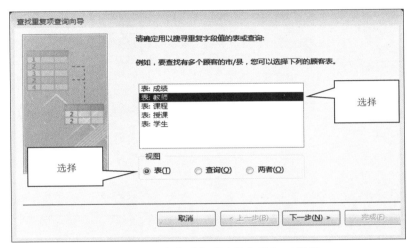

图 4.17　"查找重复项查询向导"对话框

③单击"下一步"按钮，确定查询是否显示除带有重复值的字段之外的其他字段，如图 4.18 所示，此时弹出如图 4.19 所示的对话框，在"请指定查询的名称"文本框中输入"教师职称统计查询"。

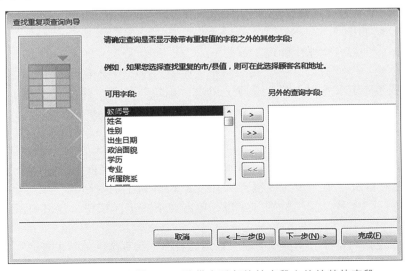

图 4.18　确定查询是否显示除带有重复值的字段之外的其他字段

④单击"完成"按钮，显示如图 4.20 所示的查询结果。

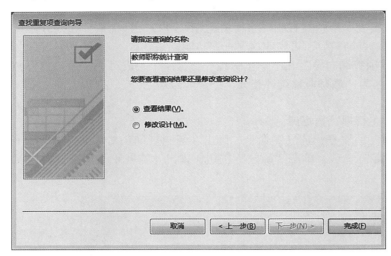

图 4.19　指定查询名称

图 4.20　查询结果

此查询结果表示"教师"表中职称为"副教授""讲师""教授"的教师人数分别为 4、4 和 6。

说明

图 4.20 所示的查询结果中，查询字段名称均为系统自动命名，字段名"NmberOfDps"是系统为统计计数字段的命名，可以根据需要为其重新命名，具体方法将在后续章节中介绍。

4.2.4　使用"查找不匹配项查询向导"创建查询

"查找不匹配项查询向导"可以在一个表中查找与另一个表中没有相关记录的记录。

【例 4.5】使用"查找不匹配项查询向导"在"学生管理"数据库中查找那些在"成绩"表中没有选课成绩的学生记录（即没有选课的学生），查询输出字段包括学生的"学号""姓名"和"性别"，查询命名为"没有选课的学生查询"。

解　操作步骤如下。

①启动 Access 并打开"学生管理"数据库。

②选择"创建"→"查询"→"查询向导"命令，弹出"新建查询"对话框，如图 4.1 所示。选择"查找不匹配项查询向导"选项，单击"确定"按钮，弹出"查找不匹配项查询向导"对话框，如图 4.21 所示。

③选择"表：学生"选项后单击"下一步"按钮，弹出如图 4.22 所示的对话框。

④选择"表：成绩"选项后单击"下一步"按钮，弹出如图 4.23 所示的对话框。

⑤确定在这两个表中都有的信息，即匹配字段。在字段列表框中选择两个表都有的字段，如"学号"，然后单击"下一步"按钮，弹出如图 4.24 所示的对话框，从"可用字段"列表框中选择"学号""姓名"和"性别"字段，单击"下一步"按钮，弹出如图 4.25 所示的对话框。

⑥在"请指定查询名称"文本框中输入查询的名称"没有选课的学生查询"，然后单击"完成"按钮，显示查询结果，如图 4.26 所示。

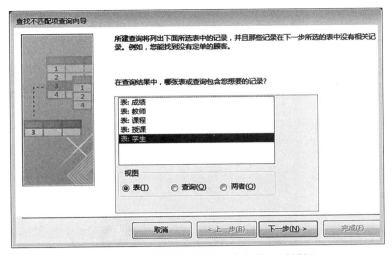

图 4.21 "查找不匹配项查询向导"对话框

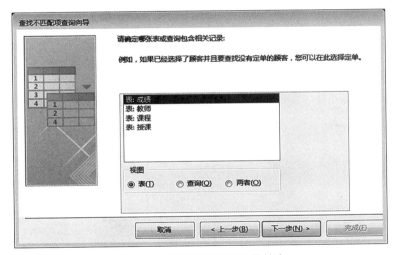

图 4.22 选择含有相关记录的表

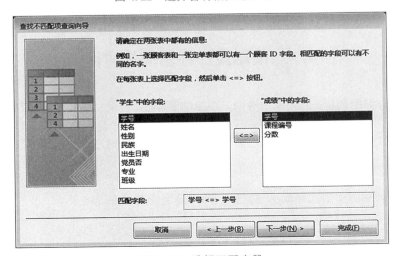

图 4.23 选择匹配字段

图 4.24 选择查询的字段

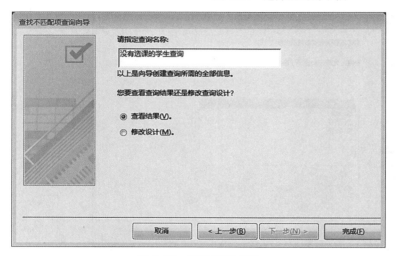

图 4.25 指定查询名称

图 4.26 查询结果

4.3 使用设计视图创建查询

使用查询向导只能创建一些简单的查询，功能也很有限。有时，需要设计更加复杂的查询，以满足实际功能的需要，此时可以使用 Access 提供的"创建"→"查询设计"命令，它比查询向导的功能更强，而且应用设计视图不仅可以创建新的查询，还可以对已有的查询进行编辑和修改。

4.3.1 在设计视图中创建查询的步骤

在查询的设计视图中依次完成下列操作，即可得到所需的查询结果。

（1）打开查询设计视图。

（2）添加查询所需的表与查询。

（3）决定查询的类型：最常使用的是选择查询。当进入查询设计视图时，默认的查询类型就是选择查询。

（4）选择要显示在查询结果中的字段或设置输出表达式：如果查询字段是一个表达式，则应设置查询的字段名称。

（5）设置查询字段的属性。

（6）排序查询结果（可选择）：可以根据一个或多个字段来排序查询结果，以便让查询结果根据特定的条件来排列，提高数据的可读性。

（7）指定查询的条件：除非是针对数据表中所有的数据记录进行统计运算，否则指定查询的条件是不可缺少的，只有这样，才能筛选出符合特定条件的数据记录。在指定查询条件时，会涉及运算符、函数的使用及一些特定字符的使用。

（8）查询分组（可选择）：在查询时常常需要针对不同的分组数据计算出各项统计信息，以便得到需要的统计数据。

说明

关于查询的对象，必须注意下列事项：查询的对象不仅仅是数据表，也可以是另外一个查询，还可以是链接的数据表。当查询的对象是链接的数据表时，可以设计为跨 Access 数据库的查询，也可以去查询其他数据源（如 Excel、SQL Server、文本文件等）。

4.3.2 在设计视图中创建查询

建立查询的第一步，就是启动查询设计视图并指定查询所需的数据表或查询，然后进一步确定出现在查询结果中的字段。

【例 4.6】在"学生管理"数据库中查询学生的学号、姓名、课程名称及分数，查询命名为"学生成绩查询 1"。

解 操作步骤如下。

①启动 Access 并打开"学生管理"数据库。

②选择"创建"→"查询"→"查询设计"命令，弹出"显示表"对话框，如图 4.27 所示。依次双击"学生""课程"和"成绩"3 个表，单击"关闭"按钮，结果如图 4.28 所示。

图 4.27 "显示表"对话框

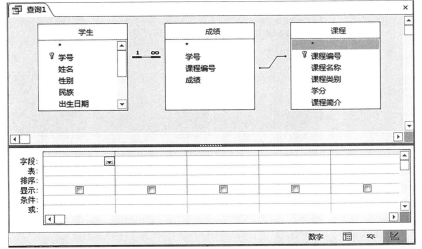

图 4.28 查询设计视图

在图 4.28 所示的查询设计视图的下半部分的设计网格区中，每一列都对应查询结果集的一个字段；单元格的行标题表明了该字段的属性及要求，说明如下。

"字段"：设置查询结果中用到的字段的名称。可以通过从上部的字段列表中拖动字段添加；或者通过单击该行，从显示的下拉列表框中选择字段名，以添加字段；也可以通过表达式的使用生成计算字段，并根据一个或多个字段的计算提供计算字段的值。

"表"：该字段来自的数据对象（表或查询）。

"排序"：确定是否按该字段排序以及按何种方式排序。

"显示"：确定该字段是否在查询结果集中可见。

"条件"：用来指定该字段的查询条件。

"或"：用来指定"或"关系的查询条件。

③在下方字段内单击，出现下拉按钮后，再单击，在其下拉列表框中选择"学生.学号""学生.姓名""课程.课程名称"和"成绩.分数"字段，如图 4.29 所示。

④单击"运行"按钮 ，显示如图 4.30 所示的查询结果，重命名为"学生成绩查询 1"。

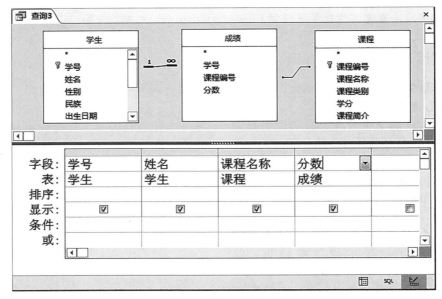

图 4.29　为查询选择字段

学号	姓名	课程名称	成绩
20220101	王琳	大学英语	96
20220203	赵正	大学英语	56
20220305	陈瑞	大学英语	96
20220305	陈瑞	数据库原理	67
20220101	王琳	软件工程	87
20220203	赵正	统计学	67
20220208	施正	程序设计	81
20220305	陈瑞	软件工程	56
20224056	刘建玲	大学英语	82

图 4.30　查询结果（部分截图）

说明

查询至少使用一个表或查询。若使用多个表，则表与表之间必须有关系。表中字段的引用方法：表名.字段名，如学生.姓名。

4.3.3 在设计视图中的操作

在设计视图中的操作包括插入新字段、移出字段、添加表或查询、删除表或查询、排序查询的结果。

1. 插入新字段

【例4.7】在【例4.6】的查询结果中，在"课程名称"与"成绩"字段之间插入新字段"学分"。

解　操作步骤如下。

①启动 Access 并打开"学生管理"数据库。

②在设计视图中打开【例4.6】建立的"学生成绩查询1"。

③在下方空白字段内单击，在下拉列表框中选择"课程"表的"学分"字段，如图4.31（a）所示。

④选择"学分"字段列，将其移动到需要的位置即可，如图4.31（b）所示。

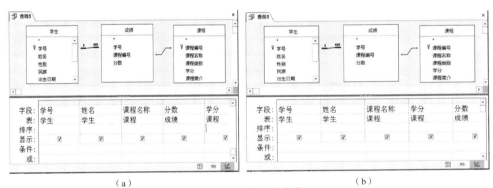

（a）　　　　　　　　　　　　　　　　（b）

图 4.31　插入新字段

（a）选择字段；（b）移动字段

2. 移出字段

可能在选择了查询输出字段后，才发现不需要查看某些字段信息，如果想把它们从查询结果中移出，操作非常简单，只需把光标放置在该字段所在列的顶端，此时光标变为 ⬇，表示可以选取整列，然后按〈Delete〉键，即可将它从查询结果中移出。

说明

> 移出字段后，在查询结果中不显示该字段，但该字段仍存在于数据表内。

3. 添加表或查询

在已创建查询设计视图窗口上半部分，每个表或查询的字段列表中，列出了可以添加到设计网格（查询设计视图窗口下半部分）中的所有字段。但是，如果在列出的所有字段中没有所要的字段，则需要将该字段所属的表或查询添加到设计视图中。

在设计视图中，添加表或查询的操作步骤如下：

①在设计视图中打开某个查询；

②在查询设计器窗口上半部分的空白处右击，在弹出的快捷菜单中选择"显示表"命令，在弹出的"显示表"对话框中选择需要添加的表或查询即可。

4. 删除表或查询

删除表或查询的操作与添加表或查询的操作相似，首先打开要修改查询的设计视图，在设计视图中，右击要删除的表或查询，在弹出的快捷菜单中选择"删除表"命令，或者选中要删除的对象，按〈Delete〉键即可。删除表或查询后，它们的字段列表也将从查询设计视图的设计网格的字段中删除。

5. 排序查询的结果

在设计网格中，如果没有对数据进行排序，那么查询后得到的数据将无规律可循，且影响查看，可以根据需要设置按照字段的升序或降序排序，方法是在设计网格中对应字段的排序行进行设置，选择"升序""降序"还是"不排序"。图 4.32 所示是先按"学号"升序排序，再按"成绩"降序排序的设置方法及排序结果。

图 4.32 先按"学号"升序排序，再按"成绩"降序排序的设置方法及排序结果

说明

> 在 Access 中，可以为多个字段设置排序，此时的排序顺序是由左至右，故最左方的排序字段，会最先被排序，以此类推。

4.3.4 查询字段的表达式与函数

查询不仅仅只是查询出字段的内容，还能针对字段的内容进行统计与运算，而统计与运算后的结果可以成为查询字段的内容。为了能够顺利地完成查询的统计与运算功能，要明确表达式与函数的意义。

1. 表达式

表达式是一个或一个以上的字段、函数、运算符、内存变量或常量的组合。例如，想要将"工资"字段中的值乘以 12 以便计算出"年薪"，可以通过下面的表达式计算得到：[工资] ＊ 12，其中"工资"为字段的值，"＊"是运算符，"12"指 12 个月，运算结果为常量。

在实际应用中，表达式与数学式非常相似，在建立表达式时，需要注意以下事项。

（1）将字段包含在中括号"[ ]"中。例如：[单价] ＊数量。

（2）将常量字符串包含在一对单引号或双引号中（引号必须是英文半角符号）。例如：[姓名] +"先生/女士"。

（3）将日期时间包含在一对"#"中。例如：#2024/03/10AM10：10：10#。

（4）使用运算符"&"或"+"来连接文本型字段或字符串。例如：

"收件人地址:" & [邮政编码] & [家庭地址]

"收件人地址:" + [邮政编码] + [家庭地址]

2. 查询条件表达式的设置

设计查询时，如果需要查找满足一定条件的记录，则要在查询设计视图中的"条件"行输入查询的条件表达。除直接输入常量外，还可以使用关系运算符、逻辑运算符、特殊运算符、数学运算符和 Access 的内部函数等来构成表达式，部分运算符如表 4.1~表 4.3 所示。

表 4.1　关系运算符及含义

关系运算符	代表功能	可用类型/常用类型	范例
=	等于	短文本、数字、日期/时间、是/否、长文本	=90
<>	不等于	短文本、数字、日期/时间、是/否、长文本	<>"教授"
<	小于	短文本、数字、日期/时间、是/否、长文本	<#1985-12-12#
<=	小于或等于	短文本、数字、日期/时间、是/否、长文本	<=60
>	大于	短文本、数字、日期/时间、是/否、长文本	>60
>=	大于或等于	短文本、数字、日期/时间、是/否、长文本	>=60

表 4.2　逻辑运算符及含义

逻辑运算符	代表功能	范例
Not	逻辑非	Not"讲师"，表示查询的条件是职称除讲师以外的所有教师
And	逻辑与	<=100 And>=60，表示查询的条件是考分在 60~100 之间
Or	逻辑或	"北京" Or "天津"，表示查询的条件是籍贯是北京或天津

表 4.3　特殊运算符及含义

特殊运算符	代表功能	可用类型/常用类型	范例
Between…And…	指定值的范围在……到……之间	短文本、数字、日期/时间、是/否、长文本	Between 70 And 100
In	指定值属于列表中列出的值	短文本、数字、日期、是/否、长文本	In（"教授","副教授"），职称为教授和副教授
Like	用通配符查找文本型字段值是否与其匹配	短文本、长文本	Like"张 *"，查找姓张的
Is Null	指定一个字段为空	短文本、数字、日期/时间、是/否、长文本	Is Null，查看空白数据
Is Not Null	指定一个字段为非空	短文本、数字、日期/时间、是/否、长文本	Is Not Null，查看非空白数据

说明

有关通配符的用法参见第 3 章 3.4.3 节的表 3.11。

3. 函数

在 Access 中，函数是被用来运行一些特殊的运算以便支持 Access 的标准命令。Access 包含多种不同用途的函数。

每个函数语句包含一个名称，而紧接在名称之后包含一对小括号（如 time( )），在大部分函数的小括号中需要填入一个或一个以上的参数。函数的参数也可以是一个表达式，例如，可以使用某一个函数的返回值作为另外一个函数的参数（如 Year(Date0)）。

除了可以直接使用函数的返回值，还可以将函数的返回值用于后续计算或作为条件的比较对象，表 4.4 列出了 Access 中的常用函数。

表 4.4　Access 中的常用函数

函数	代表功能
Count(表达式)	返回表达式中值的个数（即数据计数），通常以星号（＊）作为 Count( ) 的参数。表达式可以是一个字段名，也可以是含有字段名的表达式，但所含的字段必须是数值型的字段
Min(表达式)	返回表达式中值的最小值
Max(表达式)	返回表达式中值的最大值
Avg(表达式)	返回表达式中值的平均值
Sum(字符表达式)	返回字符表达式中值的总和
Day(日期)	返回值介于 1~31 之间，代表所指定日期中的日子
Month(日期)	返回值介于 1~12 之间，代表所指定日期中的月份
Year(日期)	返回值介于 100~9999 之间，代表所指定日期中的年份
Weekday(日期)	返回值介于 1~7 之间（1 代表星期天，7 代表星期六），代表所指定日期是星期几
Hour(日期/时间)	返回值介于 1~23 之间，代表所指定日期时间中的小时部分
Date( )	返回当前的系统日期
Time( )	返回当前的系统时间
Now( )	返回当前的系统日期时间
DateAdd( )	以某一日期为准，向前或向后加减
DateDiff( )	计算出两日期时间的间距
Len(字符表达式)	返回字符表达式的字符个数
IIf(判断式，真，假)	以判断式为准，在其值结果为真或假时，返回不同的值

4.3.5　查询中的关系

1. 建立查询中关系的方法

如果查询的数据源是两个或两个以上的表或查询，在查询设计视图中可以看到这些表或查询之间的关系连线，则说明在数据库中的表或查询之间已经通过相应的字段联接起来。一般来说，表之间的关系可通过以下两种方法创建。

（1）在数据库关系图中建立关系。在设计数据库的表时，在数据库关系图中建立关系，该关系会自动显示在查询中。

（2）启用自动联接功能。在查询使用多个数据表时，如果其中的两个数据表具有同名字段，且其中的一个表有主键，Access 则会自动联接这两个表。该功能的设置方法是：选择"文件"→"选项"命令，在弹出的对话框中选择"对象设计器"选项，勾选"启用自动联接"复选框，如图 4.33 所示。

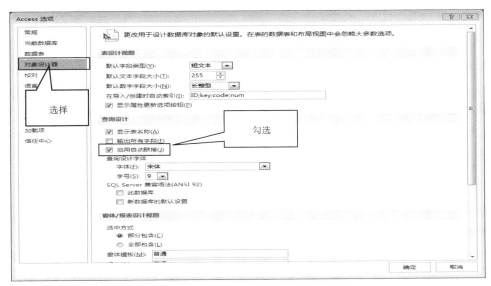

图 4.33　启用自动联接功能

但"启用自动联接"的结果不一定正确，例如"学号"经常是作为一个表主键的字段名，而不同数据表的"学号"可能互不相关，即没有任何关系。因此，在启动自动联接时，仍需在查询设计窗口检查自动联接之后的关系是否正确，若不正确，则必须先删除，然后重新建立关系。

2. 联接类型对查询结果的影响

若在创建查询时，要重新编辑表或查询之间的关系，则需双击关系连线，如图 4.34 所示，弹出"编辑关系"对话框，如图 4.35 所示，在该对话框中单击"联接类型"按钮，弹出"联接属性"对话框，可以指定关系的联接类型，如图 4.36 所示。

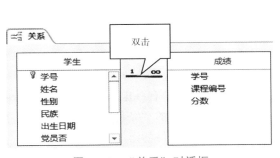

图 4.34　"关系"对话框

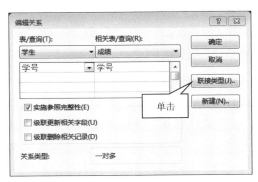

图 4.35　"编辑关系"对话框

3. 查询的联接类型

查询的联接类型可分为以下 3 种。

1）内部联接（或称为等值联接）

图 4.36 所示的第一种联接类型为内部联接，它是系统默认的联接类型。具体的联接方式是：

关系连线两端的表进行联接，两个表各取一条记录，在联接字段上进行字段值的联接匹配，若字段值相等，则查询将合并这两条匹配的记录，从中选取需要的字段组成一条记录，显示在查询结果中。若字段值不相等，则查询得不到结果。两个表的每条记录之间都要进行匹配，即一个表有 m 条记录，另一个表

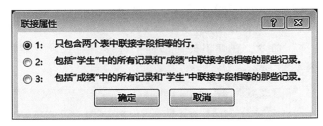

图 4.36　查询的联接属性

有 n 条记录，则两个表的联接匹配次数为 $m \times n$。查询结果的记录数等于字段值匹配相等的记录数。

2）左联接

图 4.36 所示的第二种联接类型为左联接，联接查询的结果是"左表名称"文本框中的表/查询的所有记录与"右表名称"文本框中的表/查询中联接字段的记录相等。

3）右联接

图 4.36 所示的第三种联接类型为右联接，联接查询的结果是"右表名称"文本框中的表/查询的所有记录与"左表名称"文本框中的表/查询中联接字段的记录相等。

在 Access 中，查询所需的联接类型大多数是内部联接，只有极少数使用左联接和右联接。例如，查找不匹配项查询使用的就是左联接。左联接和右联接与两个表的先后次序有关，可以互相转化。

说明

查询使用的数据表越多，查询结果的记录数可能越少，因为交集会越来越小。反之，若查询结果的记录数比原始数据表的记录数还多，则说明查询设计有误。

4.4　基本查询

4.4.1　选择查询

Access 查询设计视图默认的查询类型为选择查询。

1. 创建带条件的查询

在日常工作中，实际需要的查询并非只是简单的查询，往往带有一定的条件。例如，查找 2002 年出生的男生。这种查询需要通过设计视图建立，在设计视图的"条件"行输入查询条件，这样 Access 在运行查询时，就会从指定的表或查询中筛选出符合条件的记录。

在查询设计视图中的每个字段内，都可以设置查询的条件（除了 OLE 对象），条件与条件间的关系可以是"与关系（And）"，也可以是"或关系（Or）"。

【例 4.8】在"学生管理"数据库中，查询姓"王"的学生的姓名、性别和出生日期，查询命名为"查找姓王的学生"。

解　操作步骤如下。

①启动 Access 并打开"学生管理"数据库。

②选择"创建"→"查询"→"查询设计"命令，弹出"显示表"对话框，双击"学生"表，此时该表被添加到查询设计视图的上半部分中，单击"关闭"按钮。

③分别双击"学生"表的"学号""姓名""性别"和"出生日期"4个字段，此时4个字段依次显示在"字段"行上的第一列到第四列，同时"表"行显示这些字段所在表的名称。

④对应"姓名"字段，在"条件"行输入"Like"王＊""，如图4.37所示。

⑤保存查询，命名为"查找姓王的学生"，单击"运行"！按钮，或者切换到数据表视图查看结果，如图4.38所示。

【例4.9】查找2002年出生的男生，并显示"学号""姓名""性别"和"出生日期"字段，查询命名为"查询2002年出生的男生"。

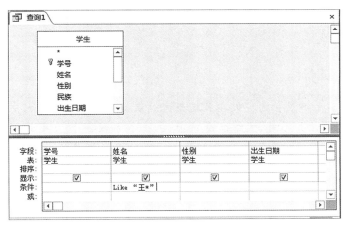

图4.37 "查找姓王的学生"设计视图

解 操作步骤如下。

①启动Access并打开"学生管理"数据库。

②选择"创建"→"查询"→"查询设计"命令，弹出"显示表"对话框，双击"学生"表，此时该表被添加到查询设计视图的上半部分中，单击"关闭"按钮。

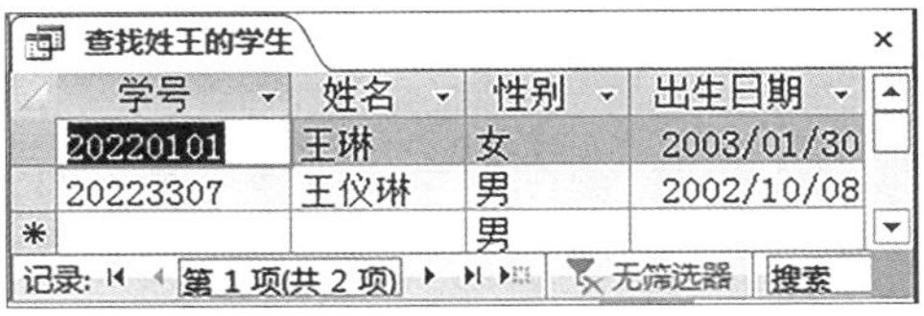

图4.38 查询结果

③分别双击"学生"表的"学号""姓名""性别"和"出生日期"4个字段，此时4个字段依次显示在"字段"行上的第一列到第四列，同时"表"行显示这些字段所在表的名称。

④按照此例的要求，还要选择"条件"为"2002年出生的学生"，因此还需要将"出生日期"加入"字段"行的第五列，作为查询的条件，但不需要显示，因此不需要勾选该字段的"显示"行的复选框。

⑤在"性别"字段列的"条件"行中输入""男""，在第五列的"出生日期"的"条件"行中输入"Between #2002/1/1# And #2002/12/31#"，设置结果如图4.39所示。

上面的2个条件是在"条件"行中的同一行输入的，表示这2个条件的关系是"与"关系，若2个条件是"或"关系，则需要写在不同的行。

⑥保存查询，命名为"查询2002年出生的男生"，单击"运行"按钮！或切换到数据表视图查看结果，如图4.40所示。

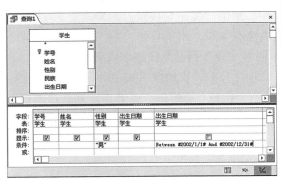

图 4.39　设计视图　　　　　　　　　图 4.40　查询结果

说明

　　若要一次选择多个字段，则可以在表或查询对象显示区的表或查询中单击第一个字段，然后按住〈Shift〉键，并单击所要选择的最后一个字段，若为不连续的字段，则按住〈Ctrl〉键的同时依次选择相应字段，最后用光标指向选中的区域，将其拖动到查询设计区的字段空格处即可。若要选择表或查询的所有字段，则可以选择多字段的引用标记（即"*"）。

　　【例 4.10】查看"职称"为"教授"或"副教授"，并且"学历"为"研究生"，或者"所属院系"为"外语学院"的教师的基本信息，查询的结果按"职称"字段升序排序，查询命名为"查询教授、副教授、研究生教师信息"。

　　解　操作步骤如下。

　　①启动 Access 并打开"学生管理"数据库。

　　②选择"创建"→"查询"→"查询设计"命令，弹出"显示表"对话框，双击"教师"表，此时该表被添加到查询设计视图的上半部分中，单击"关闭"按钮。

　　③双击"教师"表中"教师.*""职称""学历"和"所属院系"字段。

　　④在"职称"字段的"条件"行中输入""教授"Or"副教授""；在"学历"字段的"条件"行中输入""研究生""；在"所属院系"字段的"或"行中输入""外语学院""；在"职称"字段的"排序"行中选择"升序"，并将上述 3 个字段"显示"行复选框的勾选去掉，如图 4.41 所示。

　　⑤保存查询，命名为"查询教授、副教授、研究生教师信息"，单击"运行"按钮 ！ 或切换到数据表视图查看结果，如图 4.42 所示。

　　【例 4.11】查看本月生日学生的姓名、性别、民族、出生日期，查询命名为"查询本月出生的学生"。

　　解　操作步骤如下。

　　①启动 Access 并打开"学生管理"数据库。

　　②选择"创建"→"查询"→"查询设计"命令，弹出"显示表"对话框，双击"学生"表，此时该表被添加到查询设计视图的上半部分中，单击"关闭"按钮。

　　③双击"学生"表的"姓名""性别""民族"和"出生日期"字段，在第五列再加入一个

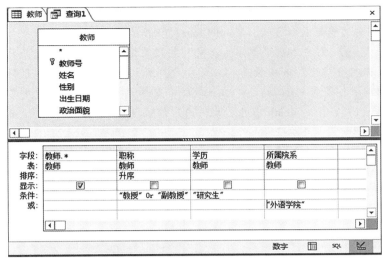

图 4.41　设计视图

图 4.42　查询结果

"出生日期"字段，并将该列的"出生日期"字段改为"Month（［出生日期］）"，表示提取出生日期中的"月份"，再在此列的"条件"行中输入"Month（Date（））"，表示条件是当前日期中的"月份"，并取消勾选"显示"行中的复选框，如图 4.43（a）所示。

④保存查询，命名为"查询本月出生的学生"，单击"运行"￼按钮或切换到数据表视图查看结果，如图 4.43（b）所示。

（a）　　　　　　　　　　　　　　（b）

图 4.43　使用 Month（）函数设置查询及查询结果

（a）使用 Month（）函数设置查询；（b）查询结果

说明

　　Month( )函数的功能是返回月份，Month(Date( ))的功能是返回机器系统日期的月份，而"Month([出生日期])"则表示取得"出生日期"字段数据的月份。由于要统计的每名学生出生日期的月份数据在"学生"表中没有相应的字段，所以在设计网格的第五列添加了一个计算字段，该字段的名称是系统自动产生的，称为"表达式1"，也可重新命名，它的值引自"Month([出生日期])"，用"Month([出生日期])"的值与"条件"行中的"Month(Date( ))"值作比较，若两者相同，则表示符合条件。

　　【例4.11】查询结果会因机器系统日期的不同而不同，本例运行的结果是在10月份产生的，因此本月指的是10月份，如果11月份运行这个查询，那么得到的就是11月份出生的学生信息。

　　【例4.12】查看"学生"表中每名学生的年龄，并按"年龄"进行升序排序，查询命名为"学生年龄查询"。

　　解　操作步骤如下。

　　①启动Access并打开"学生管理"数据库。

　　②选择"创建"→"查询"→"查询设计"命令，弹出"显示表"对话框，双击"学生"表，此时该表被添加到查询设计视图的上半部分中，单击"关闭"按钮。

　　③双击"学生"表的"学号""姓名"和"出生日期"字段。

　　④在第四列"字段"单元格中输入"年龄：Year(Date( ))-Year([出生日期])"。在"排序"行中选择"升序"，如图4.44（a）所示。

　　⑤保存查询，命名为"学生年龄查询"，单击"运行"按钮 ! 或切换到数据表视图查看结果，如图4.44（b）所示。

（a）　　　　　　　　　　　　　　　（b）

图4.44　使用Year( )及Date( )函数设置查询及查询结果
（a）使用Year( )及Date( )函数设置查询；（b）查询结果

说明

　　在图4.44中，在第四列"字段"单元格中输入"年龄：Year(Date( ))-Year([出生日期])"，表示第四列的字段名为"年龄"（也可以取其他的名字，如岁数），该字段的数据来源是通过"Year(Date( ))-Year([出生日期])"计算得到，是用目前年份"Year(Date( ))"减去出生日期字段的年份"（Year（[出生日期]）"得到"年龄"字段的数据。

【例 4.13】 在"学生管理"数据库中，查询学号第 6 位是 2 或 5 的学生的学号、姓名和班级，并按照"班级"升序排序，查询命名为"学号查询"。

解 操作步骤如下。

①启动 Access 并打开"学生管理"数据库。

②选择"创建"→"查询"→"查询设计"命令，弹出"显示表"对话框，双击"学生"表，此时该表被添加到查询设计视图的上半部分中，单击"关闭"按钮。

③将字段"学号""姓名"和"班级"添加到查询定义窗口中，在"学号"字段的"条件"行中输入"Mid([学号],6,1)="2" Or Mid([学号],6,1)="5"，如图 4.45（a）所示。

④保存查询，命名为"学号查询"，单击"运行"按钮 或切换到数据表视图查看结果，如图 4.45（b）所示。

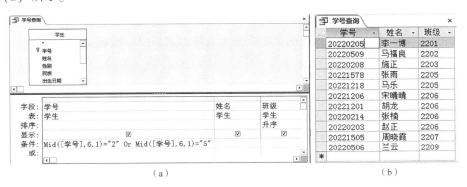

(a)

(b)

图 4.45 使用 Mid( )函数设置查询及查询结果
(a) 使用 Mid( )函数设置查询；(b) 查询结果

【例 4.14】 在"学生管理"数据库中，查询分数在 80~90 之间的学生的学号、姓名、课程名称和分数，并按分数从高到低排序，查询命名为"学生成绩 80~90"。

解 操作步骤如下。

①启动 Access 并打开"学生管理"数据库。

②选择"创建"→"查询"→"查询设计"命令，弹出"显示表"对话框，双击"学生""成绩""课程"表，此时 3 个表被添加到查询设计视图的上半部分中，单击"关闭"按钮。

③分别双击"学生"表的"学号""姓名"与"课程"表的"课程名称"和"成绩"表的"成绩"4 个字段，此时 4 个字段依次显示在"字段"行中的第一列到第四列，同时"表"行显示这些字段所在表的名称。

④按题目的要求，在"分数"列的"条件"行中输入"Between 80 And 90"，在"排序"行中选择"降序"，如图 4.46（a）所示。

⑤保存查询，命名为"学生成绩 80~90"，单击"运行"按钮 ，或者切换到数据表视图查看结果，如图 4.46（b）所示。

2. 在查询中进行计算

前面建立的查询仅仅是为了获取符合条件的记录，并没有对符合条件的记录进行更深入的分析和利用。在实际应用中，常常需要对查询的结果进行计算，如求和、计数、求最大值、求平均值等。下面将介绍如何在建立查询的同时实现计算。

【例 4.15】 统计各类职称的教师人数，查询命名为"教师职称统计查询"。

解 操作步骤如下。

①启动 Access 并打开"学生管理"数据库。

②选择"创建"→"查询"→"查询设计"命令，弹出"显示表"对话框，双击"教师"

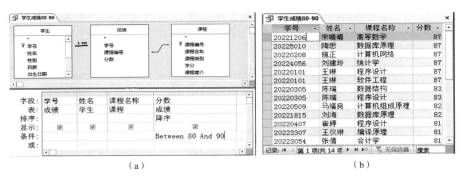

图 4.46 使用"Between…And…"运算符设置查询及查询结果

(a) 使用"Between…And…"运算符设置查询; (b) 查询结果

表,此时该表被添加到查询设计视图的上半部分中,单击"关闭"按钮。

③两次双击"教师"表中的"职称"字段,将该字段连续添加到"字段"行的第一列和第二列。

④选择"查询工具"→"设计"→"显示/隐藏"→"汇总"命令,此时 Access 在设计网格中插入一个"总计"行,并自动将"职称"字段的"总计"单元格设置成"Group By"。

⑤由于要统计各类职称的教师人数,因此,在第二列"职称"字段的"总计"单元格中选择"计数",该列用于统计各类职称的教师人数,如图 4.47 (a) 所示。

⑥保存查询,命名为"教师职称统计查询",运行查询,结果如图 4.47 (b) 所示。

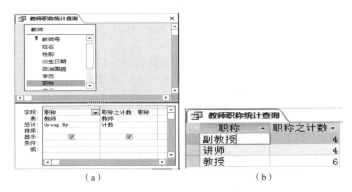

图 4.47 设置分组计数查询及查询结果

(a) 设置分组计数查询; (b) 查询结果

【例 4.16】在"学生管理"数据库中,统计学生的课程总分和平均分,查询命名为"学生课程总分和平均分"。

解 操作步骤如下。

①启动 Access 并打开"学生管理"数据库。

②选择"创建"→"查询"→"查询设计"命令,弹出"显示表"对话框,双击"学生"表和"成绩"表,此时这两个表被添加到查询设计视图的上半部分中,单击"关闭"按钮。

③双击"学生"表的"学号"和"姓名"字段,再两次双击"成绩"表中的"分数"字段,将该字段连续添加到字段行的第三列和第四列。

④选择"查询工具"→"设计"→"显示/隐藏"→"汇总"命令,此时 Access 在设计网格中插入一个"总计"行,并自动将所选字段的"总计"单元格设置成"Group By"。

⑤对应"学号"和"姓名"字段,选择"Group By";对应第一个"分数"字段,选择"合

计"并添加标题"总分",对应第二个"分数"字段,选择"平均值"并添加标题"平均分",如图 4.48 (a) 所示。

⑥保存查询,命名为"学生课程总分和平均分",运行查询,结果如图 4.48 (b) 所示。

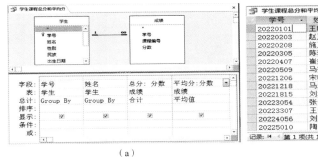

（a）

学号	姓名	总分	平均分
20220101	王琳	296	74
20220203	赵正	246	61.5
20220208	施瑞	235	78.3333333333333
20220305	陈瑞	589	84.1428571428571
20220407	崔婷	214	71.3333333333333
20220509	马福良	225	75
20221206	宋晴晴	237	79
20221218	马乐	158	79
20221815	刘海	157	78.5
20223054	张倩	204	68
20223307	王仪琳	228	76
20224056	刘建玲	419	69.8333333333333
20225010	陶思	242	80.6666666666667

（b）

图 4.48　统计学生的课程总分和平均分及查询结果
（a）统计学生的课程总分和平均分；（b）查询结果

说明

在图 4.48 中,得到的每名学生的平均分字段的值的格式不整齐,可以重新设置格式。在第四列上右击,弹出快捷菜单,选择"属性"命令,在"属性表"窗格中,将"格式"设为"固定",将"小数位数"设为"2",如图 4.49 所示,设置后的查询结果的平均分均保留 2 位小数。

4.4.2　参数查询

参数查询是一种动态查询,可以在每次运行查询时输入不同的参数值,系统根据给定的参数值确定查询结果,而参数值在创建查询时不需要定义。这种查询完全由用户控制,能在一定程度上提高查询效率。参数查询一般建立在选择查询基础上,在运行查询时会出现一个或多个对话框,要求输入查询条件。根据查询中参数个数的不同,参数查询可以分为单参数查询和多参数查询。

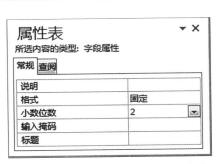

图 4.49　设置平均分字段的值的格式

1. 在设计视图中创建单参数查询

【例 4.17】在"学生管理"数据库中创建单参数查询,按输入的学号查询学生的所有信息,查询命名为"单参数查询"。

解　操作步骤如下。

①启动 Access 并打开"学生管理"数据库。

②选择"创建"→"查询"→"查询设计"命令,弹出"显示表"对话框,双击"学生"表,此时该表被添加到查询设计视图的上半部分中,单击"关闭"按钮。

③将"学生"表的所有字段添加到查询定义窗口中（也可直接在数据表中双击"＊"来选择所有字段）,对应"学号"字段,在"条件"行中输入"［请输入学生学号:］",如图 4.50 所示。

④保存查询,命名为"单参数查询",运行查询,显示"输入参数值"对话框,如图 4.51 所示,如果输入学号"20220700",系统将显示学号为"20220700"的学生信息,如图 4.52 所示。

图 4.50　设定单参数查询

图 4.51　"输入参数值"对话框

图 4.52　查询结果

说明

　　以前在多个例子中使用过中括号，表示中括号里的字符为字段名，而本例的中括号中代表的是参数。Access 在查询中遇到中括号时，首先在各数据表中寻找中括号中的内容是否为字段名称，若不是，则认为是参数，显示对话框，要求输入参数。因此，中括号是参数表示法，如果中括号中的内容是字段名，则 Access 会自动使用字段数据进行查询；若不是字段名，则要求输入参数值。

　　【例 4.18】根据输入的优秀标准，统计每名学生优秀课程的门数，按优秀课程门数降序排序，查询命名为"优秀课程门数查询"。

　　解　操作步骤如下。

　　①启动 Access 并打开"学生管理"数据库。

　　②选择"创建"→"查询"→"查询设计"命令，弹出"显示表"对话框，双击"学生"表和"成绩"表，此时这两个表被添加到查询设计视图的上半部分中，单击"关闭"按钮。

　　③将查询所需的字段"学号""姓名""成绩"和"学号"添加到查询设计视图中的"字段"单元格中。

　　④在"分数"字段的"条件"行中输入">=［优秀标准:］"。

　　⑤选择"查询工具"→"设计"→"显示/隐藏"→"汇总"命令，此时 Access 在设计视图中插入一个"总计"行，并自动将各字段"总计"单元格设置成"Group By"。

　　⑥将第三列"分数"字段的"总计"行改为"Where"。

　　⑦将第四列"学号"字段的"总计"行改为"计数"，表示要统计考分达到优秀标准的课程门数，名称为"优秀门数"，然后设置按该字段降序排序，如图 4.53（a）所示。

⑧保存查询,命名为"优秀课程门数查询",运行查询,显示"输入参数值"对话框,输入"80",单击"确定"按钮,即可看到每名同学大于或等于 80 分的课程门数的查询结果,如图 4.53（b）所示。

（a）　　　　　　　　　　　　　　　（b）

图 4.53　设置参数查询及查询结果

（a）设置参数查询；（b）查询结果

2. 在设计视图中创建多参数查询

【例 4.19】 在"学生管理"数据库中创建多参数查询,按输入的性别和民族查询学生的姓名、性别、民族和出生日期,查询命名为"按输入性别和民族查询"。

解　操作步骤如下。

①启动 Access 并打开"学生管理"数据库。

②选择"创建"→"查询"→"查询设计"命令,弹出"显示表"对话框,双击"学生"表,此时该表被添加到查询设计视图的上半部分中,单击"关闭"按钮。

③将"学生"表的"姓名""性别""民族"和"出生日期"4 个字段添加到查询定义窗口中。对应"性别"和"民族"字段,分别在"条件"行中输入"［请输入性别:］""［请输入民族:］",如图 4.54（a）所示。

④保存查询,命名为"按输入性别和民族查询",运行查询,显示"输入参数值"对话框,如果输入性别"女",输入民族"汉族",系统将显示符合查询条件的学生信息,查询结果如图 4.54（b）所示。

（a）　　　　　　　　　　　　　　　（b）

图 4.54　按输入性别和民族查询及查询结果

（a）按输入性别和民族查询；（b）查询结果

4.4.3 交叉表查询

交叉表查询通常以一个字段作为表的行标题，以另一个字段的取值作为列标题，在行和列的交叉点单元格处获得数据的汇总信息，以达到数据统计的目的。在前面介绍了使用查询向导创建对一个表或查询的交叉表查询，如果要从多个表或查询中创建交叉表查询，则可以在查询设计视图中创建。

【例 4.20】 在"学生管理"数据库中，创建交叉表查询，查询学生的各门课成绩，查询命名为"各门课成绩"。

解 操作步骤如下。

①启动 Access 并打开"学生管理"数据库。

②选择"创建"→"查询"→"查询设计"命令，弹出"显示表"对话框，双击"学生""成绩"和"课程"表，此时 3 个表被添加到查询设计视图的上半部分中，单击"关闭"按钮。

③将"学生"表的"学号""姓名"与"课程"表的"课程名称"和"成绩"表的"分数" 4 个字段添加到查询定义窗口中。

④选择"查询工具"→"设计"→"查询类型"→"交叉表"命令，将选择查询改为交叉表查询，查询定义窗口中将出现"总计"和"交叉表"行。

⑤在"交叉表"行，对应"学号"和"姓名"字段中选择"行标题"，对应"课程名称"字段选择"列标题"，对应"分数"字段选择"值"。然后在"总计"行，对应"学号""姓名"和"课程名称"字段选择"Group By"，对应"分数"字段，选择"First"，如图 4.55 所示。

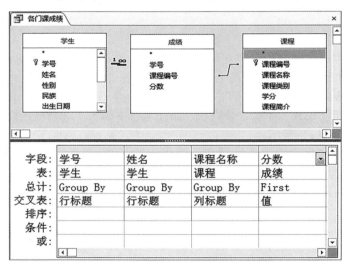

图 4.55 查询各门课成绩

⑥保存查询，命名为"各门课成绩"，运行查询，结果如图 4.56 所示。

学号	姓名	编译原理	程序设计	高等数学	会计学	计算机网络	计算机组成	经济法	软件工程	数据结构	数据库原理	数值分析	统计学
20220101	王琳		87						87		55		
20220203	赵正		56				67						67
20220208	施正		81			87				67			
20220305	陈璐		83				72		96	83	67	92	
20220407	崔婷		81							66			
20220509	马福良			78		65	82						
20221206	宋晴晴	78		87						72			
20221218	马乐						67						
20221815	刘海		75								82		
20223054	张倩				81		67				56		
20223307	王仪琳	81											72
20224056	刘建玲		75		78					52	45	87	
20225010	陶思					56			99		87		

记录: ◄ ◄ 第 1 项(共 13 项) ► ►◄ 无筛选器 搜索

图 4.56 查询结果

【例 4.21】 在"学生管理"数据库中，创建交叉表查询，查询各学院男、女教师的人数，查询命名为"各学院男女教师数"。

解　操作步骤如下。

①启动 Access 并打开"学生管理"数据库。

②选择"创建"→"查询"→"查询设计"命令，弹出"显示表"对话框，双击"教师"表，该表被添加到查询设计视图的上半部分中，单击"关闭"按钮。

③将"教师"表的"所属院系""性别""教师号"3 个字段添加到查询定义窗口中。

④选择"查询工具"→"设计"→"查询类型"→"交叉表"命令，将选择查询改为交叉表查询，查询定义窗口中将出现"总计"和"交叉表"行。

⑤在"交叉表"行，对应"所属院系"字段选择"行标题"，对应"性别"字段选择"列标题"，对应"教师号"字段选择"值"。然后在"总计"行，对应"所属院系""性别"字段选择"Group By"，对应"教师号"字段选择"计数"，如图 4.57 (a) 所示。

⑥保存查询，命名为"各学院男女教师数"，运行查询，结果如图 4.57 (b) 所示。

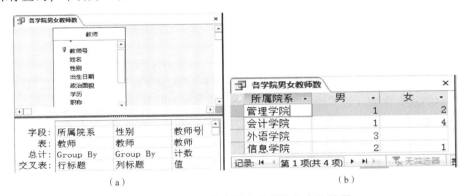

（a）　　　　　　　　　　　　　（b）

图 4.57　查询各学院男女教师数及查询结果

（a）查询各学院男女教师数；（b）查询结果

注意

交叉表查询的设计重点如下。

①查询向导创建交叉表查询只可使用一个表或一个查询；如需使用的字段在多个表中，需要先将所需字段组合在一个查询内，再以此查询为数据源建立交叉表查询。

②一个列标题：只能是一个字段作为列标题。

③多个行标题：可以指定多个字段作为行标题。

④一个值：设置为"值"的字段是交叉表中行标题和列标题相交单元格内显示的内容，"值"的字段也只能有一个，且其类型通常为"数字"。

⑤在交叉表查询中使用参数查询，但参数必须定义。

4.5　操作查询

前面介绍的几种方法都是根据特定的查询条件，从数据源中产生符合条件的动态数据集，但是并没有改变表中原有的数据。

使用操作查询可以通过查询的运行对数据作出变动，通常这样可以大批量地更改和移动数据。操作查询是建立在选择查询的基础上，对原有的数据进行批量更新、追加和删除，或者创建新的数据表。但操作查询的结果，不像选择查询那样运行就能显示查询结果，而是运行后需要再次打开目的表（即被更新、追加、删除或创建的表），只有这样才能了解操作查询的结果。

由于操作查询将改变数据表的内容，而且某些错误的查询操作可能会造成数据表中数据的丢失，因此用户在进行操作查询之前，应该先对数据库或表进行备份。

4.5.1 生成表查询

在 Access 中，从表中访问数据要比从查询中访问数据快得多，如果经常要从几个表中提取数据，最好的方法是使用"生成表查询"。生成表查询就是利用一个或多个表中的全部或部分数据创建新表。

【例 4.22】在"学生管理"数据库中，创建生成表查询，查询"中共党员"教师的"教师号""姓名""性别"和"政治面貌"字段，并生成"全校党员信息"表。

解 操作步骤如下。

①启动 Access 并打开"学生管理"数据库。

②选择"创建"→"查询"→"查询设计"命令，弹出"显示表"对话框，双击"教师"表，该表被添加到查询设计视图的上半部分中，单击"关闭"按钮。

③双击"教师"表的"教师号""姓名""性别"和"政治面貌"字段，在对应"政治面貌"字段的"条件"行中输入""中共党员""，如图 4.58 所示。

图 4.58 "全校党员信息"设计视图

④选择"查询工具"→"设计"→"查询类型"→"生成表"命令，弹出"生成表"对话框，在"表名称"文本框中输入"全校党员信息"，单击"确定"按钮，如图 4.59 所示。

⑤保存并运行查询，单击"运行"![运行]按钮，屏幕弹出一个提示框，如图 4.60 所示。

⑥单击"是"按钮，生成"全校党员信息"表，可以在"表"中查看新生成的表，如图 4.61 所示。

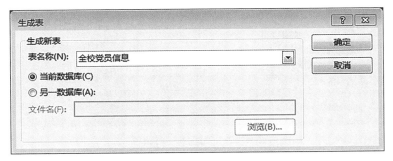

生成表
生成新表
表名称(N): 全校党员信息
当前数据库(C)
另一数据库(A):
文件名(F):
浏览(B)...
确定
取消

图 4.59　生成表的表名称

Microsoft Access
您正准备向新表粘贴 6 行。
单击"是"后，将不能用"撤消"命令来恢复更改。
确实要用选中的记录来创建新表吗?
是(Y)
否(N)

图 4.60　生成表查询提示框

全校党员信息
教师号 姓名 性别 政治面貌
20010102 王强 男 中共党员
20010593 赵辉 男 中共党员
20011010 康燕 女 中共党员
20020592 孙海强 男 中共党员
20030104 王丽 女 中共党员
20050603 李彤彤 女 中共党员
记录: 第 1 项(共 6 项) 无筛选器 搜索

图 4.61　新生成的“全校党员信息”表

4.5.2　追加查询

追加查询可以从一个或多个表中将一组记录追加到一个或多个表的尾部，可以提高数据输入的效率。追加记录时只能追加匹配的字段，其他字段将被忽略；其次，被追加的数据表必须是存在的表，否则无法实现追加，此时系统将显示相应的错误信息。

【例 4.23】通过追加查询，将“学生”表中所有“党员否”为“yes”的学生信息追加到“全校党员信息”表中。

解　操作步骤如下。

①启动 Access 并打开“学生管理”数据库。

②选择“创建”→“查询”→“查询设计”命令，弹出“显示表”对话框，双击“学生”表，该表被添加到查询设计视图的上半部分中，单击“关闭”按钮。

③将“学号”“姓名”“性别”和“党员否”字段添加到查询定义窗口中，然后选择“查询工具”→“设计”→“查询类型”→“追加”命令，在弹出的“追加”对话框的“表名称”下拉列表框中选择“全校党员信息”选项，如图 4.62 所示。

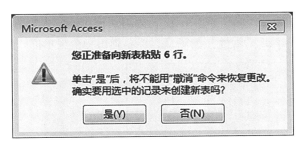

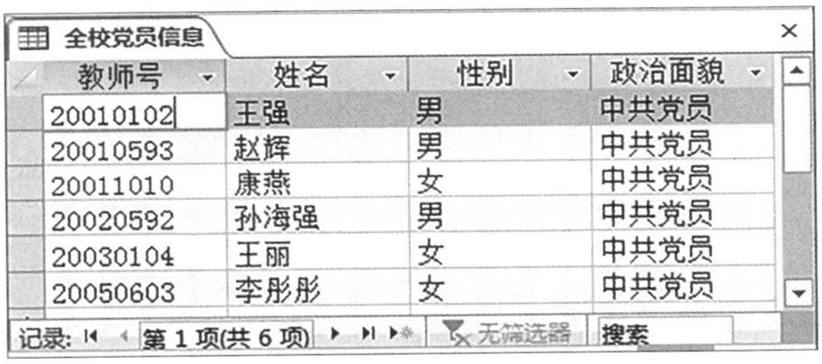

图 4.62　"追加"对话框

④单击"确定"按钮，则在查询定义窗口中出现"追加到"行；对应"学号""姓名""性别"和"党员否"字段，分别在"追加到"行对应选择"教师号""姓名""性别"和"政治面貌"，在"条件"行中输入"yes"或"true"，如图 4.63 所示。

⑤保存并运行查询，单击"运行"按钮 ![icon]，屏幕弹出一个提示框，如图 4.64 所示。

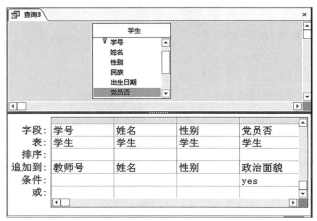

图 4.63　追加查询设计视图

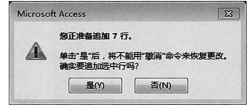

图 4.64　追加查询提示框

⑥单击"是"按钮，则将"学生"表中学生党员的相关信息追加到"全校党员信息"表中，从而可以查看该表追加后的信息。

4.5.3　更新查询

在数据库操作中，如果只对表中的少量数据进行修改，则可以直接在表的数据表视图下手动进行修改。如果需要成批修改数据，则可以使用 Access 提供的"更新查询"功能来实现。更新查询可以对一个或多个表中符合查询条件的数据进行批量更改。

【例 4.24】将"学生管理"数据库的"课程"表中的"限选课"的学分减少 1 学分，查询命名为"减少限选课的学分"。

解　操作步骤如下。

①启动 Access 并打开"学生管理"数据库。

②选择"创建"→"查询"→"查询设计"命令，弹出"显示表"对话框，双击"课程"表，该表被添加到查询设计视图的上半部分中，单击"关闭"按钮。

③将"课程"表的"课程编号""课程名称""课程类别"和"学分"字段添加到查询设计网格中的"字段"行，然后选择"查询工具"→"设计"→"查询类型"→"更新"命令，这时查询设计网格中显示一个"更新到"行。

④在"课程类别"字段的"条件"行中输入""限选课"",在"学分"字段的"更新到"行中输入"[学分] -1",如图 4.65 所示。

⑤选择"查询工具"→"设计"→"结果"→"数据表视图"命令，可以预览更新后的记录，如果预览到的记录不是要更新的记录，可以再次返回到设计视图对查询进行修改，直到满意为止。

⑥如果预览更新后的记录没有问题，则单击"运行"！按钮，屏幕弹出一个提示框，如图 4.66 所示。

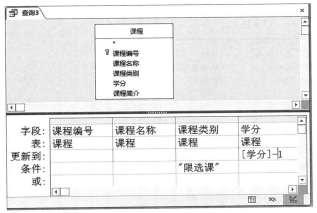

图 4.65　更新查询的设计窗口

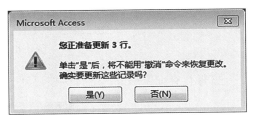

图 4.66　更新查询提示框

⑦单击"是"按钮，Access 将更新满足条件的记录字段。

执行了上面的更新查询后，"课程"表中的"限选课"学分由原来的 3 学分减少为 2 学分。

4.5.4　删除查询

【例 4.25】在"学生管理"数据库中，删除"成绩备份"表中所有不及格的学生信息，查询命名为"删除不及格学生成绩"。

解　操作步骤如下。

①将"成绩"表复制一份，命名为"成绩备份"。

②在设计视图下新建一个查询，添加将要被删除记录的"成绩备份"表。

③选择"查询工具"→"设计"→"查询类型"→"删除"命令，这时查询设计网格中的"显示"行变为"删除"行。

④双击"成绩备份"表中的"*"，这时设计网格"字段"行的第一列上显示"成绩备份.*"，表示已将该表的所有字段放在设计网格中，同时在"删除"单元格中显示"From"，它表示从何处删除记录。

⑤双击字段列表中的"分数"字段，这时"成绩备份"表中的"分数"字段被放到了设计网格"字段"行的第二列，同时在该字段的"删除"单元格中显示"Where"，它表示要删除记录的条件。

⑥在"分数"字段的"条件"行中输入条件"<60"，如图 4.67 所示（如果"条件"行为空，表示将删除所有记录）。

⑦选择"查询工具"→"设计"→"结果"→"视图"→"数据表视图"命令，可以预览将要删除的记录，如果预览到的记录不是要删除的记录，可以再次返回设计视图，对查询进行修改，直到满意为止。

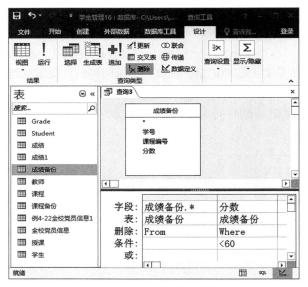

图 4.67　删除查询的设计窗口

⑧保存查询，单击"运行"按钮 ，屏幕弹出一个提示框，如图 4.68 所示。

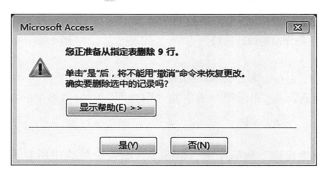

图 4.68　删除查询提示框

⑨单击"是"按钮，Access 将删除满足条件的记录，若单击"否"按钮，则不删除记录。这里单击"是"按钮。

⑩再次打开"成绩备份"表，可以看到成绩不及格的学生记录已被删除。

说明

删除查询将永久删除指定表中的记录，并且删除的记录不能用"撤销"命令恢复。因此，在执行删除查询的操作时要十分谨慎，最好对要删除记录的表进行备份，以防由于误操作而引起数据丢失。删除查询删除的是整条记录，而不是记录中的某些字段，如果只删除指定字段中的数据，则可以使用更新查询将该值改为空值。

4.6　SQL 查询

SQL（Structured Query Language，结构化查询语言），是 1974 年由 Boyce 和 Chamborlin 提出的。

1975—1979 年，IBM 公司的 San Jose Research Laboratory 研制了著名的关系数据库管理系统原型 System R，并实现了这种语言。经过各公司的不断修改、扩充和完善，1987 年，SQL 最终成为关系数据库的标准语言。1986 年，美国颁布了 SQL 的美国标准；1987 年，国际标准化组织将其采纳为国际标准。SQL 由于其使用方便、功能丰富、语言简洁易学等特点，很快得到推广和应用。目前，SQL 已被确定为关系数据库系统的国际标准语言，被绝大多数商品化关系数据库系统采用，如 Oracle、Sybase、DB2、Informix、SQL Server 这些数据库管理系统都支持 SQL 作为查询语言。

4.6.1 SQL 的特点

SQL 的功能包括数据定义、数据查询、数据操纵和数据控制，具有以下特点。

1）高度的综合

SQL 集数据定义、数据操纵和数据控制于一体，语言风格统一，可以实现数据库的全部操作。

2）高度非过程化

SQL 在进行数据操作时，只需说明"做什么"，而不必指明"怎么做"，其他工作由系统完成。用户无须了解对象的存取路径，减轻了用户负担。

3）交互式与嵌入式相结合

用户可以将 SQL 语句当作一条命令直接使用，也可以将 SQL 语句当作一条语句嵌入高级语言程序，两种方式的语法结构一致，为程序员提供了方便。

4）语言简洁，易学易用

SQL 结构简洁，只用 9 个动词就可以实现数据库的所有功能，使用户易于学习和使用，表 4.5 列出了 SQL 常用命令动词。

表 4.5 SQL 常用命令动词

功能分类	命令动词	命令动词说明
数据查询	SELECT	数据查询
数据定义	CREATE	创建对象
	DROP	删除对象
	ALTER	修改对象
数据操纵	INSERT	插入数据
	UPDATE	更新数据
	DELETE	删除数据
数据控制	GRANT	定义访问权限
	REVOKE	回收访问权限

4.6.2 显示 SQL 语法

在 Access 中，所有的查询都可认为是一个 SQL 查询。在查询设计视图创建查询时，Access 会自动给出相应的 SQL 代码，用户不仅可以查看 SQL 代码，还可以对它进行编辑。

在前几节中，使用了查询设计视图或各种查询向导创建查询，这些都可以在 SQL 视图中直接输入 SQL 语句来完成查询。但仅靠查询设计视图而不编写 SQL 代码还是有局限性的，有些像"联合查询""传递查询""数据定义查询"和"子查询"等，只能编写 SQL 代码才能实现。

若要查看或编写 SQL 代码，可选择"查询工具"→"设计"→"结果"→"视图"→

"SQL 视图"命令，如图 4.69 所示，切换到 SQL 视图，如图 4.70 所示。

图 4.69　切换到 SQL 视图

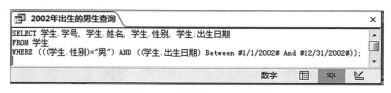

图 4.70　查询的 SQL 视图

Access 在执行查询时，每一个查询都使用 SQL 语法转换引擎，将查询设计视图的内容转换成 SQL 语法，然后由 Access 的系统核心来执行查询。

4.6.3　数据查询语句

数据查询是 SQL 的核心功能，SQL 提供了 SELECT 语句用于检索和显示数据库中表的信息，该语句功能强大，使用方式灵活，可用一个语句实现多种方式的查询。

1. SELECT 语句的格式

SELECT 语句的格式如下：

> SELECT [ALL|DISTINCT] [TOP <数值> [PERCENT]]<目标列表达式 1> [AS <列标题 1>][,<目标列表达式 2> [AS <列标题 2>]...]
> 　FROM <表或查询 1> [[AS]<别名 1>][,<表或查询 2> [[AS]<别名 2>]][[INNER|LEFT[OUTER]|RIGHT [OUTER] JOIN <表或查询 3> [[AS]<别名 3>]ON <联接条件>]...]
> 　[WHERE <条件表达式 1> [AND|OR <条件表达式 2>...]
> 　[GROUP BY <分组项> [HAVING <分组筛选条件>]]
> 　[ORDER BY <排序项 1> [ASC|DESC][,<排序项 2> [ASC|DESC]...]]

2. 语法描述的约定说明

"［ ］"内的内容为可选项；"< >"内的内容为必选项；"｜"表示"或"，即前后的两个值二选一。

3. SELECT 语句中各子句的含义

（1）SELECT 子句：指定要查询的数据，一般是字段名或表达式。

ALL：表示查询结果中包括所有满足查询条件的记录，也包括值重复的记录。语句中如果没有指定 ALL，则默认为 ALL。

DISTINCT：表示在查询结果中内容完全相同的记录只能出现一次。

TOP <数值>［PERCENT］：限制查询结果中包括的记录条数为当前<数值>条或占记录总数的百分比为<数值>。

AS <列标题 1>：指定查询结果中列的标题名称。

（2）FROM 子句：指定数据源，即查询所涉及的相关表或已有的查询。如果这里出现 JOIN…ON 子句，则表示要为多表查询指定多表之间的联接方式。

（3）WHERE 子句：指定查询条件，在多表查询的情况下也可用于指定联接条件。

（4）GROUP BY 子句：对查询结果进行分组，可选项 HAVING 表示要提取满足 HAVING 子句指定条件的那些组。

（5）ORDER BY 子句：对查询结果进行排序。ASC 表示升序排列，DESC 表示降序排列。

SQL 数据查询语句与"查询视图"设计器中各选项间的对应关系如表 4.6 所示。

表 4.6　SQL 数据查询语句与"查询视图"设计器中各选项间的对应关系

SELECT 子句	"查询视图"设计器中对应的选项
SELECT<目标列>	"字段"栏
FROM<表或查询>	"显示表"对话框
WHERE<筛选条件>	"条件"栏
GROUP BY<分组项>	"总计"栏
ORDER BY<排序项>	"排序"栏

4.6.4　单表查询

1. 简单查询
查询"学生"表中的所有记录的语句如下：

SELECT ＊ FROM 学生

2. 选择字段查询
查询学生的学号、姓名和年龄的语句如下：

SELECT 学号,姓名,Year(Date())- Year([出生日期]) AS 年龄 FROM 学生

3. 带有条件的查询
（1）查找分数在 70~80 之间的学生选课情况的语句如下：

SELECT ＊ FROM 成绩 WHERE 分数 Between 70 And 80

（2）在"成绩"表中查找课程编号为"B0101"且分数在 80~90 之间的学生的语句如下：

SELECT 学号,课程编号,分数 FROM 成绩 WHERE 课程编号="B0101" AND 分数>=80 AND 分数<=90

（3）查找课程编号为"X0115"和"B0101"的两门课的学生分数的语句如下：

SELECT 学号,课程编号,分数 FROM 成绩 WHERE 课程编号 In ("X0115","B0101")

（4）查找出所有姓"李"的学生的学号和姓名的语句如下：

SELECT 学号,姓名 FROM 学生 WHERE 姓名 Like "李＊"

（5）在"学生"表中查找姓"王"的且全名为 3 个汉字的学生的学号和姓名的语句如下：

SELECT 学号,姓名 FROM 学生 WHERE 姓名 Like"王??"

4. 统计查询

（1）从"学生"表中统计学生人数的语句如下：

SELECT Count(学号) AS 学生总数 FROM 学生

（2）求选修课程编号为"X0115"的学生的最高分和最低分的语句如下：

SELECT MAX(分数) AS 最高分, MIN(分数) AS 最低分 FROM 成绩 WHERE 课程编号="X0115"

5. 查询排序

查询排序是指按指定的某个（或多个）字段对结果进行排序的查询。

（1）从"学生"表中查询学生的信息，并将查询结果按出生日期升序排序的语句如下：

SELECT * FROM 学生 ORDER BY 出生日期

（2）从"成绩"表中查找课程编号为"B0101"的学生学号和分数，并按分数降序排序的语句如下：

SELECT 学号,分数 FROM 成绩 WHERE 课程编号="B0101" ORDER BY 分数 DESC

说明

> ORDER BY 子句中，ASC 表示升序排列，DESC 表示降序排列，如果没有指定是升序排列还是降序排列，则默认为 ASC。

6. 分组统计查询

可以根据指定的某个（或多个）字段将查询结果进行分组，使指定字段上有相同值的记录分在一组，在查询中使用聚合函数，可以对查询的结果进行统计计算。

常用的 5 个 SQL 聚合函数如下。

平均值：AVG( )。

总和：SUM( )。

最小值：MIN( )。

最大值：MAX( )。

计数：COUNT( )。

（1）从"成绩"表中统计学号为"20220101"的学生的总分和平均分的语句如下：

SELECT SUM(分数) AS 总分,AVG(分数) AS 平均分 FROM 成绩 WHERE 学号="20220101"

（2）从"成绩"表中统计每名学生的所有选修课程的平均分的语句如下：

SELECT 学号,AVG(分数) AS 平均分 FROM 成绩 GROUP BY 学号

（3）从"成绩"表中统计每名学生的所有选修课程的平均分，并且只列出平均分大于 70 的学生的学号和平均分的语句如下：

SELECT 学号,AVG(分数) AS 平均分 FROM 成绩 GROUP BY 学号 HAVING AVG(分数)>70

（4）查找选修课程超过 3 门课程的学生学号的语句如下：

SELECT 学号 FROM 成绩 GROUP BY 学号 HAVING COUNT(*)>3

说明

函数是系统提供的资源，Access 的函数可以分为两类，一类是以上说明的 SQL 聚合函数，另一类是 Access 本身提供的函数，如 Date( )、Now( ) 等，两者的差别是 SQL 聚合函数适用于支持所有 SQL 的数据库，但其他数据库不一定有类似于 Date( ) 或 Now( ) 的函数。

7. 消除结果重复行的查询

从"成绩"表中查询有选修课程的学生的学号（要求同一名学生只列出一次）的语句如下：

SELECT DISTINCT 学号 FROM 成绩

4.6.5 多表查询

若查询涉及两个以上的表，即当要查询的数据来自多个表时，必须采用多表查询方法，该类查询方法也称为联接查询。多表查询可以是两个表或两个以上表的联接，也可以是一个表自身的联接。

使用多表查询时须注意：

（1）在 FROM 子句中列出参与查询的表；

（2）如果参与查询的表中存在同名的字段，并且这些字段要参与查询，则必须在字段名前加表名，以点号分隔，如学生 . 学号；

（3）必须在 FROM 子句中用 WHERE 或 JOIN 子句将多个表用某些字段或表达式联接起来，否则将会产生笛卡儿积。

有以下两种方法可以实现多表的联接查询。

1. 用 WHERE 子句写联接条件

用 WHERE 子句写联接条件的格式如下：

SELECT <目标列> FROM <表名1>,<表名2> [,<表名3>] WHERE <联接条件1> AND <联接条件2> AND <联接条件3>

查找学生信息以及选修课的课程名称及分数的语句如下：

SELECT 学生 . *,课程名称,分数 FROM 学生,课程,成绩 WHERE 课程 . 课程编号＝成绩 . 课程编号 AND 学生 . 学号＝成绩 . 学号

2. 用 JOIN 子句写联接条件

用 JOIN 子句写联接条件的格式如下：

SELECT <目标列> FROM <表名 1> INNER|LEFT[OUTER]|RIGHT [OUTER] JOIN <表名2> ON <表名1>.<字段名1>=<表名2>.<字段名 2> WHERE <筛选条件>

在 Access 中 JOIN 联接主要分为 INNER JOIN 和 OUTER JOIN。

JOIN 的联接方式有 INNER JOIN（内部联接）、LEFT JOIN（左联接）和 RIGHT JOIN（右联接），INNER JOIN 是最基本的联接方式，也是经常使用的一种联接方式，此联接通过匹配表之间共有的字段值来从两个或多个表中检索记录。

OUTER JOIN 用于从多个表中检索记录，同时保留其中一个表中的记录，即使其他表中没有匹配记录。Access 数据库支持的 OUTER JOIN 有两种类型：LEFT OUTER JOIN 和 RIGHT OUTER JOIN。想象两个表彼此挨着：一个表在左边，一个表在右边。LEFT OUTER JOIN 选择右表中与关系比较条件匹配的所有行，同时也选择左表中的所有行，即使右表中不存在匹配项。RIGHT OUTER JOIN 恰好与 LEFT OUTER JOIN 相反，右表中的所有行都被保留。

【例 4.26】查询学生所选课程的成绩，输出学生的学号、姓名和分数。

解　SQL 语句如下：

```
SELECT 学生.学号,学生.姓名,成绩.分数 FROM 学生 INNER JOIN 成绩 ON 学生.学号=成绩.学号
```

【例 4.27】查找在“成绩”表中没有选课成绩的学生记录（即没有选课的学生）。

本例在 4.2.4 小节的【例 4.5】中已经用“查找不匹配项查询向导”创建过该查询，现在用 SQL 语句来完成：

```
SELECT 学生.学号,姓名,性别 FROM 学生 LEFT JOIN 成绩 ON 学生.学号=成绩.学号 WHERE 成绩.学号 Is Null
```

上面语句的作用是查看没有选修任何课程的学生信息，以 LEFT JOIN 联接“学生”表和“成绩”表。

【例 4.28】查找“职称”为“教授”或“副教授”或“简历”字段内容为空的教师所教课程名称。

解　SQL 语句如下：

```
SELECT 姓名,职称,授课.课程名称 FROM 教师 INNER JOIN 授课 ON 教师.教师号=授课.教师号 WHERE 职称 In("教授","副教授") OR 教师.简历 Is Null
```

执行结果如图 4.71 所示。

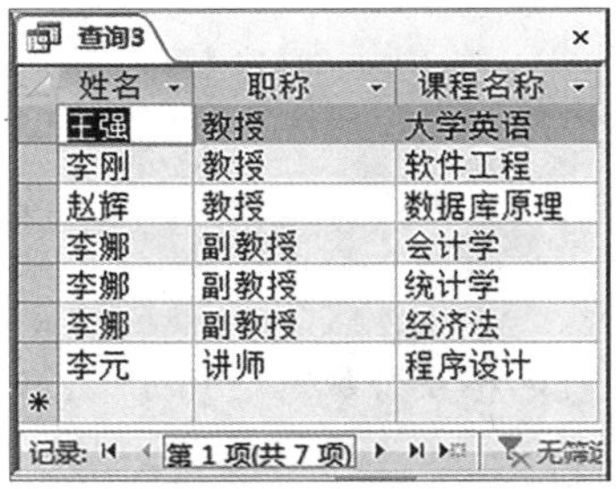

查询3

姓名	职称	课程名称
王强	教授	大学英语
李刚	教授	软件工程
赵辉	教授	数据库原理
李娜	副教授	会计学
李娜	副教授	统计学
李娜	副教授	经济法
李元	讲师	程序设计

记录: 第 1 项(共 7 项)

图 4.71　【例 4.28】的执行结果

上述查询语句表示使用了“教师”和“授课”两个表，两个表联接使用的是 INNER JOIN，其语法结构如下：

```
数据表1 INNER JOIN 数据表2 ON 数据表1.字段=数据表2.字段
```

也就是 JOIN 前后为两个数据表的名称，其后再使用 ON 定义两个数据表的联接字段，本例中两个表的联接字段是教师号，它分别属于两个表，所以必须在字段名称前加上表的名字（如 ON 教师.教师号=授课.教师号），如果是 3 个及 3 个以上的表，则可以使用 JOIN 的嵌套结构。

4.6.6　嵌套查询

在 SQL 中，当一个查询是另一个查询的条件时，即在一个 SELECT 语句的 WHERE 子句中出现另一个 SELECT 语句时，这种查询被称为嵌套查询。通常把内层的查询语句称为子查询，外层的查询语句称为父查询。

嵌套查询的运行方式是由里向外，每个子查询都先于它的父查询执行，而子查询的结果作为其父查询的条件。

在子查询的 SELECT 语句中不能使用 ORDER BY 子句，ORDER BY 子句只能对最终查询结果排序。

1. 带关系运算符的嵌套查询

父查询与子查询之间用关系运算符（>、<、=、>=、<=、<>）进行连接。

【例 4.29】根据"学生"表，查询年龄大于所有学生平均年龄的学生，并显示其学号、姓名和年龄。

解　SQL 语句如下：

SELECT 学号,姓名,Year(Date())- Year(出生日期) AS 年龄 FROM 学生 WHERE Year(Date())- Year(出生日期)>(SELECT AVG(Year(Date())- Year(出生日期)) FROM 学生)

2. 带有 IN 的嵌套查询

【例 4.30】根据"学生"表和"成绩"表查询没有选修课程编号为"B0101"课程的学生的学号和姓名。

解　SQL 语句如下：

SELECT 学号,姓名 FROM 学生 WHERE 学号　NOT IN(SELECT 学号 FROM 成绩 WHERE 课程编号 ="B0101")

4.7　其他 SQL 语句

4.7.1　数据定义语句

数据定义功能是 SQL 的主要功能之一。利用数据定义功能可以完成建立、修改、删除数据表结构以及建立、删除索引等操作。

1. 创建数据表

数据表定义包含定义表名、字段名、字段数据类型、字段的属性、主键、外键与参照表、表约束规则等。

在 SQL 中使用 CREATE TABLE 语句来创建数据表，使用 CREATE TABLE 语句定义数据表的格式如下：

CREATE TABLE <表名>(<字段名 1> <字段数据类型> [(<大小>)] [NOT NULL] [PRIMARY KEY|U-NIQUE][REFERENCES <参照表名>[(<外部关键字>)]][,<字段名 2>[…][,…]][,主键])

说明

①PRIMARY KEY：将该字段创建为主键，被定义为主键的字段其取值唯一。UNIQUE：该字段定义无重复索引。

②NOT NULL：不允许字段取空值。

③REFERENCES 子句定义外键并指明参照表及其参照字段。

④当主键由多字段组成时，必须在所有字段都定义后再通过 PRIMARY KEY 子句定义主键。

⑤所有这些定义的字段或项目用逗号隔开，同一个项目内用空格分隔。

⑥字段数据类型是用 SQL 标识符表示的。

【例 4.31】 在"学生管理"数据库中，使用 SQL 语句定义一个名为"Student"的表，结构为：学号（文本，10 字符）、姓名（文本，6 字符）、性别（文本，2 字符）、出生日期（日期/时间）、简历（备注）、照片（OLE），学号为主键，姓名不允许为空值。

解 SQL 语句如下：

CREATE TABLE Student(学号 TEXT(10) PRIMARY KEY NOT NULL,姓名 TEXT(6) NOT NULL,性别 TEXT(2),出生日期 DATE,简历 MEMO,照片 OLEOBJECT)

【例 4.32】 在"学生管理"数据库中，使用 SQL 语句定义一个名为"Grade"的表，结构为：学号（文本，10 字符）、课程编号（文本，5 字符）、分数（单精度型），主键由学号和课程编号两个字段组成，并通过学号字段与"Student"表建立关系。

解 SQL 语句如下：

CREATE TABLE Grade(学号 TEXT(10) NOT NULL REFERENCES Student(学号),课程编号 TEXT(5) NOT NULL ,分数 SINGLE,PRIMARY KEY(学号,课程编号))

2. 修改表结构

ALTER TABLE 语句用于修改表的结构，主要包括修改字段的类型及大小、增加字段、删除字段等。

（1）修改字段的类型及大小，语句格式如下：

ALTER TABLE <表名> ALTER <字段名> <数据类型>(<大小>)

（2）增加字段，语句格式如下：

ALTER TABLE <表名> ADD <字段名> <数据类型>(<大小>)

（3）删除字段，语句格式如下：

ALTER TABLE <表名> DROP <字段名>

【例 4.33】 使用 SQL 语句修改表，为"Student"表增加一个"电子邮件"字段（文本，20字符）。

解 SQL 语句如下：

ALTER TABLE Student ADD 电子邮件 TEXT(20)

【例 4.34】 使用 SQL 语句修改表，修改"Student"表的"电子邮件"字段，将该字段长度改为 25 字符，并将该字段设置成唯一索引。

  解 SQL 语句如下：

ALTER TABLE Student ALTER 电子邮件 TEXT(25) UNIQUE

  【例 4.35】使用 SQL 语句修改表，删除"Student"表的"简历"字段。

  解 SQL 语句如下：

ALTER TABLE Student DROP 简历

  3. 删除数据表

DROP TABLE 语句用于删除表，格式如下：

DROP TABLE <表名>

  【例 4.36】使用 SQL 语句删除"Student"表。

  解 SQL 语句如下：

DROP TABLE Student

  4. 建立索引

CREATE INDEX 语句用于建立索引，格式如下：

CREATE [UNIQUE] INDEX <索引名称> ON <表名>(<索引字段 1>[ASC|DESC]
[,<索引字段 2>[ASC|DESC][,…]])[WITH PRIMARY]

  使用可选项 UNIQUE 子句将建立无重复索引。可以定义多字段索引。ASC 表示升序排列，DESC 表示降序排列。WITH PRIMARY 子句将索引指定为主键。

  5. 删除索引

DROP INDEX 语句用于删除索引，格式如下：

DROP INDEX <索引名称> ON <表名>

4.7.2 数据操纵语句

  数据操纵语句是指完成数据操作的命令，它由 INSERT（插入）、DELETE（删除）、UPDATE（更新）和 SELECT（查询）等组成。查询也划归为数据操纵范畴，但因为它比较特殊，所以又以查询语言单独出现（SELECT 语句在 4.6.3 小节已经介绍过）。

  1. 插入记录

插入记录的语句格式如下：

INSERT INTO <表名>[(<字段名 1>[,<字段名 2>[,…]])] VALUES (<表达式 1>[,<表达式 2>[,…]])

  功能：在指定的表尾添加一条新记录，其值为 VALUES 后面表达式的值。

  当需要插入表中所有字段的数据时，表名后面的字段名可以省略，但插入数据的格式必须与表的结构完全吻合；若只需要插入表中某些字段的数据，则列出插入数据的字段名，相应表达式的数据位置也应与之对应。

  【例 4.37】使用 SQL 语句向"成绩"表中添加一条记录。

  解 SQL 语句如下：

INSERT INTO 成绩 VALUES("20225220","B0110",98)

2. 修改记录

修改记录就是对表中的记录进行修改。语句格式如下:

UPDATE <表名> SET <字段名 1>=<表达式 1>[,<字段名 2>=<表达式 2>[,…]][WHERE <条件>]

功能:用指定的新值更新记录。

【例 4.38】使用 SQL 语句将"课程"表中"课程类别"为必修课的课程"学分"加 1 分。

解　SQL 语句如下:

UPDATE 课程 SET 学分=学分+1　WHERE 课程类别="必修课"

说明

执行 SQL 的记录更新语句时要注意表之间关系的完整性约束,因为插入、删除和更新操作只能对一个表进行。例如,在"学生"表中删除了一条学生记录,但在"成绩"表中该学生的成绩记录并没有被删除,这就破坏了数据之间的参照完整性。

在 Access 中建立表之间的关系时,可以选择"实施参照完整性""级联更新相关字段"和"级联删除相关记录",设置后再进行更新操作时,系统会自动维护参照完整性或给出相关提示信息。

3. 删除记录

DELETE 语句用于将记录从表中删除,删除的记录数据将不可恢复。语句格式如下:

DELETE FROM <表名> [WHERE <条件表达式>]

【例 4.39】使用 SQL 语句删除"学生"表中所有男生的记录。

解　SQL 语句如下:

DELETE FROM 学生 WHERE 性别="男"

说明

无 WHERE 子句时,表示删除表中的全部记录。

4.7.3　SQL 特定查询语言

在 Access 中,将只有通过 SQL 语句才能实现的查询称为 SQL 特定查询,SQL 特定查询分为 4 类:联合查询、传递查询、数据定义查询和子查询。

由于数据定义查询已在 4.7.1 小节中介绍过,故在此不再赘述。

1. 联合查询

联合查询是将两个查询结果集合在一起,对两个查询的要求是:查询结果的字段名类型相同,字段排列的顺序一致。

【例 4.40】查找课程编号为"B0101"或其他课程成绩大于或等于 90 分的学生的学号、课程编号和分数。

解　操作步骤如下。

①打开"学生管理"数据库。

②在查询设计视图中右击,在弹出的快捷菜单中选择"SQL 特定查询"→"联合"命令,

如图 4.72 所示。

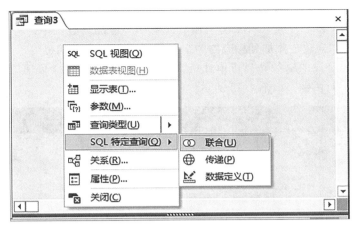

图 4.72　选择"SQL 特定查询"→"联合"命令

③在出现的空白的 SQL 视图中输入该查询的 SQL 语句（如图 4.73 所示）：

> select 学号,课程编号,分数 from 成绩　where 课程编号="B0101" union select　学号,课程编号,分数 from 成绩　where 分数>90

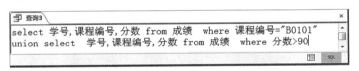

图 4.73　查询的 SQL 语句

④单击"运行"按钮，切换到数据表视图，可以看到联合查询的结果，如图 4.74 所示。

如果在查询中有重复记录（即所选字段值完全一样的记录），则联合查询只显示重复记录中的第一条记录；要想显示所有的重复记录，需要在"UNION"后加上关键字"ALL"，即写成"UNION ALL"。

【例 4.41】查询所有学生的学号和姓名以及所有教师的教师编号和姓名。

解　SQL 语句如下：

学号	课程编号	分数
20220101	B0101	67
20220203	B0101	56
20220305	B0101	96
20220305	C0105	92
20220305	X0115	96
20220407	B0101	67
20221218	B0101	91
20223307	B0101	75
20224056	B0101	82
20225010	X0115	99

图 4.74　查询结果

> SELECT 学号,姓名 FROM 学生 UNION SELECT 教师号,姓名 FROM 教师

2. 传递查询

传递查询是将 SQL 命令直接送到 SQL 数据库服务器（如 SQL Server、Oracle 等）。这些数据库服务器通常被称为系统的后端，而 Access 作为前端或客户工具。传递的 SQL 命令要使用特殊的服务器要求的语法，可以参考相关的 SQL 数据库服务器文档，在这里不作介绍。

3. 子查询

子查询是指在设计的一个查询中，可以在查询的"字段"行或"条件"行的单元格中创建一条 SQL SELECT 语句。SELECT 子查询语句放在"字段"行单元格中创建一个新的字段；SELECT 子查询语句放在"条件"行单元格中作为限制记录的条件。

【例 4.42】查找成绩高于平均分的学生的学号、姓名和课程名称。

解　操作步骤如下。

①新建一个查询，将"学生""课程"和"成绩"表添加到查询中。将字段"学号""姓名""课程名称"和"分数"添加到相应的"字段"行中。

②选择"分数"字段的"条件"行单元格，右击，在弹出的快捷菜单中选择"显示比例"命令，弹出"缩放"对话框，如图 4.75 所示。

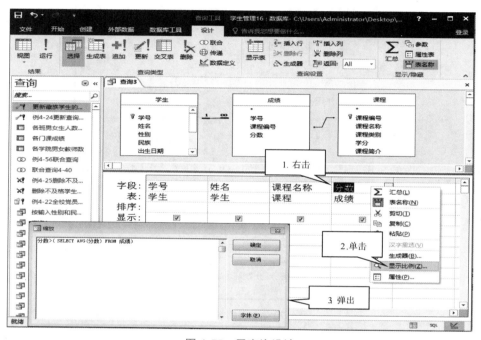

图 4.75　子查询设计

③在"缩放"对话框中输入子查询语句：

分数>(SELECT AVG(分数) FROM 成绩)

该子查询的目的是求出学生的平均分以作为比较值，注意子查询语句应该用括号括起来。

④单击"运行"按钮，结果如图 4.76 所示。

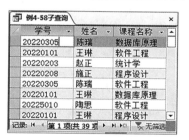

图 4.76　子查询结果

本章主要介绍了以下内容：

（1）了解查询与数据表的关系，掌握 5 种不同类型的查询，即选择查询、参数查询、交叉表查询、操作查询和 SQL 查询；

（2）创建查询的两种方法，即使用查询向导创建查询和使用设计视图创建查询；

（3）在查询设计视图中的操作，包括插入新字段、移出字段、添加表或查询、删除表或查询及排序查询的结果；

（4）选择查询中的基本查询、条件查询、计算字段查询、排序查询和汇总查询等常用查询功能的操作方法；

（5）参数查询中参数的设置与使用；

（6）交叉表查询的创建与使用；

（7）4种操作查询，即生成表查询、追加查询、更新查询和删除查询的创建；

（8）SQL查询及其他SQL语句。

习 题 ▶▶ ▶

1. 思考题

（1）查询的作用是什么？

（2）查询设计器的作用是什么？

（3）查询与数据表的关系是什么？

（4）查询有几种类型？

（5）试举例说明在查询的WHERE条件中，Between…And与IN的区别。

（6）查询可以更新数据表中的数据吗？

（7）简述选择查询与操作查询的区别。

（8）汇总在查询中的意义是什么？

（9）SQL具有哪些主要功能？

（10）SQL中有哪些基本命令？

2. 选择题

（1）Access查询的数据源可以来自（   ）。

A. 表　　　　　　B. 查询　　　　　　C. 表和查询　　　　　D. 窗体

（2）Access数据库中的查询有很多种，其中最常用的查询是（   ）。

A. SQL查询　　　　B. 交叉表查询　　　　C. 参数查询　　　　D. 选择查询

（3）查询"学生"表中"生日"在6月份的学生记录的条件是（   ）。

A. Date([生日])="6"　　　　　　B. Month([生日])="06"

C. Mon([生日])="6"　　　　　　D. Month([生日])="6"

（4）查询"学生"表中"姓名"不为空值的记录条件是（   ）。

A. *　　　　　　B. ?　　　　　　C. Is Not Null　　　D. ""

（5）若统计"学生"表中2006年出生的学生人数，则应在查询设计视图中，将"学号"字段"总计"行设置为（   ）。

A. Sum　　　　　B. Where　　　　　C. Count　　　　　D. Total

（6）在查询的设计视图中，通过设置（   ）行，可以让某个字段只用于设定条件，而不必出现在查询结果中。

A. "字段"　　　　B. "显示"　　　　C. "准则"　　　　D. "排序"

（7）下面关于使用"交叉表查询向导"创建交叉表的数据源的描述中正确的是（   ）。

A. 创建交叉表的数据源可以来自多个表或查询

B. 创建交叉表的数据源只能来自一个表和一个查询

C. 创建交叉表的数据源只能来自一个表或一个查询

D. 创建交叉表的数据源可以来自多个表

（8）对于参数查询，"输入参数值"对话框的提示文本设置在设计视图的设计网格的（   ）。

A. "字段"行　　　　　　　　B. "条件"行

C. "文本提示"行　　　　　　D. "显示"行

（9）如果用户希望根据某个或某些字段不同的值来查找记录，则最好使用的查询是（   ）。

A. 参数查询　　　　B. 交叉表查询　　　　C. 选择查询　　　　D. 操作查询

（10）如果要从"成绩"表中删除分数低于 60 分的记录，则应该使用的查询是（   ）。

A. 参数查询　　　　B. 交叉表查询　　　　C. 选择查询　　　　D. 操作查询

（11）操作查询可以用于（   ）。

A. 从一个以上的表中查找记录　　　　　　B. 对一组记录进行计算并显示结果

C. 更改已有表中的大量数据　　　　　　　D. 以类似于电子表格的格式汇总大量数据

（12）如果想显示"电话号码"字段中以"6"开头的所有记录（"电话号码"字段的数据类型为文本型），应在"条件"行输入（   ）。

A. Like 6 *　　　　B. Like"6?"　　　　C. Like"6#"　　　　D. Like "6 * "

（13）如果想显示"姓名"字段中包含"李"字的所有记录，应在"条件"行输入（   ）。

A. 李　　　　B. Like" * 李 * "　　　　C. Like"李 * "　　　　D. Like 李

（14）从数据库中删除表的 SQL 语句为（   ）。

A. DROP　　　　B. DELETE TABLE　　　C. DROP TABLE　　　D. DEL TABLE

（15）若要查询分数为 60~80 之间（包括 60 分，不包括 80 分）的学生的信息，"分数"字段的查询准则应设置为（   ）。

A. >60 Or <80　　　B. >= 60 And <80　　C. >60 And <80　　D. IN（60，80）

（16）操作查询不包括（   ）。

A. 更新查询　　　　B. 追加查询　　　　C. 参数查询　　　　D. 删除查询

（17）若上调产品价格，则最方便的方法是使用（   ）。

A. 追加查询　　　　B. 更新查询　　　　C. 删除查询　　　　D. 生成表查询

（18）若要用设计视图创建一个查询，查找总分在 255 分以上（包括 255 分）的女同学的姓名、性别和总分，正确的设置查询准则的方法应为（   ）。

A. 在"准则"单元格输入"总分>= 255 And 性别 ="女""

B. 在"总分准则"单元格输入"总分>= 255"；在"性别准则"单元格输入""女""

C. 在"总分准则"单元格输入">= 255"；在"性别准则"单元格输入""女""

D. 在"准则"单元格输入"总分>= 255 Or 性别 ="女""

（19）交叉表查询是为了解决（   ）。

A. 一对多关系中，对"多方"实现分组求和的问题

B. 一对多关系中，对"一方"实现分组求和的问题

C. 一对一关系中，对"一方"实现分组求和的问题

D. 多对多关系中，对"多方"实现分组求和的问题

（20）SQL 查询能够创建（   ）。

A. 更新查询　　　　B. 追加查询　　　　C. 选择查询　　　　D. 以上各类查询

（21）下列关于 Access 查询描述错误的是（   ）。

A. 查询的数据源来自表或已有的查询

B. 查询的结果可以作为其他数据库对象的数据源

C. Access 的查询可以分析数据、追加、更改、删除数据

D. 查询不能生成新的数据表

（22）SQL 的核心功能是（   ）。

A. 数据查询　　　　B. 数据修改　　　　C. 数据定义　　　　D. 数据控制

（23）向指定表中插入记录的 SQL 语句是（   ）。

A. INSERT　　　　B. INSERT INTO　　　C. INSERT BLANK　　D. INSERT BEFORE

（24）下面表示修改表结构的语句是（　　　）。

A. UPDATE TABLE 职工 SET 年龄＝年龄+5

B. ALTER TABLE 职工 ADD 备注 MEMO

C. DELETE FROM 职工

D. DROP TABLE 职工

3. 填空题

（1）Access 中的 5 种查询分别是_____、_____、_____、_____、和_____。

（2）查询"教师"表中"职称"为"教授"或"副教授"的记录的条件为_____。

（3）使用查询设计视图中的_____行，可以对查询中的全部记录或记录组计算一个或多个字段的统计值。

（4）在对"成绩"表的查询中，若设置显示的排序字段是"学号"和"课程编号"，则查询结果先按_____排序，_____相同时再按_____排序。

（5）在查询中，写在"条件"行同一行的条件之间是_____的逻辑关系，写在"条件"行不同行的条件之间是_____的逻辑关系。

（6）_____是关系数据库的标准语言。

（7）写出下列函数名称：对字段内的值求和_____，对字段内的值求最小值_____，统计某字段中非空值的个数_____。

（8）操作查询包括_____、_____、_____、_____。

第 4 章习题答案

第5章 窗体

本章学习目标：

- 熟练掌握窗体的组成、类型、视图和功能
- 熟练掌握创建窗体的方法
- 熟练掌握常用窗体控件的使用
- 会使用窗体操作数据

窗体是 Access 数据库的重要对象之一，它既是管理数据库的窗口，也是用户与数据库交互的桥梁，通过窗体可以输入、编辑、显示和查询数据。利用窗体可以将数据库中的对象组织起来形成一个功能完整、风格统一的数据库应用系统。窗体是 Access 数据库最重要的交互界面，其设计的优劣直接影响应用程序的友好性和可操作性。本章将详细介绍窗体的概念和作用、窗体的组成和结构、窗体的创建和设计。

5.1 窗体概述

窗体本身并不存储数据，但应用窗体可以直观、方便地对数据库中的数据进行输入、修改和查看。窗体中包含多种控件，通过这些控件可以打开报表或其他窗体、执行宏或 VBA 编写的代码程序。在一个数据库应用程序开发完成后，对数据库的所有操作都可以通过窗体这个界面来实现，因此，窗体是一个应用系统的组织者。

5.1.1 窗体的作用

窗体是应用程序和用户之间的接口，是创建数据库应用系统最基本的对象。通常有数据源的窗体中包括两类信息：一类是设计者在设计窗体时附加的提示信息，例如，一些说明性的文字或图形元素，这些信息对数据表中的每一条记录都是相同的，不随记录的变化而变化；另一类是所处理表或查询的记录，往往与所处理记录的数据密切相关，当记录内容变化时，这些信息也随之变化。利用控件可在窗体的信息和窗体的数据源之间建立链接。

窗体有以下 3 个作用。

（1）输入和编辑数据。可以为数据库中的数据表设计相应的窗体作为输入或编辑数据的界面，实现数据的输入和编辑。

（2）显示和打印数据。在窗体中可以显示或打印来自一个或多个数据表或查询的数据，可以显示警告或解释信息。窗体中数据显示的格式相对于数据表或查询来说更加自由和灵活。

（3）控制应用程序执行流程。窗体能够与函数、过程相结合，通过编写宏或 VBA 代码完成各种复杂的处理功能，控制程序的执行。

5.1.2　窗体的类型

在 Access 中，窗体的类型分为纵栏式窗体、表格式窗体、数据表窗体、分割窗体、主/子窗体。

1. 纵栏式窗体

纵栏式窗体的界面中每次只显示表或查询中的一条记录，可以占一个或多个屏幕页，记录中各字段纵向排列。纵栏式窗体通常用于输入数据，每个字段的字段名称都放在字段左边。纵栏式窗体如图 5.1 所示。

2. 表格式窗体

表格式窗体中显示表或查询中的记录。记录中的字段横向排列，记录纵向排列。每个字段的字段名称都放在窗体顶部，作为窗体页眉。可通过滚动条来查看其他记录。表格式窗体如图 5.2 所示。

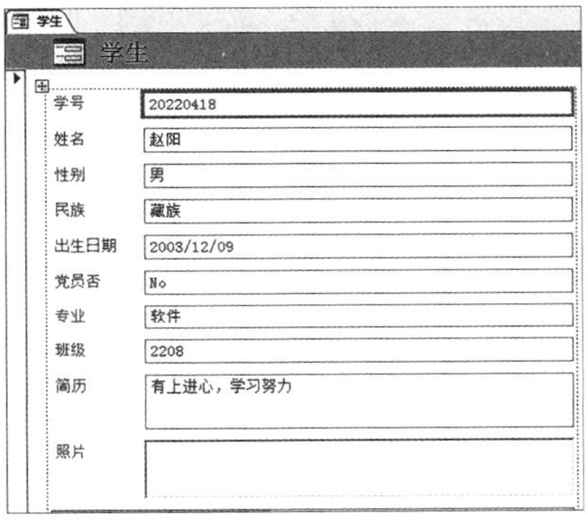

图 5.1　纵栏式窗体

图 5.2　表格式窗体

3. 数据表窗体

数据表窗体从外观上看与数据表或查询显示数据的界面相同，主要作用是作为一个窗体的子窗体。数据表窗体如图 5.3 所示。

图 5.3　数据表窗体

4. 分割窗体

分割窗体由上下两部分组成，上部分是纵栏式窗体，下部分是数据表窗体。两部分来自同一数据源，并且数据更新保持同步。如图 5.4 所示，分割窗体同时拥有数据表窗体和纵栏式窗体的优势，可以在数据表部分快速定位，然后在纵栏式部分充分展示记录和编辑数据。

5. 主/子窗体

主/子窗体中可以嵌套窗体，外层的称为主窗体，内层的称为子窗体。这种窗体主要显示来自多个数据源的数据，特别是一对多关系的数据。通常情况下，"一"方数据在主窗体，"多"方数据在子窗体。如图 5.5 所示，主窗体中是班级的基本数据，子窗体中是该班级的所有学生成绩。

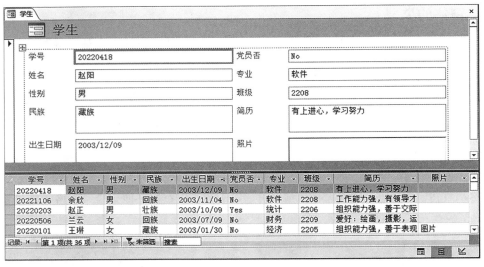

图 5.4　分割窗体

> **说明**
>
> 分割窗体和主/子窗体不一样。分割窗体上下两部分是同一数据源的两种布局形式，在其中一个布局中选择或编辑某条记录的某一个字段，另一部分同步进行。

5.1.3　窗体的视图

窗体的视图包括窗体视图、布局视图和设计视图，如图 5.6 所示。不同窗体具有的视图类型有所不同。窗体在不同的视图中完成不同的任务，在不同视图之间可以方便地进行切换。

图 5.5　主/子窗体

图 5.6　窗体的视图

1. 窗体视图

窗体视图是最终面向用户的视图，是用于输入、修改或查看数据的窗口，在设计过程中用来查看窗体运行的效果。

2. 布局视图

布局视图主要用于调整和修改窗体设计。可以根据实际数据调整列宽，可以在窗体上放置新的字段，并设置窗体及其控件的属性、调整控件的位置和宽度等。窗体的布局视图界面与其窗体视图界面几乎一样，区别仅在于在布局视图中各控件的位置可以移动，但不能添加控件。

3. 设计视图

设计视图是 Access 数据库对象（包括表、查询、窗体和宏）都具有的一种视图，是用于窗体设计的视图。这里看不到数据，但它提供了窗体结构的更多细节，可以看到主体、窗体页眉/页脚等。在设计视图中不仅可以创建窗体，还可以调整窗体的版面布局，同时可以在窗体中添加控件、设置数据来源等。

5.1.4　"窗体布局工具"选项卡

打开窗体的设计视图后，在功能区中会出现"窗体布局工具"选项卡，这个选项卡由"设计""排列"和"格式"3 个子选项卡组成。其中，"设计"子选项卡提供了设计窗体时用到的主要工具，包括"视图""主题""控件""页眉/页脚"及"工具"5 个组，如图 5.7 所示。

图 5.7　"窗体布局工具"选项卡

"设计"子选项卡中 5 个组的基本功能如表 5.1 所示。

表 5.1　"设计"子选项卡中 5 个组的基本功能

组名称	功能
视图	只有一个带有下拉按钮的"视图"按钮。直接单击此按钮，可切换窗体视图和布局视图，单击其下方的下拉按钮，可以选择进入其他视图
主题	可设置整个系统的视觉外观，包括"选择主题""浏览主题"和"保存主题"3 个选项，还可以设置颜色和字体
控件	设计窗体的主要工具，由多个控件组成。限于空间的大小，在"控件"组中不能显示出所有控件。单击"控件"组右下方的"其他"箭头按钮，可以打开"控件"对话框，还可以插入图像
页眉/页脚	用于设置窗体页眉/页脚、页面页眉和页面页脚，还可以插入徽标、标题、日期和时间
工具	提供设置窗体及控件属性等的相关工具，包括"添加现有字段"和"属性表"按钮。单击"属性表"按钮可以打开/关闭"属性表"对话框

5.2　创建窗体

在"创建"选项卡的"窗体"组中，提供了多种创建窗体的按钮，其中包括"窗体""窗体设计"和"空白窗体"3 个主要的按钮，除此之外还有"窗体向导""导航"和"其他窗体"3 个辅助按钮，如图 5.8 所示。

各按钮的功能如下。

（1）窗体：最快速的创建窗体的工具，只需单击便可以创建窗体，使用这个工具创建窗体，来自数据源的所有字段都放置在窗体上。

（2）窗体设计：利用窗体的设计视图设计窗体。

（3）空白窗体：以布局视图的方式设计和修改窗体，如果要在窗体上放置几个字段，则使用这种方法最为适宜。

（4）窗体向导：一种辅助用户创建窗体的工具。

（5）导航：单击"导航"下拉按钮，在弹出的下拉列表框中选择建立"水平标签""垂直标签，左侧""垂直标签，右侧""水平标签，2级""水平标签和垂直标签，左侧"和"水平标签和垂直标签，右侧"导航窗体。

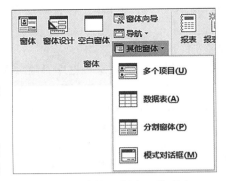

图 5.8 窗体"创建"选项卡

（6）多个项目：使用"窗体"按钮创建窗体时，所创建的窗体一次只显示一个记录。而使用"多个项目"按钮可创建显示多个记录的窗体。

（7）数据表：生成数据表窗体。

（8）分割窗体：生成分割窗体。

（9）模式对话框：创建的窗体是一种交互信息窗体，带有"确定"和"取消"两个命令按钮。

5.2.1 使用"窗体"按钮快速创建窗体

Access 中提供了多种方法自动创建窗体。它们的基本步骤都是先打开（或选定）一个表或查询，再选用某种自动创建窗体的工具来创建窗体。

单击"窗体"按钮所创建的窗体，其数据源来自某个表或某个查询，其布局结构简单整齐，这种方法创建的窗体是一种显示单个记录的窗体。

【例 5.1】在"学生管理"数据库中，以"学生"表为数据源，用"窗体"按钮创建窗体。

解 操作步骤如下。

①打开"学生管理"数据库，在导航窗格中选定"学生"表。

②在"创建"选项卡的"窗体"组中，单击"窗体"按钮，窗体创建完成后如图 5.9所示。

③保存窗体，命名为"学生"。

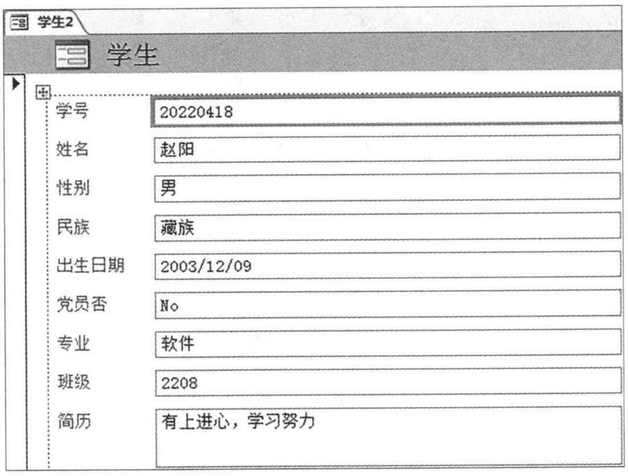

5.2.2 对象另存为窗体

可以通过"另存为"的方法，将现有的表或查询保存为窗体。

图 5.9 使用"窗体"按钮创建的"学生"窗体

【例 5.2】将对象另存为窗体，创建如图 5.12 所示的"课程-另存为"窗体。

解 操作步骤如下。

①打开"学生管理"数据库，在导航窗格中打开"课程"表。

②选择"文件"→"另存为"命令，选择"对象另存为"选项，再在"保存当前数据库对象"栏，选择"将对象另存为"（此为默认项），如图 5.10 所示。

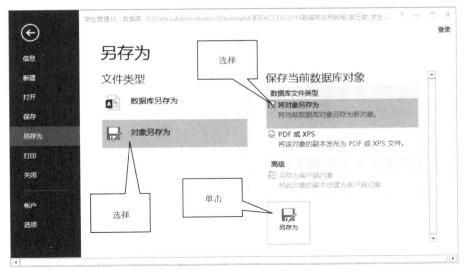

图 5.10　"另存为"窗口

③单击"另存为"按钮,弹出"另存为"对话框,如图 5.11 所示。

④在"另存为"对话框中,确定保存类型为"窗体",输入新窗体名称为"课程-另存为",最后单击"确定"按钮,生成如图 5.12所示的窗体。

图 5.11　"另存为"对话框

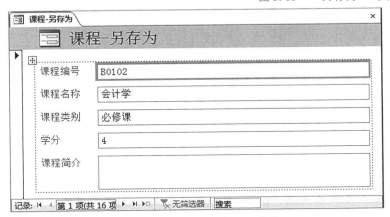

图 5.12　"课程-另存为"窗体

说明

图 5.12 表示将指定的数据表或查询另存为其他对象。此例创建的窗体需要指定保存类型和名称。这是最常使用的创建窗体的快速方式,其特点如下:

①此窗体继承来自数据表的属性,如输入掩码、格式等,但也可以重新设置属性;

②此窗体显示数据表的所有字段;

③如果数据表已经和其他表有关联,则此窗体中会有子窗体显示。

5.2.3 创建"其他窗体"

"其他窗体"包括多个项目、数据表、分割窗体、模式对话框,如图 5.8 所示。

1. 使用"多个项目"工具创建窗体

"多个项目"即在窗体上显示多条记录的一种窗体布局形式。

【例 5.3】在"学生管理"数据库中,以"课程"表为数据源,使用"多个项目"工具创建窗体,窗体名为"课程"。

解 操作步骤如下。

①打开"学生管理"数据库,在导航窗格中选定"课程"表。

②在"创建"选项卡的"窗体"组中,单击"其他窗体"按钮,选择"多个项目"选项,窗体创建完成后如图 5.13 所示。

③保存窗体,命名为"课程"。

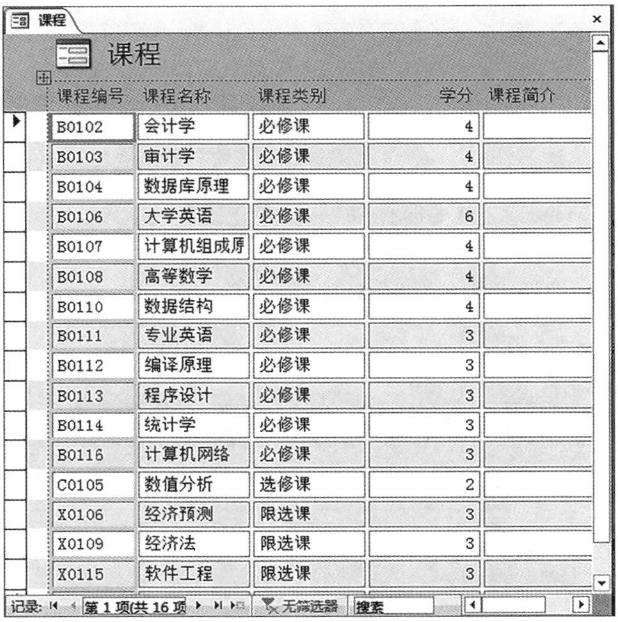

图 5.13 使用"多个项目"工具创建的窗体

2. 使用"数据表"工具创建窗体

使用"数据表"工具可创建一个以数据表形式显示多条记录的窗体,其中每条记录占一行。

【例 5.4】在"学生管理"数据库中,以"成绩"表为数据源,使用"数据表"工具创建窗体,命名为"成绩-数据表窗体"。

解 操作步骤如下。

①打开"学生管理"数据库,在导航窗格中选定"成绩"表。

②在"创建"选项卡的"窗体"组中,单击"其他窗体"按钮,选择"数据表"选项,窗体创建完成后如图 5.14 所示。

③保存窗体,命名为"成绩-数据表窗体"。

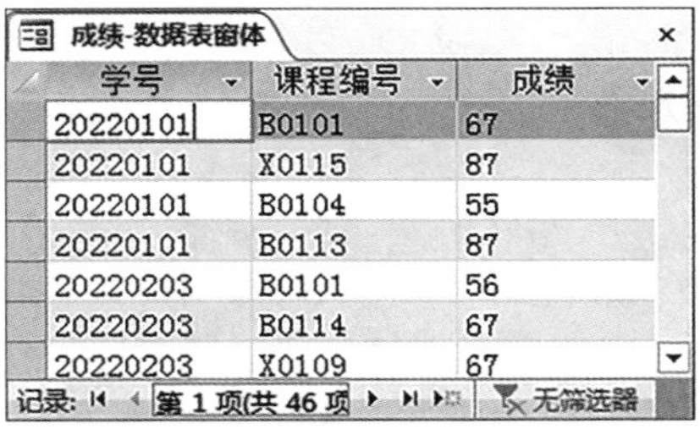

图 5.14 使用"数据表"工具创建的窗体

3. 使用 "分割窗体" 工具创建窗体

"分割窗体" 是用于创建一种具有两种布局形式的
窗体。窗体的上半部分是单一记录布局方式, 窗体的下半部分是多条记录的数据表布局方式。这种分割窗体为用户浏览记录带来了方便, 既可以在宏观上浏览多条记录, 又可以在微观上仔细地浏览某一条记录。分割窗体特别适合于数据表中记录很多, 但又需要浏览某一条记录明细的情况。

【例 5.5】 在 "学生管理" 数据库中, 以 "课程" 表为数据源, 使用 "分割窗体" 工具创建窗体, 命名为 "课程-分割窗体"。

　解　操作步骤如下。

①打开 "学生管理" 数据库, 在导航窗格中选定 "课程" 表。

②在 "创建" 选项卡的 "窗体" 组中, 单击 "其他窗体" 按钮, 选择 "分割窗体" 选项, 窗体创建完成后如图 5.15 所示。

③保存窗体, 命名为 "课程-分割窗体"。

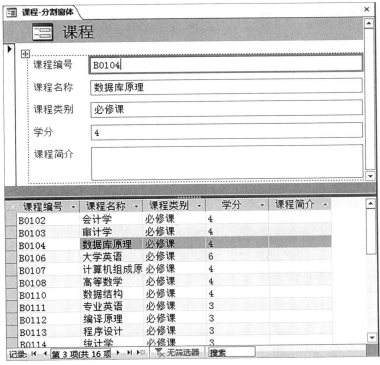

图 5.15　使用 "分割窗体" 工具创建的窗体

4. 使用 "模式对话框" 工具创建窗体

使用 "模式对话框" 工具可以创建模式对话框窗体。这种形式的窗体是一种交互信息窗体, 带有 "确定" 和 "取消" 两个命令按钮。这类窗体的特点是, 其运行方式是独占的, 在退出窗体之前不能打开或操作其他数据库对象。

【例 5.6】 创建一个如图 5.16 所示的模式对话框窗体。

　解　操作步骤如下。

①在 "创建" 选项卡的 "窗体" 组中, 单

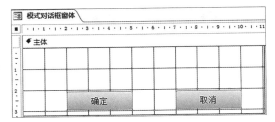

图 5.16　用 "模式对话框" 工具生成的窗体

击"其他窗体"按钮。

②选择"模式对话框"选项，系统自动生成模式对话框窗体。

③保存窗体，命名为"模式对话框窗体"。

5.2.4 使用"窗体向导"创建窗体

使用按钮创建窗体虽然方便快捷，但在内容和外观上都受到很大限制，不能满足用户的要求。因此，可以使用"窗体向导"来创建内容更为丰富的窗体。

【例5.7】 在"学生管理"数据库中，以"教师"表为数据源，使用"窗体向导"创建窗体。

解 操作步骤如下。

①打开"学生管理"数据库，在导航窗格中选定"教师"表。

②在"创建"选项卡的"窗体"组中，单击"窗体向导"按钮，打开"窗体向导"对话框，如图5.17所示。

图 5.17 "窗体向导"对话框 1

③选定要在窗体中显示的字段，此处单击 >> 按钮选择所有字段，单击"下一步"按钮，弹出如图5.18所示的对话框。

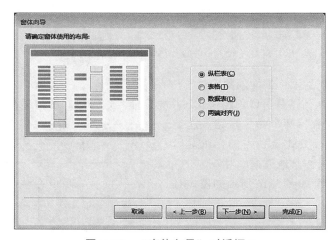

图 5.18 "窗体向导"对话框 2

④选中"纵栏表"单选按钮，单击"下一步"按钮，弹出如图 5.19 所示的对话框。

⑤在"请为窗体指定标题"文本框中输入"教师窗体"，单击"完成"按钮，得到如图 5.20 所示的窗体，保存窗体。

图 5.19　"窗体向导"对话框 3

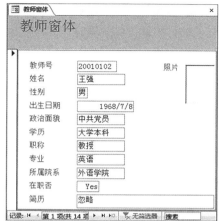

图 5.20　教师窗体

　　在窗体向导中，需要先指定数据来源，它可以是数据表也可以是查询，只有指定数据来源后才会在下面的列表框中显示可用的字段。可用字段就是数据来源内的字段，这些字段可以来自同一数据源，也可以来自不同的表或查询。"窗体向导"比"一键式"自动创建窗体，在数据源的选择上更加灵活，更能适应用户的多种需求。

使用"空白窗体"快速创建窗体

5.3　使用设计视图创建窗体

要在设计视图中创建窗体，就要了解窗体的视图和设计视图中窗体的结构组成。

5.3.1　窗体的视图

窗体的视图主要有窗体视图、布局视图和设计视图。在设计视图中创建和修改一个窗体；在布局视图中直观地修改窗体；在窗体视图下运行窗体并显示结果，在 5.1.3 小节中对窗体视图已经作过介绍，在此不再赘述。

5.3.2 窗体的组成

1. 窗体的节

从设计视图的角度看，窗体中的信息分布在多个节中。所有窗体都有主体节，但窗体还可以包含窗体页眉节、页面页眉节、页面页脚节和窗体页脚节。每个节都有特定的用途，并且在打印时按窗体中预览的顺序打印。

在窗体设计视图中，可使用 5 个节，默认只使用主体节。若需要使用其他节，则在主体空白位置右击，在弹出的快捷菜单中（参见图 5.23）选择"窗体页眉/页脚"或"页面页眉/页脚"命令即可。窗体的组成如图 5.21 所示。

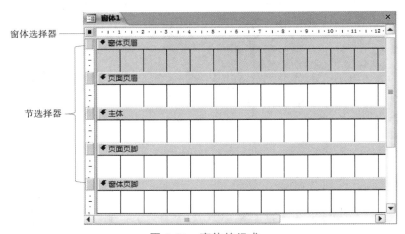

图 5.21 窗体的组成

1）窗体页眉

窗体页眉位于设计窗口的最上方，常用来显示徽标、窗体标题、列标题、日期和时间或放置按钮等。在窗体视图中，窗体页眉始终显示相同内容，不随记录的变化而变化，打印时则只在首页顶部出现一次。

2）页面页眉

页面页眉位于设计窗口中，显示在窗体页眉的下方，常放置窗体标题、列标题、日期和时间及页码等内容。打印时出现在首页窗体页眉之后，以及其他各页的顶部。它只出现在设计窗口及打印中，不会显示在窗体视图中，即窗体执行时不显示。

3）主体

主体是显示记录的区域，是每个窗体必备的节，所有相关记录显示的设置都在这一节，用于显示窗体的主要部分。主体中通常包含与数据源结合的各种控件，如字段或标签等，可以在屏幕或页面上显示一条记录或多条记录。

4）页面页脚

页面页脚只有在设计窗口及打印后才会出现，并打印在每页的底部。它一般用来设置窗体在打印时的页脚信息，例如，日期、页码或用户要在每一页下方显示的汇总、日期或页码等内容。

5）窗体页脚

窗体页脚位于窗体设计视图的最下方，与窗体页眉的功能类似，也可放置汇总的数值数据，打印时在末页最后一个主体节之后。其用于显示窗体的使用说明、命令按钮或接受输入的未绑定控件，显示在窗体视图中的底部和打印页的尾部。

默认情况下，窗体的设计视图只显示主体，如图 5.22 所示。若要显示其他 4 个节，则需要在主体的空白区域右击，在弹出的快捷菜单中选择"窗体页眉/页脚"和"页面页眉/页脚"命令，如图 5.23 所示。

图 5.22　默认情况下的窗体设计视图　　　　　图 5.23　快捷菜单

每节都可以放置控件，但在窗体中，页面页眉和页面页脚使用较少，它们常出现在报表中。

2. 窗体的控件

控件是窗体、报表的重要元素，凡是可在窗体、报表上选择的对象，都是控件，它用于数据显示、操作执行和对象的装饰。控件的种类不同，其功能也就不同。控件都可以在"窗体设计工具/设计"选项卡的"控件"组中选择，如图 5.24 所示。一个窗体可以没有数据源，但一定要有若干数量的控件才能执行窗体的功能。

图 5.24　"控件"组

控件有以下 3 种基本类型。

1）绑定型控件

与记录源字段结合在一起的控件就是绑定型控件。它可以显示记录源中的数据，也可以把修改后的数据更新到相应的数据表中。大多数允许编辑的控件都是绑定型控件，可以和控件绑定的字段类型包括短文本、长文本、数字、日期/时间、货币、是/否、OLE 对象等。

2）非绑定型控件

非邦定型控件与记录源无关。当给控件输入数据时，窗体可以保留数据，但不会更新到数据表中。非绑定型控件常用于显示文本信息、线条、矩形和图片等。

3）计算型控件

计算型控件以表达式为数据源，而不是数据表或查询的字段。表达式可以含有窗体和报表中记录源的字段，可以使用窗体和报表中其他控件中的数据，但其计算结果只能为单个值。此类控件不会更新数据表中的字段。

表 5.2 列出了窗体中常用控件的名称及功能。

表 5.2　窗体中常用控件的名称及功能

控件	控件名称	功能
↖	选择	用于选择控件、节或窗体。单击该按钮释放以前选定的控件或区域
abl	文本框	用于输入、输出和显示数据源的数据，显示计算结果和接收用户输入的数据，只能输入数据，不能选择数据
Aa	标签	显示说明性文本、标题、简单提示信息等，可以单独存在，Access 会自动为创建的控件附加标签
xxxx	按钮	用来启动一项操作或一组操作，如打开/关闭表或窗体，运行查询等。可运行宏、事件过程、VBA 模块等控制程序流程
📁	选项卡	用于创建一个多页的带选项卡的窗体或选项卡对话框，主要用于一个窗体中展现多页分类信息，只需单击选项卡即可在各页面进行切换
🌐	超链接	在窗体中插入超链接控件
▣	Web 浏览器	在窗体中插入浏览器控件
▭	导航	在窗体中插入导航条
XYZ	选项组	用来显示一组限制性的选项值，由一个组框和一组切换按钮或单选按钮或复选框组成
⊢⊣	分页符	从窗体或报表上分页符所在的位置开始另起页
▤	组合框	文本框和下拉列表框的组合，可以有一个或多个数据列，鼠标选取、键盘输入均可
▮▮	图表	在窗体中插入图表对象
╲	直线	创建直线，用以突出显示数据或分隔显示不同的控件
▤	切换按钮	用于数据切换，常接收用户选择，并执行相应操作
▤⬍	下拉列表框	由多个数据行组成，用户只能从下拉列表框中选择提供的数据，不能输入数据，这样可以提高输入数据的效率和准确性，常用于文本和日期/时间型
▭	矩形框	显示图形效果。创建矩形框，将一组相关的控件组织在一起
☑	复选框	多为绑定型控件，用于数据源中是/否型数据的显示和编辑
🖼	未绑定对象框	在窗体中插入未绑定对象，如 Excel 电子表格、Word 文档

续表

控件	控件名称	功能
⫲	附件	在窗体中插入附件控件
⊙	单选按钮	绑定到是/否字段；其行为和复选框相似，是排他性的选择按钮
▤	子窗体/子报表	用于在主窗体和主报表中添加子窗体或子报表，以显示来自多个表的数据
XYZ	绑定对象框	用于在窗体或报表上显示 OLE 对象
⊡	图像	用于在窗体中显示静态的图形
ꓗ	控件默认值	设置控件的默认值。通常，仅在不将控件绑定到表字段或链接到另一个表中的数据时，才为控件设置默认值
⚄	控件向导	用于打开和关闭控件向导，控件向导可以帮助用户设计复杂的控件
⋋x	ActiveX 控件	打开一个 ActiveX 控件列表，在窗体中创建具有特殊功能的控件，用于直接向窗体中添加由 Windows 系统提供的一些控件或组件，如日历等

在窗体中添加控件的方法有以下两种。

（1）添加一个控件：单击"控件"组中某个控件按钮，然后在窗体的合适位置处单击，即可添加某控件。

（2）重复添加某控件：采用锁定控件的方法，在"控件"组中双击要锁定的控件按钮。如果要解锁，则可再次单击"控件"组中被锁定的控件按钮或按〈Esc〉键即可。

说明

　　文本框是使用率最高的控件，我们由字段列表用鼠标拖出字段后，若该字段在数据表中未使用查阅向导，则会默认显示为文本框的形式。表 5.1 的多种控件类型中，文本框适用范围大，可用于文本、数字、日期/时间、超链接、自动编号、货币等数据类型，操作只允许用户输入；下拉列表框、复选框、单选按钮、切换按钮等均只可选择；可兼用输入及选择操作的是组合框；直线、矩形、图像等用于装饰窗体的外观。

5.3.3　在设计视图中创建基本窗体

使用"窗体向导"或其他方法创建的窗体只能满足一般的需要，更多时候需要使用窗体设计视图来创建窗体。这种方法自主、灵活，可以完全控制窗体的布局和外观，准确地将控件放到合适的位置，设置相应的格式以达到令人满意的效果，设计完成后可以在窗体设计视图中进行修改。

【例 5.8】在"学生管理"数据库中，以"学生"表为数据源，使用设计视图创建"学生基本情况"窗体。

　　解　操作步骤如下。

（1）打开窗体设计视图。打开"创建"选项卡，单击"窗体"组中的"窗体设计"按钮，进入窗体设计视图，如图 5.25 所示。

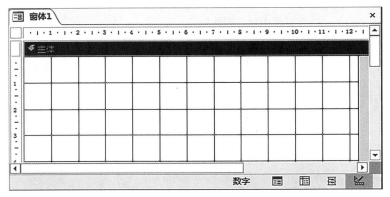

图 5.25　窗体设计视图

在设计视图中，包括"设计""排列"和"格式"选项卡，分别如图 5.26、图 5.27 和图 5.28 所示。

图 5.26　"设计"选项卡

图 5.27　"排列"选项卡

图 5.28　"格式"选项卡

（2）指定窗体数据源。创建的窗体如果用于显示或向数据表中输入数据，则必须为窗体指定数据源；创建的窗体如果用于切换面板，则不必指定数据源。窗体数据源的指定主要有以下两种方法。

①通过"字段列表"窗格指定窗体数据源，操作方法如下。

● 在"设计"选项卡的"工具"组中单击"添加现有字段"按钮，单击"显示所有表"，如图 5.29 所示。单击"学生"表，显示"学生"表中的所有字段，如图 5.30 所示。

图 5.29 "字段列表"窗格

图 5.30 "学生"表中的所有字段

● 通过指定"字段列表"窗格中的字段，确定数据源。在本例中，将"学生"表中的"学号"字段拖曳至窗体中，即将"学生"表指定为窗体的数据源，而后将"学生"表中的"姓名""性别""民族""出生日期""党员否""专业"字段也拖曳至窗体中，如图 5.31 所示。

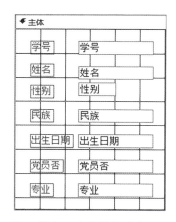

图 5.3 1 将"学生"表中的相关字段拖曳至窗体

 说明

　　可以从"字段列表"窗格中直接将选择的字段用鼠标拖曳至设计视图中，为窗体添加新控件。可以逐一添加，也可以同时选择多个字段一次性添加。从"字段列表"窗格中添加的控件为绑定型控件，与记录源字段同名，不能随意改变，否则将失去绑定作用。这个控件会默认捆绑一个标签控件，在其左侧，如果不需要可以选中删除，标签的名字如"Label 0"，前面的"Label"表明控件类型，后面的数字跟添加的顺序有关，后添加的数字更大。若该字段在数据表中未使用查阅向导，则会默认显示为文本框的形式；若已经使用查阅向导，则自动添加组合框控件。若要删除控件，只需要在选取控件后按〈Delete〉键。

②通过"属性表"窗格指定窗体数据源。打开"属性表"窗格的方法有以下两种。

● 双击设计视图左上方的窗体选择器图标 ■，弹出"属性表"窗格，如图 5.32 所示。

单击设计视图中的窗体选择器图标 ■，然后切换到"设计"选项卡，单击"工具"组中的

"属性表"按钮，弹出如图 5.32 所示的"属性表"窗格。

● 右击设计视图中的非工作区域，选择快捷菜单中的"属性"命令，如图 5.33 所示，弹出如图 5.32 所示的"属性表"窗格。

图 5.32 "属性表"窗格

图 5.33 "窗体"快捷菜单

说明

对于指定数据源的这两种方法，Access 会根据字段的数据类型自动生成相应的控件，并在控件和字段之间建立关联。

（3）调整控件布局。窗体的设计过程中，会经常添加或删除控件，或者调整控件布局。添加至窗体的控件分为单一控件和组合控件两种。组合控件是由两种控件组合而成的控件，如图 5.34 所示。

①选定控件。在"设计"选项卡的"控件"组的"选择"按钮处在被选中状态下时，在设计视图中单击某控件，该控件的四周会出现 8 个控点，表示该控件已被选定。

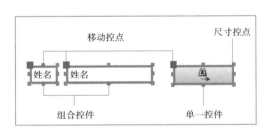

图 5.34 组合控件和单一控件

● 选定多个控件：若要选择多个不相邻的控件，则按住〈Shift〉键的同时，逐个单击要选择的控件。若要选择多个相邻的控件，可按住鼠标左键，在窗体上拖动一个矩形选择框，将这些相邻控件包围起来，释放鼠标左键，包含在该矩形范围内的控件都被选定；或者将光标移到水平标尺或垂直标尺上，当光标变为向下或向右的黑色实心箭头时，按住鼠标左键拖动，拖动经过范围内的所有控件都将被选定。

● 选定全部控件：按〈Ctrl+A〉组合键，或者使用选择多个相邻控件的方法将窗体中的全部控件包围起来。

● 取消控件选定：单击已选定控件的外部任意区域即可取消控件的选定。

②移动控件：选定单一控件或组合控件，将光标移到控件边框上非控制点处，光标变成小十

字形状时，按住鼠标左键移动鼠标，将控件拖动到新的位置上。

● 分别移动组合控件中的控件：选定组合控件，将光标指向组合控件中的控件或附加标签控件左上角的移动控点上，光标变成小十字形状时，按住鼠标左键拖动，可分别将组合控件中的控件拖至新位置。

● 同时移动多个控件：选定多个控件，将光标移到任意选定控件上非控制点处，光标变成小十字形状时，按住鼠标左键拖动，将多个控件同时拖至新位置。

③调整控件和对齐控件。调整控件和对齐控件都是在"排列"选项卡的"调整大小和排序"组中进行的，如图 5.35 所示。

● 调整控件：选定一个控件后，将光标指向控件的一个尺寸控点，当光标变成双向箭头时可以调整控件的大小。如果选定了多个控件，则所有控件的大小、间距都会随着一个控件大小的变化而变化。也可以切换到"排列"选项卡，单击"调整大小和排序"组中的相应按钮调整控件大小或控件的间距。

● 对齐控件：首先选定要调整的控件，然后切换到"排列"选项卡，单击"调整大小和排序"组中的"对齐"按钮，出现如图 5.36 所示的 5 种对齐方式。

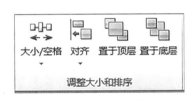

图 5.35 "调整大小和排序"组

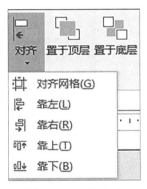

图 5.36 对齐方式

④删除控件。选择要删除的控件，按〈Delete〉键；或者右击要删除的控件，在弹出的快捷菜单中选择"删除"命令。

（4）设置对象属性。通过 Access 的"属性表"窗格，可以对窗体、节和控件的属性进行设置。选定窗体对象或某个控件对象，切换到"设计"选项卡，单击"工具"组中的"属性表"按钮，即可打开当前选中窗体对象或某个控件对象的"属性表"窗格，根据需要切换到"格式""数据""事件""其他"或"全部"选项卡，进行窗体或控件的属性设置，如图 5.32 所示。

在本例中，仅对窗体对象的"标题"属性进行设置，打开"属性表"窗格，切换至"全部"选项卡，在"名称"文本框中输入"学生表窗体"（或者在"格式"选项卡的"标题"文本框中输入"学生表窗体"），如图 5.37 所示。

（5）查看窗体效果。在"设计"选项卡中单击"视图"按钮，选择"窗体视图"选项，进入窗体视图中查看设计效果，如图 5.38 所示。

（6）保存窗体。选择"文件"→"对象另存为"命令，弹出"另存为"对话框，输入"学生基本情况"，保存类型为"窗体"，单击"确定"按钮，如图 5.39 所示。

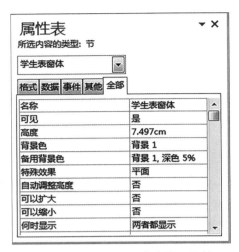

图 5.37 设置"学生表窗体"属性

图 5.38 学生窗体

图 5.39 "另存为"对话框

5.3.4 常用控件的功能

1. 标签控件

标签控件可以在窗体、报表中显示一些说明性的文本，如标题或说明等。

标签控件分为两种：一种是可附加到其他类型控件上，和其他控件一起创建组合型控件的标签控件；另一种是利用标签工具创建的独立标签。在组合型控件中，标签的文字内容可以随意更改，但是用于显示字段值的文本框中的内容是不能随意更改的，否则将不能与数据源表中的字段相对应，不能显示正确的数据。

添加标签的操作步骤如下：

（1）打开已有窗体或新建一个窗体；

（2）在"窗体布局工具/设计"选项卡下，单击"控件"组中的"标签"按钮；

（3）在窗体上单击要放置标签的位置，输入内容即可。对于附加标签，将会添加一个包含有附加标签的组合型控件。

2. 文本框控件

文本框控件不仅用于显示数据，还可以输入或编辑信息。文本框控件可以是绑定型的、未绑定型的或计算型的。

（1）绑定型文本框控件主要用于显示表或查询中的信息，输入或修改表中的数据。绑定型文本框控件可以通过"字段列表"窗格创建，或者通过设置"属性表"窗格中的属性创建。在窗体中添加绑定型文本框控件的操作步骤如下。

①打开已有窗体或新建一个窗体。

②单击"窗体布局工具/设计"选项卡的"工具"组中的"添加现有字段"按钮。

③设计视图中"字段列表"窗格显示出当前数据库的所有数据表和查询目录，将相关字段拖动到窗体。

④单击"视图"组中的"视图"按钮，在下拉列表框中选择"窗体视图"选项，通过绑定文本框查看或编辑数据。

（2）在窗体中添加未绑定型文本框控件的操作步骤如下。

①在"窗体布局工具/设计"选项卡下单击"控件"组中的"文本框"按钮。

②创建一个文本框控件，并激活"文本框向导"。

③进入输入法向导界面设置输入法模式后，确定文本框名称并保存。

（3）在窗体中添加计算型文本框控件操作步骤同添加未绑定型文本框控件，但是要在"属性表"窗格的"数据"选项卡中进行设置。

【例 5.9】在"学生管理"数据库中，以"学生"表为数据源，使用标签控件及绑定型文本框控件创建"学生信息查询"窗体，要求显示学生的"学号""姓名""性别""专业"和"党员否"字段内容。

解 操作步骤如下。

①打开"学生管理"数据库，在"创建"选项卡的"窗体"组中单击"窗体设计"按钮，出现窗体设计界面。

②在"设计"选项卡的"控件"组中单击"标签"按钮。

③在窗体上单击放置标签的位置，输入"学生信息查询"，单击"工具"组中的"属性表"按钮，在"属性表"窗格中选择字号为 20，如图 5.40 所示。

图 5.40 窗体控件标签

④单击"设计"选项卡的"工具"组中的"添加现有字段"按钮，在"字段列表"窗格中选择"学生"表作为数据源，如图 5.41 所示。

⑤将相关字段拖曳至窗体上，Access 将会为选择的每个字段创建标签和文本框，文本框绑定在窗体数据来源表的字段上，如图 5.42 所示。

⑥切换至窗体视图，就可以通过绑定文本框来查看或编辑数据，如图 5.43 所示。保存窗体，命名为"学生信息查询"。

3. 复选框、单选按钮和切换按钮控件

复选框、单选按钮和切换按钮作为控件，用于显示表或查询中的是/否型的值，选中复选框、

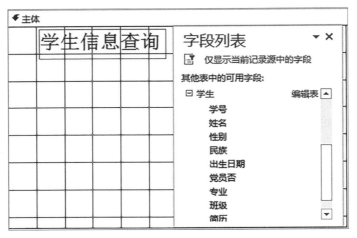

图 5.41　添加字段

图 5.42　文本框与字段的绑定

图 5.43　查看或编辑数据

单选按钮时，可设置为"是"或"否"。对于切换按钮，如果按下，则其值为"是"，否则为"否"。

4. 选项组控件

选项组控件由一个组框和一组复选框、单选按钮或切换按钮组成，选项组使选择某一组确定值变得很容易，在选项组中每次只能选择一个选项。如果选项组绑定了某个字段，则只有组框本身绑定此字段，而不是组框内的复选框、单选按钮或切换按钮绑定此字段。选项组可以设置为表达式或未绑定选项组，也可以在自定义对话框中使用未绑定选项组来接收用户输入的内容，再根据输入的内容来执行相应的操作。

【例 5.10】在已建立的"学生信息查询"窗体中，添加选项组输入或修改学生的"党员否"字段。

解　操作步骤如下。

①打开"学生信息查询"窗体，在"控件"组中单击"选项组"控件，在窗体中添加一个选项组，系统自动打开"选项组向导"对话框，输入相关信息，如图 5.44 所示，单击"下一步"按钮。

②在弹出的对话框中，将"群众"选定为默认选项，如图 5.45 所示，单击"下一步"按钮。

③为默认选项赋值。本例中将"群众"选项设为逻辑值，如图 5.46 所示，单击"下一步"按钮。

图 5.44　"选项组向导"对话框 1

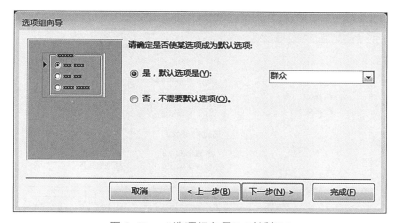

图 5.45　"选项组向导"对话框 2

图 5.46　"选项组向导"对话框 3

④确定选项值的保存方式，此处选中"在此字段中保存该值"单选按钮，字段选为"党员否"，如图 5.47 所示，单击"下一步"按钮。

⑤设置选项组中使用的控件类型。如图 5.48 所示，可以选择"复选框"　"选项按钮"（图 5.48 中"选项按钮"的正确用法为"单选按钮"）和"切换按钮"3 种类型，此处选择"选项按钮"，单击"下一步"按钮。

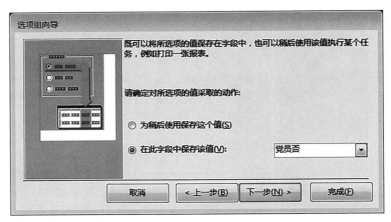

图 5.47 "选项组向导"对话框 4

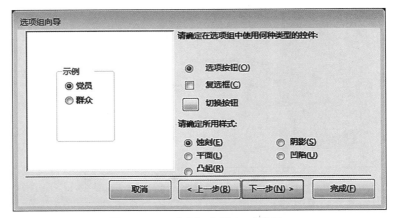

图 5.48 "选项组向导"对话框 5

⑥为选项组指定标题"政治面貌",如图 5.49 所示。

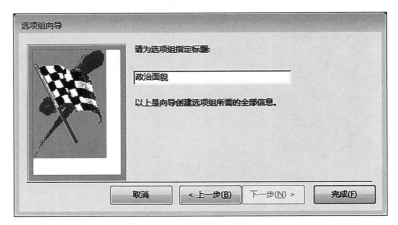

图 5.49 为选项组指定标题

⑦单击"完成"按钮,切换到窗体视图,如图 5.50 所示。

5. 选项卡控件

当窗体中的内容较多且无法在一页全部显示时,可以使用选项卡进行分页,操作时只需单击选项卡上的标签，就可以在多个页面间进行切换。选项卡控件主要用于将多个不同格式的数据操作窗体封装在一个选项卡中，或者说，它是能够使一个选项卡中包含多页数据操作的窗体，而且在每页窗体中又可以包含若干个控件。

【例 5.11】使用选项卡控件建立"学生成绩信息"窗体，分别显示两页信息：页 1 是学生信息，页 2 是成绩信息。

解　操作步骤如下。

①新建一个窗体，单击"控件"组中的"选项卡"按钮，在窗体中放置选项卡，在"字段列表"窗格中会显示可以添加的表及其字段，如图 5.51 所示。

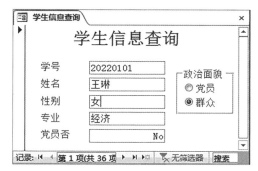

图 5.50　"学生信息查询"窗体

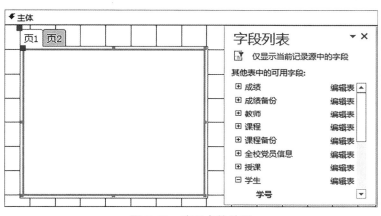

图 5.51　选项卡的放置

②将"学生"表的字段拖曳至选项卡控件的"页 1"中，如图 5.52 所示。

图 5.52　向"页 1"中添加字段

③单击"页 1"，再单击"工具"组中的"属性表"按钮，在"全部"选项卡中的"名称"属性文本框中输入"学生信息"，显示结果如图 5.53 所示。

④重复步骤②、③，将"字段列表"窗格中"成绩"表的 3 个字段拖曳至选项卡控件的"页 2"中，并将"页 2"选项卡的名称改为"成绩信息"，如图 5.54 所示。

⑤保存窗体，命名为"学生成绩信息"。切换到窗体视图，如图 5.55 所示。

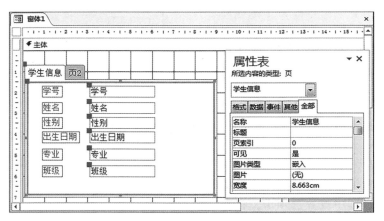

图 5.53 "页1"的命名

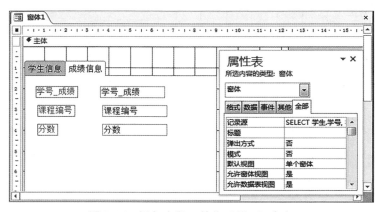

图 5.54 添加字段,并将"页2"命名

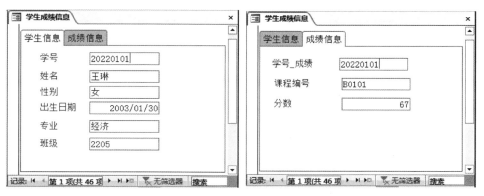

图 5.55 "学生成绩信息"窗体

6. 组合框与下拉列表框控件

在窗体中输入的数据,一般来自数据库的某一个表或查询。为保证输入数据的准确性,提高输入效率,可以使用组合框与下拉列表框控件。

组合框控件能够将一些内容罗列出来供用户选择,组合框控件分为绑定型与未绑定型两种。如果要保存在组合框中选择的值,一般创建绑定型组合框控件;如果要使用组合框中选择的值来决定其他控件内容,则可以建立一个未绑定型组合框控件。

下拉列表框控件像下拉菜单一样在屏幕上显示一列数据并以选项的形式出现，如果选项较多，则在下拉列表框的右侧会出现滚动条。下拉列表框控件也可以分为绑定型与未绑定型两种。

【例 5.12】 在"学生信息查询"窗体中，使用组合框控件显示学生的专业。

解　操作步骤如下。

①打开【例 5.10】创建的"学生信息查询"窗体，单击"控件"组中的"组合框"按钮，在窗体内添加一个组合框，系统自动打开"组合框向导"对话框，如图 5.56 所示，选中"自行键入所需的值"单选按钮，单击"下一步"按钮，弹出如图 5.57 所示的对话框。

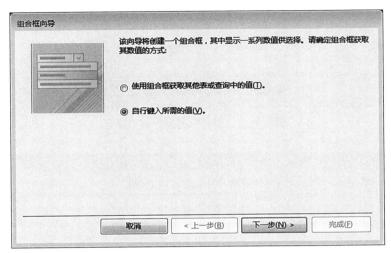

图 5.56　"组合框向导"对话框 1

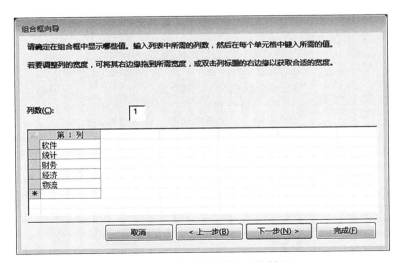

图 5.57　"组合框向导"对话框 2

②在对话框的第一列中依次输入"软件""统计""财务""经济"和"物流"，每输入完一个值，按〈Tab〉键，单击"下一步"按钮。

③确定数值的保存方式，本例中选中"将该数值保存在这个字段中"单选按钮，在下拉列表框中选择"专业"字段，如图 5.58 所示，单击"下一步"按钮。

④为组合框指定标签，标签名为"专业"，如图 5.59 所示。

⑤单击"完成"按钮，切换至窗体视图，如图 5.60 所示，可以利用该组合框，重新选定学生的专业。按原文件名保存窗体。

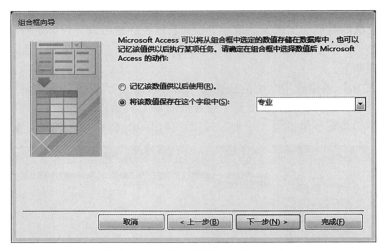

图 5.58　"组合框向导"对话框 3

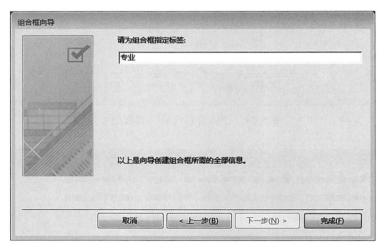

图 5.59　"组合框向导"对话框 4

【例 5.13】 在"学生管理"数据库中，以"教师"表为数据源，使用设计视图创建"教师信息"窗体，包括"教师号""姓名""性别""专业"和"职称"字段，使用下拉列表框控件显示教师的"职称"，保存窗体为"教师信息"。

图 5.60　"学生信息查询"窗体

解　操作步骤如下。

①打开窗体设计视图。打开"创建"选项卡，单击"窗体"组中的"窗体设计"按钮，进入窗体设计视图，以"教师"表为数据源，将"教师"表中的"教师号""姓名""性别""专业"字段拖曳至窗体中，如图 5.61 所示。

②单击"控件"组中的"下拉列表框"按钮，在窗体上单击要放置下拉列表框的位置，如图 5.62所示，打开"列表框向导"对话框（图中"列表框"的正确用法为"下拉列表框"），如果选中"使用列表框获取其他表或查询中的值"单选按钮，则在所建下拉列表框

中显示所选表的相关值；如果选中"自行键入所需的值"单选按钮，则在所建下拉列表框中显示输入的值，本例选择后者，如图 5.63 所示。

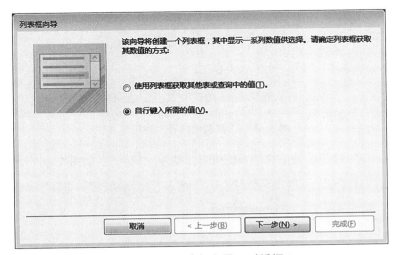

图 5.61 "教师信息"窗体 1 图 5.62 "教师信息"窗体 2

图 5.63 "列表框向导"对话框 1

③单击"下一步"按钮，弹出如图 5.64 所示的对话框。在"第 1 列"列表框中依次输入"教授""副教授""讲师""助教"和"其他"，每输入完一个值，按〈Tab〉键。

图 5.64 "列表框向导"对话框 2

④单击"下一步"按钮，弹出如图 5.65 所示的对话框，选中"将该数值保存在这个字段中"单选按钮，并单击右侧的下拉按钮，从打开的下拉列表框中选择"职称"字段，设置结果如图 5.65 所示。

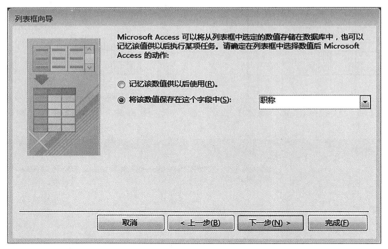

图 5.65 "列表框向导"对话框 3

⑤单击"下一步"按钮，为下拉列表框指定标签为"职称"，如图 5.66 所示。

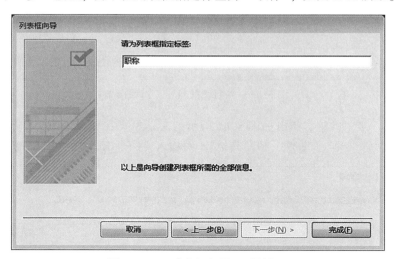

图 5.66 "列表框向导"对话框 4

⑥单击"完成"按钮，切换到窗体视图，如图 5.67 所示。保存窗体，命名为"教师信息"。

图 5.67 "教师信息"窗体

说明

如果用户在创建"职称"下拉列表框控件的第2步选中"使用列表框获取其他表或查询中的值"单选按钮，那么接下来的创建步骤与此例介绍的步骤有差异。在具体创建时，是选中"自行键入所需的值"单选按钮，还是选中"使用列表框获取其他表或查询中的值"单选按钮，需要具体问题具体分析。如果用户创建输入或修改记录的窗体，那么一般情况下应选中"自行键入所需的值"单选按钮，这样下拉列表框中列出的数据不会重复，此时从中直接选择即可；如果用户创建的是显示记录窗体，那么可以选中"使用列表框获取其他表或查询中的值"单选按钮，这时下拉列表框中将反映存储在表或查询中的实际值。

7. 命令按钮控件

命令按钮主要用来控制程序的流程或执行某个操作。Access 2016 提供了6种类型的命令按钮：记录导航、记录操作、窗体操作、报表操作、应用程序和杂项。在窗体设计过程中，既可以使用控件向导创建命令按钮，也可以直接创建命令按钮。

1）使用控件向导创建命令按钮

在设计视图中打开窗体，切换到"设计"选项卡，确定"控件"组中的"使用控件向导"按钮处于选中状态，单击"按钮"按钮，在窗体中要添加命令按钮的位置处单击，添加默认大小的命令按钮，然后在"命令按钮向导"对话框中设置该命令按钮的属性，使其具有相应的功能。

【例5.14】创建"课程"窗体（参见【例5.10】中创建"学生信息查询"窗体的方法），使用控件向导添加记录浏览按钮，另存为"课程A"窗体。

解 操作步骤如下。

①在设计视图中创建"课程"窗体，如图5.68所示。

②切换到"设计"选项卡，确定"控件"组中的"使用控件向导"按钮处于选中状态，单击"按钮"按钮。

③在窗体页脚要放置命令按钮的位置处单击，将添加一个默认大小的命令按钮，同时弹出"命令按钮向导"对话框，如图5.69所示，选择按下按钮时执行的操作。这里选择"类别"为"记录导航"，选择"操作"为"转至第一项记录"，如图5.69所示。

图 5.68 "课程"窗体

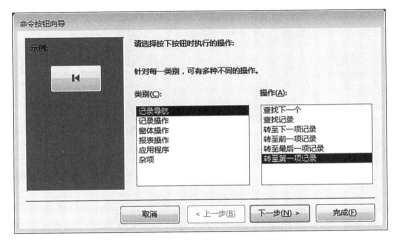

图 5.69 "命令按钮向导"对话框 1

④单击"下一步"按钮，弹出如图 5.70 所示的对话框。

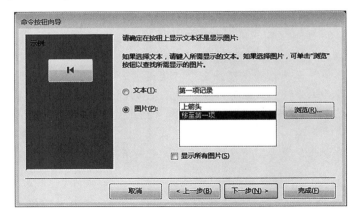

图 5.70　"命令按钮向导"对话框 2

⑤单击"下一步"按钮，弹出如图 5.71 所示的对话框。单击"完成"按钮，弹出已经添加了"转至第一项"按钮的窗体，如图 5.72 所示。

图 5.71　"命令按钮向导"对话框 3

图 5.72　添加了"转至第一项"按钮的窗体

⑥重复步骤②、③、④、⑤，在窗体页脚中添加其他按钮："转至前一项记录""转至下一项记录"和"转至最后一项记录"，创建后的窗体如图 5.73 所示。

⑦切换到窗体视图，保存窗体，命名为"课程 A"，如图 5.74 所示。

图 5.73　添加其他按钮后的窗体

图 5.74　"课程 A"窗体

2）直接创建命令按钮

在设计视图中打开窗体，切换到"设计"选项卡，确定"控件"组中的"使用控件向导"按钮处于未选中状态，单击"按钮"按钮，在窗体中要添加命令按钮的位置处单击，添加默认大小的命令按钮，然后设置该命令按钮的属性，并编写事件代码，使其具有相应的功能。由于使用这种方法创建命令按钮会牵扯到宏的创建及 VBA 编程设计，故具体内容将会在后续章节中介绍。

8. 创建图像控件

为了使窗体显示得更加美观，可以在窗体上加入图像控件。

【例 5.15】在图 5.74 所示的"课程 A"窗体的设计视图中添加图像，命名为"课程 B"窗体。

解　操作步骤如下。

①将图 5.74 所示的窗体切换至窗体设计视图；单击"图像"按钮，在窗体中要放置图片的位置处单击，打开"插入图片"对话框。

②在对话框中找到并选中所需图片文件，单击"确定"按钮，设置结果如图 5.75 所示。

③切换到窗体视图，保存窗体，命名为"课程 B"，如图 5.76 所示。

图 5.75　插入图像控件　　　　　图 5.76　"课程 B"窗体

5.3.5　窗体和控件的属性

属性用于决定表、查询、字段、窗体及报表的特性。窗体及窗体中的每一个控件都有其各自的属性，这些属性决定了窗体及控件的外观、所包含的数据，以及对鼠标或键盘事件的响应。

1. 窗体的属性设置

1）"属性表"窗格

在窗体设计视图中，窗体和控件的属性可以在"属性表"窗格中进行设置。通过"设计"选项卡的"工具"组中的"属性表"按钮打开"属性表"窗格；或者右击，在打开的快捷菜单中选择"属性"命令，打开"属性表"窗格，如图 5.37 所示。

窗格上方的下拉列表框包括当前窗体上的所有对象，可从中选择要设置属性的对象，也可以直接在窗体上选中对象，下拉列表框中会显示被选中对象的控件名称。

"属性表"窗格包含 5 个选项卡，分别是"格式""数据""事件""其他"和"全部"。其中"格式"选项卡包含了窗体或控件的外观属性，"数据"选项卡包含了与数据源、数据操作相关的属性，"事件"选项卡包含了窗体或当前控件能够响应的事件，"其他"选项卡包含了"名称""制表位"等其他属性。每个选项卡的左侧是属性名称，右侧是属性值。

在"属性表"窗格中，设置某一属性时，先单击要设置的属性，然后在文本框中输入一个设置值或表达式。如果文本框中显示有下拉按钮▼，也可以单击该按钮，并从弹出的下拉列表框中选择一个数值。如果文本框右侧显示"生成器"按钮 ..., 则单击该按钮, 显示一个生成器或一个可用于选择生成器的对话框, 通过该生成器可以设置其属性。

涉及窗体和控件格式、数据等的属性有很多, 下面简单介绍几种常用的属性。

2)"格式"属性

"格式"属性主要用于设置窗体和控件的外观或显示格式。

控件的"格式"属性包括标题、字体名称、字号、字体粗细、倾斜字体、前景色、背景色、特殊效果等。"标题"属性用于设置控件中显示的文字;"前景色"和"背景色"属性分别用于设置控件的底色和文字的颜色;"字体名称""字号""字体粗细""倾斜字体"等属性, 用于设置控件中显示文字的格式。

窗体的"格式"属性包括标题、默认视图、滚动条、记录选定器、浏览按钮、分割线、自动居中、控制框、最大最小化按钮、关闭按钮、边框样式等。

窗体的常用"格式"属性如表 5.3 所示。

表 5.3 窗体的常用"格式"属性

属性名称	属性值	功能
标题	字符串	设置窗体标题所显示的文本
默认视图	连续窗体、单一窗体、数据表、数据透视表、数据透视图、分割窗体	决定窗体的显示形式
滚动条	两者均无、水平、垂直、水平和垂直	决定窗体显示时是否具有滚动条, 或者滚动条的形式
记录选定器	是/否	决定窗体显示时是否具有记录选定器
浏览按钮	是/否	决定窗体运行时是否具有记录浏览按钮
分割线	是/否	决定窗体显示时是否显示窗体各个节间的分割线
自动居中	是/否	决定窗体显示时是否在 Windows 窗口中简单居中
控制框	是/否	决定窗体显示时是否显示控制框

【例 5.16】设置如图 5.43 所示的"学生信息查询"窗体中的标题的"学生信息查询"字体为"楷体", 字号为"20", 前景色为"黑色", 背景色为"黄色"。

解 操作步骤如下。

①在窗体设计视图中打开"学生信息查询"窗体。如果此时没有打开"属性表"窗格, 则单击"设计"选项卡的"工具"组中的"属性表"按钮, 打开"属性表"窗格。

②选中"学生信息查询"标签, 单击"格式"选项卡, 在"字体名称"下拉列表框中选择"楷体", 在"字号"下拉列表框中选择"20", 单击"前景色"栏, 并单击右侧的"生成器"按钮, 从打开的"颜色"对话框中选择"黑色", 背景色设置为"黄色"。"属性表"窗格的设置结果如图 5.77 所示。

③切换到窗体视图, 显示结果如图 5.78 所示, 按照原名保存窗体。

3)"数据"属性

"数据"属性决定了一个控件或窗体中的数据来源, 以及操作数据的规则, 而这些数据均为绑定在控件上的数据。控件的"数据"属性包括控件来源、输入掩码、有效性规则、有效性文本、默认值、是否有效、是否锁定等。

图 5.77 标签属性的设置

图 5.78 显示结果

窗体的常用"数据"属性如表 5.4 所示。

表 5.4 窗体的常用"数据"属性

属性名称	属性值	功能
记录源	表或查询名	指明窗体的数据源
筛选	字符串表达式	表示从数据源筛选数据的规则
排序依据	字符串表达式	指定记录的排序规则
允许编辑	是/否	决定窗体运行时是否允许对数据进行编辑
允许添加	是/否	决定窗体运行时是否允许对数据进行添加
允许删除	是/否	决定窗体运行时是否允许对数据进行删除

【例 5.17】 在如图 5.67 所示的"教师信息"窗体中，增加"年龄"信息，"年龄"由出生日期计算得到。

解 操作步骤如下。

①打开如图 5.67 所示窗体的设计视图，由于原窗体的数据源"教师"表没有"年龄"字段，故在窗体中添加一个文本框。

②在"属性表"窗格中将标签名称改为"年龄"，文本框标题改为"年龄"，如图 5.79 所示。

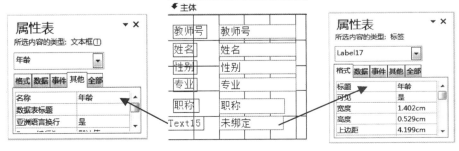

图 5.79 修改标签名称和文本框标题

③在"属性表"窗格中,选定"年龄"文本框,切换至"数据"选项卡,单击"控件来源"文本框右侧的"生成器"按钮,在弹出的"表达式生成器"对话框中输入计算工龄的公式"=Year(Date())-Year([出生日期])",设置结果如图5.80所示。

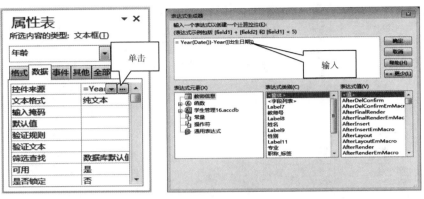

图 5.80 控件的"控件来源"属性设置结果

④切换到窗体视图,显示结果如图5.81所示。

4)"事件"属性

"事件"属性可以为一个对象发生的事件指定命令,完成指定任务。通过"事件"选项卡可以设置窗体的宏操作或VBA程序。窗体的"事件"属性如图5.82所示。

5)"其他"属性

"其他"属性表示了控件的附加特征。控件的"其他"属性包括名称、状态栏文字、自动Tab键、控件提示文本等,如图5.83所示。

图 5.81 显示结果

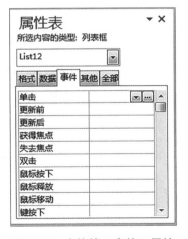

图 5.82 窗体的"事件"属性

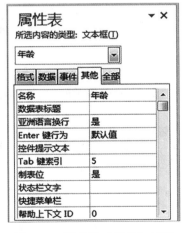

图 5.83 窗体的"其他"属性

说明

"全部"选项卡的设置内容为其他4个常用属性的总和。

2. 控件的属性设置

控件只有经过属性设置以后,才能正常发挥作用。通常,设置控件属性有两种方法:一种是在创建控件时弹出的"控件向导"中设置；另一种是在控件的"属性表"窗格中设置。属性表设置方法与窗体的属性表设置方法一样。控件的常用属性如表 5.5 所示。

表 5.5　控件的常用属性

类型	属性名称	属性标识	功能
"格式"属性	标题	Caption	
	格式	Format	用于自定义数字、日期/时间和文本的显示方式
	可见性	Visible	是/否
	边框样式	Borderstyle	
	左边距	Left	
	背景样式	Backstyle	常规/透明
	特殊效果	Specialeffect	平面、凸起、凹陷、蚀刻、阴影、凿痕
	字体名称	Fontname	
	字号	Fontsize	
	字体粗细	Fontweight	
	倾斜字体	Fontitalic	是/否
	背景色	Backcolor	用于设定标签显示时的底色
	前景色	Forecolor	用于设定显示内容的颜色
"数据"属性	控件来源	Controlsource	告诉系统如何检索或保存在窗体中要显示的数据。如果控件来源中包含一个字段名，则在控件中显示的是数据表中该字段的值，对窗体中的数据所进行的任何修改都将被写入字段；如果该属性值设置为空，除非编写了一个程序，否则控件中显示的数据不会被写入数据表。如果该属性含有一个计算表达式，那么该控件显示计算结果
	输入掩码	Inputmask	设定控件的输入格式（文本型或日期/时间型）
	默认值	Defaultvalue	设定一个计算型控件或非结合型控件的初始值，可使用表达式生成器向导来确定默认值
	有效性规则	Validationrule	
	有效性文本	validationtext	
	是否锁定	Locked	指定是否可以在窗体视图中编辑数据
	可用	Enabled	决定是否能够单击该控件，若为否，则显示为灰色
"其他"属性	名称	Name	用于标识控件，控件名称必须唯一
	状态栏文字	Statusbartext	
	允许自动校正	Allowautocorrect	用于更正控件中的拼写错误
	自动 Tab 键	Autotab	用以指定当输入文本框控件的输入掩码所允许的最后一个字符时，是否发生自动 Tab 键切换。自动 Tab 键切换会按窗体的 Tab 键顺序将焦点移到下一个控件上
	Tab 键索引	Tabindex	设定该控件是否自动设定 Tab 键的顺序
	控件提示文本	Controltiptext	设定当光标在移动到一个控件上后是否显示提示文本的内容

5.3.6 窗体和控件的事件与事件过程

事件是指在窗体和控件上进行能够识别的动作而执行的操作，事件过程是指在某事件发生时执行的代码。

1. 窗体的事件

窗体的事件可以分为 8 种类型，分别是鼠标事件、窗口事件、焦点事件、键盘事件、数据事件、打印事件、筛选事件、错误与时间事件。前 5 种事件类型如表 5.6 所示。

表 5.6 窗体的部分事件

事件类型	事件名称	说　明
鼠标事件	Click	在窗体上，单击一次所触发的事件
	DbClick	在窗体上，双击所触发的事件
	MouseDown	在窗体上，按住鼠标左键所触发的事件
	MouseUp	在窗体上，释放鼠标左键所触发的事件
	MouseMove	在窗体上，移动鼠标所触发的事件
窗口事件	Open	打开窗体，但数据尚未加载所触发的事件
	Load	打开窗体，且数据已加载所触发的事件
	Close	关闭窗体所触发的事件
	Unload	关闭窗体，且数据被卸载所触发的事件
	Resize	窗体大小发生改变所触发的事件
	Activate	窗体成为活动的窗口所触发的事件
	Timer	窗体所设置的计时器间隔达到时间所触发的事件
焦点事件	Deactivate	焦点移到其他的窗口所触发的事件
	GotFocus	控件获得焦点所触发的事件
	LostFocus	控件失去焦点所触发的事件
	Current	当焦点移到某一记录，使其成为前记录，或者当对窗体进行刷新或重新查询时所触发的事件
键盘事件	KeyDown	对象获得焦点时，用户按下键盘上任意一个键时所触发的事件
	KeyPress	对象获得焦点时，用户按下并释放一个会产生 ASCII 码键时所触发的事件
	KeyUp	对象获得焦点时，释放键盘上的任何键所触发的事件
数据事件	BeforeUpdate	当记录或控件被更新时所触发的事件
	AfterUpdate	当记录或控件被更新后所触发的事件

2. 命令按钮的事件

命令按钮常用事件如表 5.7 所示。

表 5.7 命令按钮常用事件

事件名称	说明
Click	单击命令按钮时所触发的事件
MouseDown	鼠标单击时所触发的事件
MouseUp	鼠标释放时所触发的事件
MouseMove	光标移动时所触发的事件

3. 文本框的事件

文本框常用事件如表 5.8 所示。

表 5.8 文本框常用事件

事件名称	说明
Change	当用户输入新内容，或者程序对文本框的显示内容重新赋值时所触发的事件
LostFocus	当用户按〈Tab〉键时光标离开文本框，或者用鼠标选择其他对象时触发的事件

5.4 主/子窗体设计

在 Access 中，有时需要在一个窗体中显示另一个窗体中的数据。窗体中的窗体称为子窗体，包含子窗体的窗体称为主窗体。主/子窗体的作用是以主窗体的某个字段为依据，在子窗体中显示与此字段相关的记录，而在主窗体中切换记录时，子窗体的内容也会随着切换。因此，两个表之间存在"一对多"的关系时，可以使用主/子窗体显示两表中的数据。主窗体使用"一"方的表作为数据源，子窗体使用"多"方的表作为数据源。创建主/子窗体的方法有两种：一种是利用"快速创建窗体"或"窗体向导"同时创建主/子窗体，另一种是将数据库中存在的窗体作为子窗体添加到另一个已建窗体中。

1. 利用"快速创建窗体"同时创建主/子窗体

如果一个表中嵌入了子数据表，那么以这个主表作为数据源使用"快速创建窗体"的方法可以迅速创建主/子窗体。

该方法的操作步骤如下：

（1）打开数据库，单击导航窗格中已嵌入子数据表的主表；

（2）切换到"创建"选项卡，单击"窗体"组中的"窗体"按钮，立即生成主/子窗体，并在布局视图中打开窗体，主窗体中显示主表中的记录，子窗体中显示子表中的记录。

 说明

子窗体中还可以包含子窗体，但是一个主窗体最多只能包含两级子窗体。

2. 利用"窗体向导"同时创建主/子窗体

【例 5.18】 在"学生管理"数据库中创建一个主/子窗体，命名为"教师-授课子窗体"，主窗体显示"教师"表的"教师号""姓名""性别""学历"和"职称"字段，子窗体显示"授课"表中的全部字段。

解　操作步骤如下。

①打开"学生管理"数据库，在"创建"选项卡的"窗体"组中单击"窗体向导"按钮，进入如图 5.84 所示的对话框，将"教师"表中的"教师号""姓名""性别""学历""职称"字段和"授课"表中的所有字段添加到"选定字段"列表框中。

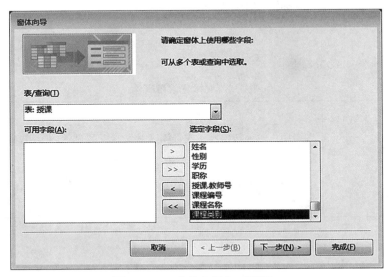

图 5.84　"窗体向导"对话框 1

②单击"下一步"按钮，若两表之间尚未建立关系，则会弹出提示对话框，要求建立两表之间的关系，确认后可打开关系视图同时退出窗体向导；如果两表之间已经正确设置了关系，则进入如图 5.85 所示的对话框。

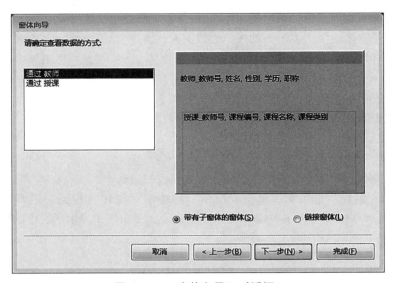

图 5.85　"窗体向导"对话框 2

③单击"下一步"按钮，进入如图 5.86 所示的对话框。

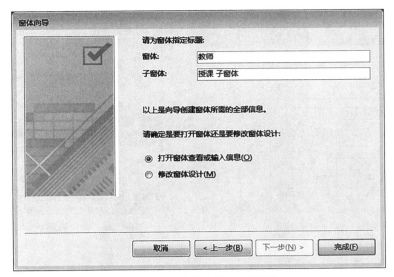

图 5.86　"窗体向导"对话框 3

④单击"下一步"按钮，进入如图 5.87 所示的对话框。

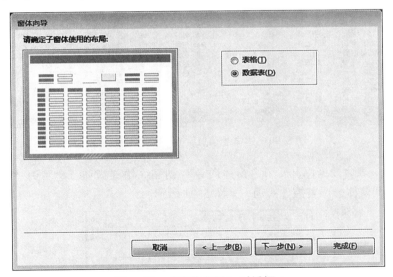

图 5.87　"窗体向导"对话框 4

⑤单击"完成"按钮，完成创建主/子窗体，切换到布局视图或设计视图，调整控件布局，保存窗体，如图 5.88 所示。在窗体视图中打开该窗体，窗体效果如图 5.89 所示。保存主/子窗体，命名为"教师-授课子窗体"，

3. 将子窗体插入主窗体创建主/子窗体

对于数据库中存在的窗体，如果其数据源表之间已建立了"一对多"的关系，则可以将具有"多"端的窗体作为子窗体添加到具有"一"端的主窗体中。将子窗体插入主窗体有两种办法：使用"子窗体/子报表"控件或使用鼠标直接将子窗体拖到主窗体中。

【例 5.19】在"学生管理"数据库中，以"学生"表为数据源创建"学生信息"窗体作为子窗体，以"成绩"表为数据源创建"成绩信息"窗体作为主窗体，创建"学生成绩信息"主/子窗体。

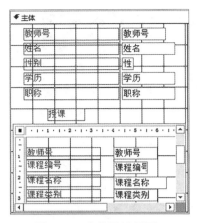

图 5.88　窗体显示界面 1

图 5.89　窗体显示界面 2

解　操作步骤如下。

①在"学生管理"数据库中，以"学生"表为数据源，使用"窗体向导"创建数据表窗体，命名为"学生信息"，调整控件布局，如图 5.90 所示。

学号	姓名	民族	出生日期	党员否	专业	班级	简历
20220418	赵阳	男 藏族	2003/12/09	No	软件	2208	有上进心，学习努力
20221106	余欣	男 回族	2003/11/04	No	软件	2208	工作能力强，有领导才能，有组织能力
20220203	赵正	男 壮族	2003/10/09	Yes	统计	2206	组织能力强，善于交际，有上进心
20220506	兰云	女 回族	2003/07/09	No	财务	2209	爱好：绘画，摄影，运动，有上进心
20220101	王琳	女 藏族	2003/01/30	No	经济	2205	组织能力强，善于表现自己
20220112	蔡泓	男 回族	2003/01/10	No	统计	2205	组织能力强，善于交际，有上进心
20220700	张悦	女 汉族	2002/12/19	No	经济	2205	善于交际，工作能力强
20220305	陈瑞	女 汉族	2002/12/03	No	财务	2206	守纪律，爱好相声和小品
20220205	李一博	男 汉族	2002/11/26	No	统计	2201	工作能力强，有领导才能，有组织能力
20223017	武思	男 回族	2002/11/14	No	统计	2205	爱好：绘画，摄影，运动
20224056	刘建玲	女 汉族	2002/11/12	No	软件	2204	工作能力强，爱好绘画，摄影，运动

图 5.90　"学生信息"窗体（部分记录）

②以"成绩"表为数据源，使用"窗体向导"创建纵栏式窗体，命名为"成绩信息"，并在设计视图中打开窗体，调整控件布局，如图 5.91 所示。

图 5.91　"成绩信息"窗体

③在设计视图下，切换到"设计"选项卡，确定"控件"组中的"使用控件向导"按钮处在选中状态，单击"子窗体/子报表"按钮，再单击窗体中要放置子窗体的位置，如图 5.92 所示，进入"子窗体向导"对话框 1。

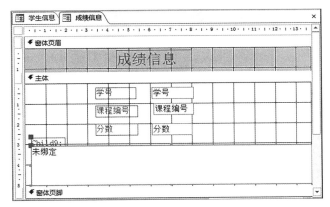

图 5.92　放置子窗体的位置

④在"子窗体向导"对话框 1 中，选择用于子窗体或子报表的数据来源。这里选中"使用现有的窗体"单选按钮，再选择列表框中的"学生信息"选项，如图 5.93 所示。

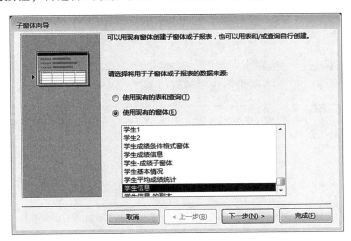

图 5.93　"子窗体向导"对话框 1

⑤单击"下一步"按钮，进入"子窗体向导"对话框 2，如图 5.94 所示。

图 5.94　"子窗体向导"对话框 2

⑥单击"下一步"按钮，进入"子窗体向导"对话框3，如图5.95所示。

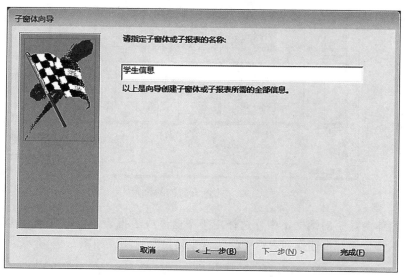

图 5.95　"子窗体向导"对话框 3

⑦单击"完成"按钮，切换到布局视图，调整主/子窗体控件布局，保存窗体，另存为"学生成绩信息"主/子窗体，在窗体视图中查看结果，如图5.96所示。

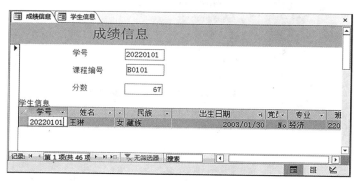

图 5.96　"学生成绩信息"主/子窗体

图表窗体

带交互功能的窗体

窗体主题的应用

5.5　窗体条件格式的使用

除可以使用"属性表"窗格设置控件的"格式"属性外，还可以根据控件的值，按照某个条件设置相应的显示格式。

【例 5.20】用"成绩"表创建窗体，命名为"成绩窗体"，选择该窗体的"成绩"文本框，应用条件格式，使窗体中各类成绩字段值用不同颜色显示。60 分以下（不含 60 分）用红色显示，60 ~ 90 分（不含 90 分）用蓝色显示，90 分（含 90 分）以上用绿色显示。

解 操作步骤如下。

①创建"成绩窗体"，选择该窗体的"成绩"文本框，如图 5.97 所示。

②在"窗体布局工具/格式"选项卡的"条件格式"组中，单击"条件格式"按钮，打开"条件格式规则管理器"对话框，如图 5.98 所示。

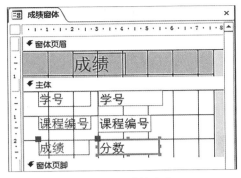

图 5.97　"成绩窗体"

图 5.98　"条件格式规则管理器"对话框

③在对话框上方的"显示其格式规则"下拉列表框中选择"分数"选项，单击"新建规则"按钮，打开"新建格式规则"对话框。设置字段值小于 60 时，字体颜色为"红色"，单击"确定"按钮。重复此步骤，设置字段值介于 60 ~ 89 之间和字段值大于或等于 90 的条件格式。设置结果如图 5.99 所示，单击"确定"按钮。

④切换到窗体视图，显示结果如图 5.100 所示。保存窗体，命名为"成绩信息"窗体。

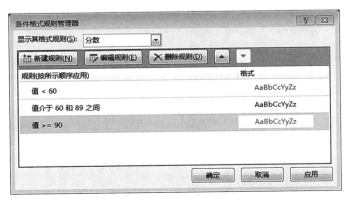

图 5.99　条件及条件格式设置结果

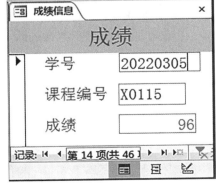

图 5.100　"成绩窗体"

窗体提示信息的添加　　　　　窗体的布局　　　　　使用窗体操作数据

本章小结 ▶▶ ▶

本章主要介绍了以下内容：

（1）窗体的基本类型和组成；

（2）利用"窗体向导"等工具快速建立简单的窗体；

（3）使用设计视图灵活创建窗体，主要介绍各类控件的添加、基本编辑和相关属性设置；

（4）设计和创建实用复杂的带子窗体的窗体（要正确实现主窗体和子窗体之间的数据对应关系）；

（5）创建图表窗体以实现相应数据分析；

（6）创建交互窗体以实现对事件流程的控制。

习 题 ▶▶ ▶

1. 思考题

（1）窗体主要有哪些功能？

（2）创建窗体有哪几种方法？简述其优缺点。

（3）窗体有哪几种视图？简述其作用。

（4）什么是窗体中的节，各节主要放置什么数据？

（5）简述窗体控件的作用，常用的窗体控件包括哪些？

（6）如何在窗体中创建和使用控件？

（7）如何设置控件的属性？

（8）如何正确创建带子窗体的窗体？主窗体和子窗体的数据来源有何关系？

（9）如何使用图表对数据进行分析？

2. 选择题

（1）用于创建窗体或修改窗体的窗口是窗体的（　　）。

A. 窗体视图　　　　B. 设计视图　　　　C. 数据表视图　　　　D. 数据透视表视图

（2）要为一个表创建一个窗体，并尽可能多地在窗体中浏览记录，那么适宜创建的窗体是（　　）。

A. 纵栏式窗体　　　B. 主/子窗体　　　　C. 表格式窗体　　　　D. 数据透视表窗体

（3）下列选项不属于 Access 控件类型的是（　　）。

A. 绑定型　　　　　B. 未绑定型　　　　C. 查询型　　　　　D. 计算型

（4）只可显示数据，无法编辑数据的控件是（　　）。

A. 文本框　　　　　B. 标签　　　　　　C. 组合框　　　　　D. 选项组

（5）Access 数据库中，用于输入或编辑字段数据的控件是（　　）。

A. 文本框　　　　　B. 标签　　　　　C. 复选框　　　　　D. 下拉列表框

（6）若字段类型为"是/否"型，则通常会在窗体中使用的控件是（　　）。

A. 标签　　　　　B. 组合框　　　　　C. 复选框　　　　　D. 文本框

（7）使用（　　）创建的窗体灵活性最小。

A. 自动窗体　　　　　B. 窗体视图　　　　　C. 设计视图　　　　　D. 窗体向导

（8）下列不属于窗体常用"格式"属性的是（　　）。

A. 标题　　　　　B. 滚动条　　　　　C. 分割线　　　　　D. 记录源

（9）（　　）节在窗体的顶部显示信息。

A. 窗体页眉　　　　　B. 主体　　　　　C. 页面页眉　　　　　D. 控件页眉

（10）选项组控件中的按钮，用于创建（　　）控件。

A. 复选框　　　　　B. 文本框　　　　　C. 下拉列表框　　　　　D. 组合框

（11）为窗体指定数据来源后，在窗体设计窗口中，可由（　　）取出数据来源的字段。

A. 控件选项组　　　　　B. 属性表　　　　　C. 自动格式　　　　　D. 字段列表

（12）若要快速调整窗体格式，如字体大小、颜色等，可使用（　　）。

A."主题"组　　　　　B."控件"组　　　　　C. 字段列表　　　　　D. 属性表

（13）在窗体中加入标题，应使用（　　）控件。

A. 文本框　　　　　B. 标签　　　　　C. 选项组　　　　　D. 图片

（14）在 Access 中已建立了"雇员"表，其中有可以存放照片的字段，在使用"窗体向导"为该表创建窗体时，"照片"字段所使用的默认控件是（　　）。

A. 图像框　　　　　B. 绑定对象框　　　　　C. 非绑定对象框　　　D. 下拉列表框

（15）用来显示与窗体关联的表或查询中字段值的控件类型是（　　）。

A. 未绑定型　　　　　B. 计算型　　　　　C. 关联型　　　　　D. 绑定型

（16）若在文本框内输入身份证号后，光标可立即移至下一文本框，应设置（　　）属性。

A. 制表位　　　　　B. 自动 Tab 键　　　　　C. Tab 键索引　　　　　D. 可以扩大

（17）Access 的控件对象可以设置某个属性来控制对象是否可用，以下能够控制对象是否可用的属性是（　　）。

A. Enabled　　　　　B. Cancel　　　　　C. Default　　　　　D. Visible

（18）在已建"教师"表中有"出生日期"字段，以此表为数据源创建"教师基本信息"窗体。假设当前教师的出生日期为"1980-05-20"，如果在窗体"出生日期"标签右侧文本框控件的"控件来源"属性中输入表达式"=Str(Month([出生日期]))+"月""，则在该文本框控件内显示的结果是（　　）。

A."05"+"月"　　　　　　　　　　B. 1978-05-19 月

C. 5 月　　　　　　　　　　D. 05 月

3. 填空题

（1）窗体中的控件可以分为 3 种类型，分别是_____、_____和_____。

（2）组合框和下拉列表框都可以从列表中选择值，相比较而言，_____占用窗体空间多；_____不仅可以选择，还可以输入新的文本。

（3）向窗体中添加控件的方法是，选定窗体控件选项组中的某一控件按钮，然后在_____，便可添加一个选定的控件。

（4）利用_____组中的选项，可以对选定的控件进行居中、对齐等多种操作。

（5）使用"窗体向导"，可以创建_____、_____、_____、_____的窗体。此向导使用快速、简单，但如果想要创建基于多表的窗体，则必须_____。

（6）窗体中所有可被选取者，皆为_____，但不一定就是字段。这些可被选取的项目，皆有_____，可在此定义其工作状态。

（7）在窗体设计窗口选取对象后，单击 4 个方向键可进行移动，若按住_____键，再使用 4 个方向键，可进行微调。

（8）窗体"属性表"窗格中有_____、_____、_____、_____、_____选项卡。

（9）窗体是一个_____，可用于为数据库创建用户界面。窗体既是数据库的窗口，又是用户和数据库之间的桥梁。

（10）控件的功能包括_____、_____和_____。

（11）添加至窗体的控件分为_____和_____两种。

（12）创建主/子窗体的方法有_____和_____两种。

（13）能够唯一标识某一控件的属性是_____。

（14）分别运行使用"窗体"按钮和使用"多个项目"工具创建的窗体，将窗体最大化后显示记录最多的窗体是使用_____创建的窗体。

（15）在创建主/子窗体之前，必须设置_____之间的关系。

（16）控件的类型可以分为绑定型、未绑定型与计算型。绑定型控件主要用于显示、输入、更新数据表中的字段；未绑定型控件没有_____，可以用来显示信息、线条、矩形或图像；计算型控件用表达式作为数据源。

第 5 章习题答案

第6章 报表

本章学习目标：

- 充分了解报表的作用
- 熟知 Access 报表对象的各种创建方式以及适用的情形
- 熟知 Access 各种报表形式的特点
- 熟练掌握 Access 报表的设计与运用
- 熟练使用报表的各种设计工具

报表是 Access 数据库对象之一，报表对象的主要作用是按一定的布局格式打印输出基于数据表的数据。

本章主要介绍报表的创建、编辑与应用。在介绍报表的各种创建方式的基础之上，重点介绍使用报表设计视图对报表进行设计与编辑，从而获得形式多样的报表。

6.1 报表概述

报表是由需要呈现的数据源和布局组成的。

报表的数据源就是要显示或打印输出的数据的来源，它可以是数据表的字段，也可以是查询或 SQL 中的 SELECT 语句的输出列，但不一定要包含全部字段列，只需选择那些需要出现在报表当中的字段列即可。因此，报表通常都与数据库中的一个或多个数据表或查询绑定，以获取希望呈现在报表中的数据。

报表的布局是指数据源的打印显示方式和格式，以及各种页面修饰。可以按数据表原样呈现，可以按字段分组呈现，可以添加需要的计算并显示计算结果。报表的形式可以是表格形式、图表形式或标签形式等。另外，通过添加各种修饰元素，如线条、徽标、背景图像等，可以获得条理清晰、格式美观、图文并茂的报表。

6.1.1 报表的一般类型

Access 报表有表格报表、图表报表和标签报表等类型。

1. 表格报表

表格报表就是以规整的表格形式显示数据的报表，可分为横列式和纵栏式两种。

1）横列式

横列式是一条记录占一行，每页显示多条记录的方式。表格的每一列有列标题，列标题是对应数据列的字段名，或者被命名的数据列标题，形同表对象以数据表视图显示，示例如图 6.1 所示。横列式表格报表是最基本的报表形式。

学生基本信息						
学号	姓名	性别	民族	出生日期	专业	班级
20220101	王琳	女	藏族	2003/1/30	经济	2205
20220203	赵正	男	壮族	2003/7/9	统计	2206
20220305	陈瑞	女	汉族	2002/12/3	财务	2206
20220407	崔婷	女	白族	2001/2/5	软件	2203
20220509	马福良	男	汉族	2002/8/24	物流	2202
20220610	徐舒怡	女	汉族	2001/9/3	经济	2201
20220112	蔡泓	男	回族	2003/1/10	统计	2205
20220214	张楠	女	汉族	2002/7/19	财务	2206
20220316	冯佳	女	回族	2001/1/24	经济	2027
20220418	赵阳	男	藏族	2003/12/9	软件	2208
20220506	兰云	女	回族	2003/7/9	财务	2209
20220606	吴艳	女	汉族	2001/5/26	软件	2202

图 6.1　表格报表示例——横列式

2）纵栏式

纵栏式是每条记录占多行的排列方式，列名在左侧纵列，列数值在其右侧纵列，适用于需要显示的字段值占位较宽、字段数量又多的情形，示例如图 6.2 所示。

教师基本信息	
教师号	20010601
姓名	孙同心
性别	男
出生日期	1969/10/6
学历	研究生
职称	教授
专业	计算机
所属院系	信息学院
教师号	20050602
姓名	周扬
性别	男
出生日期	1978/9/9
学历	研究生
职称	讲师
专业	财务
所属院系	会计学院

图 6.2　表格报表示例——纵栏式

2. 图表报表

图表报表就是用图表的形式显示数据的报表，示例如图 6.3 所示。图表报表适用于以图块、几何图形、数据点分布图、趋势线等方式展示数据的相对大小、分布、变化趋势、占比等信息的情形，图表报表使报表数据的呈现方式更加丰富多样。

3. 标签报表

标签报表是以卡片形式显示每条记录的报表。

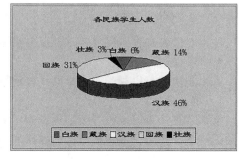

图 6.3　图表报表示例

如图 6.4 所示的标签报表，打印之后可剪裁成为一张张学生基本信息卡片。由此可见，标签报表适用于需要把每条要输出的记录信息组织成一张卡片形式的情形，如制作名片、商品标签、快递单、各种信息卡片等。

图 6.4　标签报表示例

6.1.2　报表的视图

Access 报表总共有 4 种视图，分别是报表视图、打印预览、布局视图和设计视图，如图 6.5 虚线框内所示。

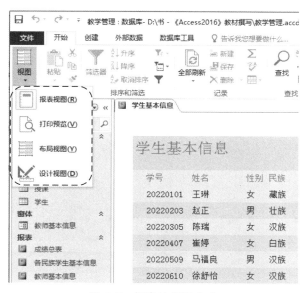

图 6.5　报表的视图方式

1. 报表视图

报表视图侧重于查看报表数据记录内容，可以用"查找"和"转至"等功能定位到要查看的报表记录位置，或者使用"筛选器"按条件筛选出要查看的报表记录，如图 6.6 所示。例如，仅查看男生的基本信息，即可按性别进行筛选。针对具体的报表对象，可以设置报表视图为默认视图，也可以设置该报表是否允许使用报表视图。

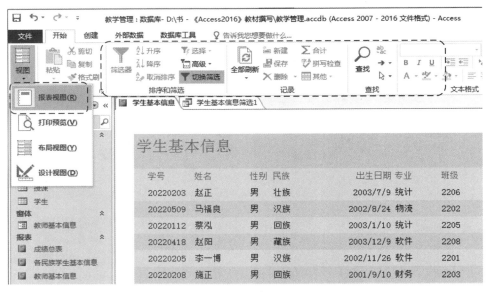

图 6.6　报表视图

2. 打印预览

打印预览用于查看和调整报表在纸页上的实际打印效果，如图 6.7 所示，可以调整页面大小、页面布局，启动打印，或者把报表输出到其他目标当中，如 Excel 表格、文本文件或 PDF 文件等。打印预览也可以被设置为具体报表对象的默认视图。

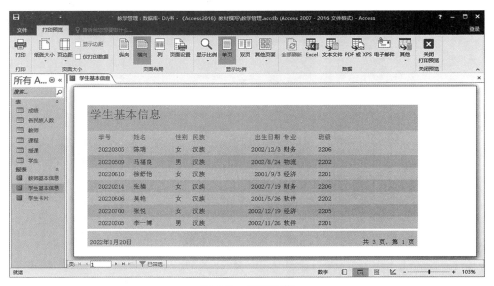

图 6.7　打印预览

3. 布局视图

布局视图看上去和报表视图差不多，而布局视图下可用的报表布局工具，又和设计视图下可用的报表设计工具有很多重合。因此，布局视图是在显示报表具体数据记录的情况下，允许对报表控件进行调整的视图方式，如图6.8所示。针对具体报表对象，可以设置其是否允许使用布局视图。

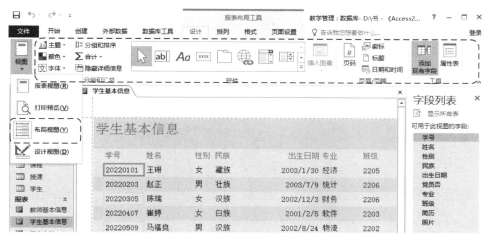

图6.8　布局视图

4. 设计视图

设计视图用于设计和修改报表的全部架构，包括设置数据源、构建报表布局、编辑控件与表达式、设置控件属性、添加修饰元素，以及打印输出的各种设置等，是报表设计的最基础、功能最完备的设计方式，如图6.9所示。在设计视图中是不显示报表记录的具体数值的，如果要查看报表设计结果，则需要切换到报表视图、布局视图或打印预览。

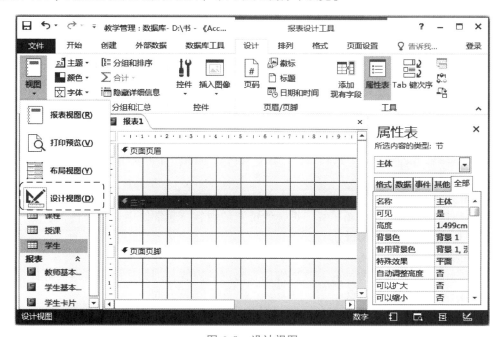

图6.9　设计视图

对于每个报表来讲，最少是两种视图，即设计视图和打印预览，其中打印预览为默认视图；最多是全部4种视图，以报表视图或打印预览两种视图中的某一种作为默认视图。具体选择时，可以将报表于设计视图中打开，在"属性表"窗格中进行设置。

6.1.3 报表的组成

Access 报表总共有 7 个设计区，分别是报表页眉、报表页脚、页面页眉、页面页脚、主体、组页眉、组页脚。不同设计区中的内容将出现在报表的不同位置上，每个设计区也称为一个节，节的名称出现在分节标志上，如图 6.10 所示。

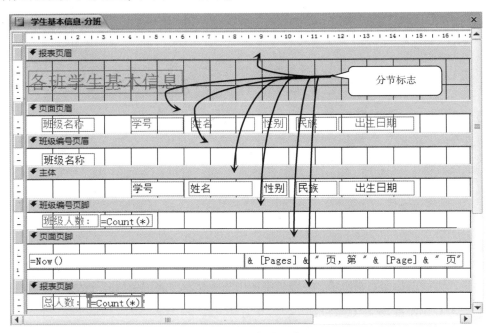

图 6.10　报表的组成

1. 报表页眉

放置在报表页眉中的所有内容，仅在报表的开始位置显现一次，如报表标题、LOGO 图标、报表打印日期、打印时间等。

2. 报表页脚

放置在报表页脚中的所有内容，仅在报表结尾位置显示一次。通常可以使用标签控件来设置，用以显示结束语、制表者、机构名称，或者使用文本框控件来显示整个报表的某些汇总值、打印日期时间等。

3. 页面页眉

页面页眉用来设置需要出现在每一页开始位置的内容，通常使用标签控件来设置，用以显示需要在每页重复出现的标题行。

4. 页面页脚

页面页脚用来设置需要在每页下方页脚位置出现的内容，例如，使用文本框等控件进行设置，用以显示页码、页数等信息。

5. 主体

主体，顾名思义是用来设置报表主体内容和相应格式的区域。把报表记录的输出字段或计算列与文本框、复选框或绑定对象框等控件绑定，放置在主体中，使每条报表记录按相应设计格式显示在报表的正文当中。

6. 组页眉

当主体分组显示记录时，组页眉用于设置需要显示在每一组记录开始位置的内容。通常把分组依据字段与文本框等控件绑定，用以显示各分组的名称等信息。

7. 组页脚

与组页眉类似，组页脚在主体中分组并在使用汇总、总计功能时用到，放置在组页脚中的内容，将出现在主体的每一个分组之后。通常使用文本框控件与组汇总计算数据源绑定，用以显示组汇总信息。

图 6.11 是图 6.10 所示报表的打印预览结果。

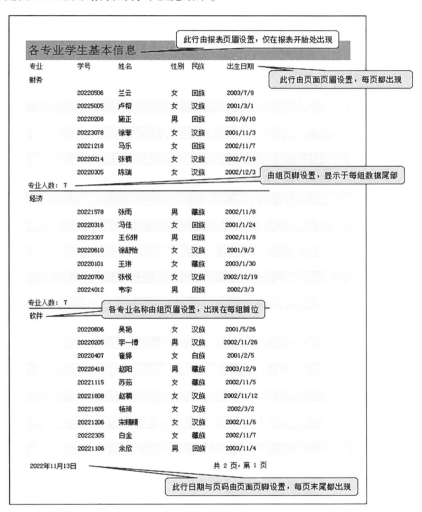

图 6.11　报表打印结果与节的对应关系

以下是图 6.11 的扼要说明。

（1）无论报表有多少页，报表标题"各专业学生基本信息"仅在首页开始位置出现一次，因为它是报表的页眉；同理，"总人数：××"仅在全部记录显示完毕的结尾处出现一次，因为它是报表的页脚，限于篇幅，图 6.11 中没有截取报表页脚。

（2）记录标题行和报表打印日期、页码是逐页显示的，因为它们是页面页眉和页面页脚。

（3）设计时选择了按专业分组，并且将专业名称和计数函数设置为组页眉和组页脚，故而专业名称和专业人数出现在各专业记录行的首、尾处。

（4）报表的主体是逐条记录的显示学号、姓名、性别、民族和出生日期几个字段的数值。

> **注意**
>
> 每组数据之间还有一条分割线，对应的是一个线条控件，读者可以思考一下，这个线条控件可以放置在哪些节当中？

6.2 创建报表

Access 有多种创建报表的方式，在系统"创建"选项卡的"报表"组中，给出了 5 个直接创建报表的按钮，如图 6.12 中箭头所指的虚线框所示，分别是"报表""报表设计""空报表""报表向导"和"标签"。

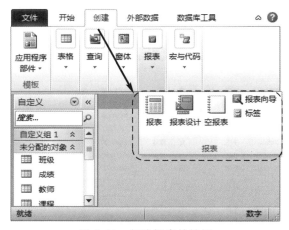

图 6.12　创建报表的按钮

6.2.1　使用"报表"创建报表

使用"报表"是最快捷的创建报表的方式。简单来讲就是先选中一个数据表，然后单击"报表"按钮，即可得到一个包含该数据表全部数据的基本报表。

【例 6.1】使用"报表"为"学生管理"数据库的"学生"表创建报表。

解　操作步骤如下。

①打开"学生管理"数据库。

②在导航窗格中选中"学生"表。

③在"创建"选项卡的"报表"组中，单击"报表"按钮，名为"学生"的报表即创建完成，同时显示其布局视图，如图 6.13 所示。

④关闭布局视图，默认的报表名称为"学生"。

上述操作结束之后，在导航窗格的报表对象组中出现一个名为"学生"的报表，双击可再次打开该报表，切换到设计视图可以修改报表设计，切换到打印预览可以预览或打印报表。

6.2.2　使用"报表向导"创建报表

"报表向导"就是在系统向导的辅助之下，创建简单的自定义报表，用该方式创建报表，可以在多个数据源中选择字段，可以选择记录分组、记录排序方式、记录汇总值，选择显示布局方式等。

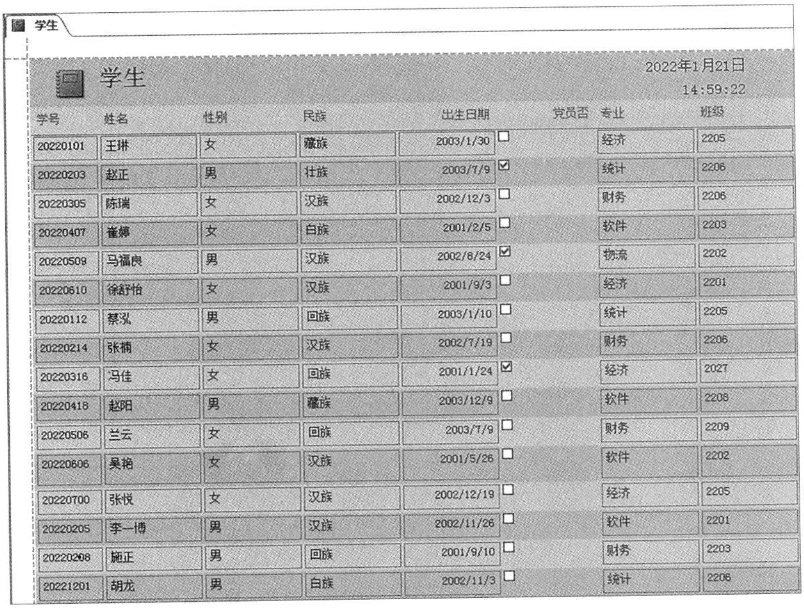

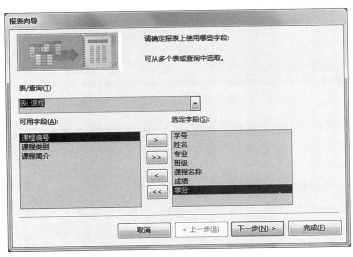

图 6.13   使用"报表"创建报表示例

【例 6.2】使用"报表向导"由"学生管理"数据库的数据表创建按班级分组、并计算每名学生所有课程平均成绩的"成绩总表"报表。

解   操作步骤如下。

①打开"学生管理"数据库，在"创建"选项卡的"报表"组中，单击"报表向导"按钮，弹出"报表向导"对话框。

②选择数据源中要在报表中显示的相应字段。如图 6.14 所示，从相应数据表中分别选择"学号""姓名""专业""班级""课程名称""成绩"和"学分"6 个字段，单击"下一步"按钮。

图 6.14   选择输出字段

③确定查看数据的方式。如图 6.15 所示，左侧列出了输出数据所涉及的数据源表，选择"通过 学生"，单击"下一步"按钮。

④确定是否分组以及选择分组级别。如图 6.16 所示，从左侧列出的全部 6 个输出字段中双击"班级"，将其添加到右侧分组依据中，单击"下一步"按钮。

图 6.15　确定查看数据的方式

图 6.16　确定是否分组以及选择分组级别

　　⑤确定明细的排序依据和汇总选择。如图 6.17 所示，选择"成绩""降序"为明细的第一也是唯一的排序依据。单击"汇总选项"按钮，在如图 6.18 所示的"汇总选项"对话框中，勾选"成绩"字段的"平均"复选框，单击"确定"按钮，回到图 6.17 所示界面，单击"下一步"按钮。

　　⑥确定报表的布局方式。如图 6.19 所示，选择"递阶"布局，"纵向"输出。每选定一种"布局"或"方向"，在左侧即显示相应的预览示意图，单击"下一步"按钮。

　　⑦为报表指定标题。如图 6.20 所示，编辑报表标题为"成绩总表"，选中"预览报表"单选按钮，可在生成报表之后预览报表，单击"完成"按钮，报表预览结果如图 6.21 所示。

　　结合【例 6.2】，对于"报表向导"补充说明以下几点。

　　（1）在报表向导步骤⑦中所确定的报表标题就是所生成报表对象的名称。

　　（2）如果在步骤⑦中选中"修改报表设计"单选按钮，则直接将生成的报表在设计视图中打开，可进行各种调整与修改。

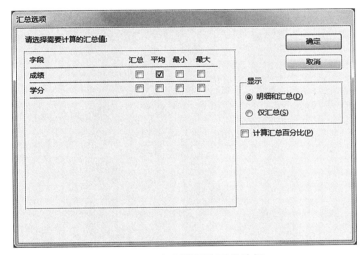

图 6.17　确定明细的排序依据

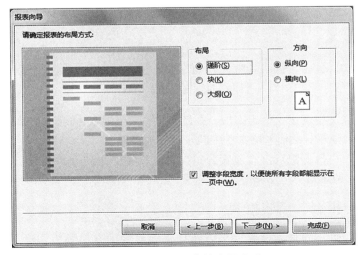

图 6.18　确定明细的汇总选择

图 6.19　确定报表的布局方式

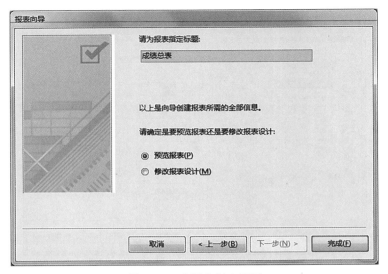

图 6.20 为报表指定标题

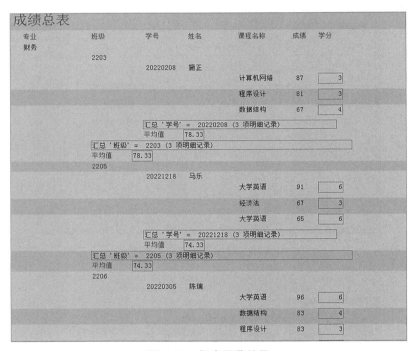

图 6.21 报表预览结果

（3）只要在步骤②中选定了输出字段，在随后的任一步中，都可直接单击"完成"按钮进入最后一步进行报表预览，从而忽略某些中间步骤中的设置。

（4）如果使用单一数据源且没有设置分组，则步骤⑥的布局方式会有所不同，会出现"纵栏表""表格"和"两端对齐"方式。

6.2.3 使用"空报表"创建报表

使用"空报表"创建的报表就是一个以布局视图显示的空白报表，没有任何数据和布局，但是可以把现有字段直接添加到空报表当中，一个直观可见的报表随之生成。"空报表"也是一种快速生成简单报表的方法。

【例6.3】使用"空报表"创建包含"教师"表中的"教师号""姓名""性别""职称"，以及"授课"表中的"课程编号"和"课程名称"6列数据的"教师授课表"报表。

解 操作步骤如下。

①打开"学生管理"数据库，在"创建"选项卡的"报表"组中，单击"空报表"按钮，以布局视图显示一个空报表。

②当"设计"选项卡的"工具"组中的"添加现有字段"按钮处于选中状态时，"字段列表"窗格打开，在"教师"表和"授课"表中依次双击需要的字段，显示结果如图6.22所示。

③关闭报表视图或单击快捷工具中的"保存"按钮，在"另存为"对话框中输入报表名称"教师授课表"，如图6.22所示，单击"确定"按钮，至此，报表已生成。

图6.22 用"空报表"生成的报表

6.2.4 使用"标签"创建标签报表

使用"标签"可以创建标签报表，标签报表就是把数据记录布局为一个个标签模样，可以用标准型号标签纸或自定义尺寸的标签纸打印输出。

【例6.4】使用"标签"创建"教师监考工作证"标签报表，包含教师的姓名、工号和所在部门3项数据。

解 操作步骤如下。

①打开"学生管理"数据库，在"创建"选项卡的"报表"组中，单击"标签"按钮，打开"标签向导"对话框。

②选择标签型号。如图6.23所示，选择Avery的C91149型号标签，单击"下一步"按钮。

③选择标签文本的字体和颜色。设置完成后的结果如图6.24所示，所选文本的字体和颜色在左侧有预览，单击"下一步"按钮。

④确定标签的显示内容。如图6.25所示，把固定不变的标题文本逐个输入（如"监考工作证""教师姓名："等），在左侧"可用字段"列表框中逐个双击"姓名""教师号"和"所属院系"到对应标题的后边，单击"下一步"按钮。

⑤选择标签的排序依据。如图6.26所示，选择"所属院系"为第一排序依据，"教师号"为第二排序依据，单击"下一步"按钮。

⑥指定标签报表的名称。如图6.27所示，在文本框中输入"教师监考工作证"，选中"查看标签的打印预览"单选按钮，单击"完成"按钮，创建完成的标签报表"教师监考工作证"如图6.28所示。

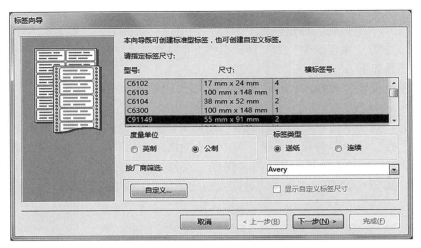

图 6. 23　选择标签型号

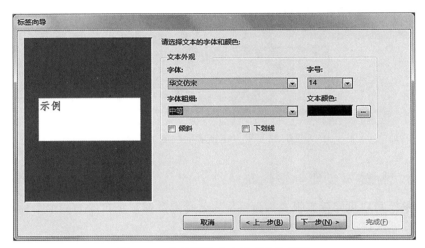

图 6. 24　选择标签文本的字体和颜色

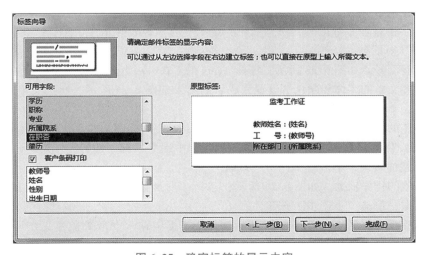

图 6. 25　确定标签的显示内容

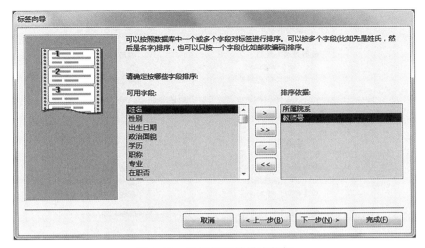

图 6.26　选择标签的排序依据

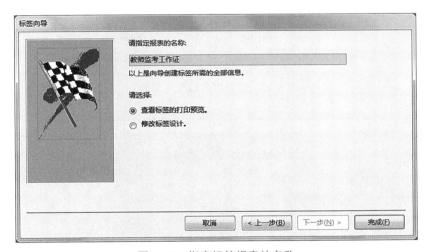

图 6.27　指定标签报表的名称

6.2.5　使用"报表设计"创建报表

尽管前边介绍的 4 种创建报表的方法都可以便捷地生成报表，但是总会有不尽如人意的地方，每种方法都有其局限性，而"报表设计"提供的是从零开始对报表进行所有可能设计的创建方式。

"报表设计"是在设计视图中新建一个空报表，不仅可以如前面介绍过的几种方法那样，向报表中添加基本的字段，进行排序、分组，计算汇总值，添加各种修饰等，而且可以添加自定义控件类型，还可以编写代码等，以满足更加个性化的设计需求。

【例 6.5】使用"报表设计"创建"学生基本信息"报表，使报表预览结果如图 6.29 所示，并且在页脚显示页码。

解　操作步骤如下。

①打开"学生管理"数据库，在"创建"选项卡的"报表"组中，单击"报表设计"按钮，打开一个以默认名命名的报表的设计视图，并且只有"页面页眉""主体"和"页面页脚"3 个节，如图 6.30 左侧区域所示。

监考工作证	监考工作证
教师姓名：李刚	教师姓名：康燕
工　号：20010591	工　号：2001101
所在部门：管理学院	所在部门：管理学院

监考工作证	监考工作证
教师姓名：张丽云	教师姓名：李娜
工　号：20030103	工　号：20020594
所在部门：管理学院	所在部门：会计学院

监考工作证	监考工作证
教师姓名：王丽	教师姓名：刘玲
工　号：20030104	工　号：20050590
所在部门：会计学院	所在部门：会计学院

图 6.28　标签报表预览（局部）

学生基本信息

学号	姓名	性别	出生日期	民族	专业
20220101	王琳	女	2003/1/30	藏族	经济
20220203	赵正	男	2003/7/9	壮族	统计
20220305	陈瑞	女	2002/12/3	汉族	财务
20220407	崔婷	女	2001/2/5	白族	软件
20220509	马福良	男	2002/8/24	汉族	物流
20220610	徐舒怡	女	2001/9/3	汉族	经济
20220112	蔡泓	男	2003/1/10	回族	统计
20220214	张楠	女	2002/7/19	汉族	财务
20220316	冯佳	女	2001/1/24	回族	经济
20220418	赵阳	男	2003/12/9	藏族	软件
20220506	兰云	女	2003/7/9	回族	财务
20220606	吴艳	女	2001/5/26	汉族	软件
20220700	张悦	女	2002/12/19	汉族	经济
20220205	李一博	男	2002/11/26	汉族	软件
20220208	施正	男	2001/9/10	回族	财务
20221201	胡龙	男	2002/11/3	白族	统计

图 6.29　【例 6.5】报表预览结果（局部）

②向主体区添加要显示的字段。在"设计"选项卡的"工具"组中单击"添加现有字段"按钮，显示"字段列表"窗格，如图 6.30 右侧区域所示。在"字段列表"窗格中，展开"学生"表，把"学号""姓名""性别""出生日期"和"民族"5 个字段依次拖到主体区；展开"班级"表，再把"班级名称"字段也拖到主体区。默认状态下，字段名在左、字段值在右，字段名对应着标签控件。

③设置页面页眉区要显示的列标题。把主体区里表示字段名的标签控件依次移动到页面页

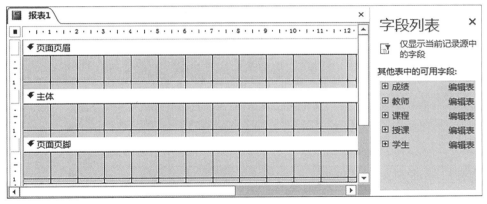

图 6.30　报表的设计视图与"字段列表"窗格

眉区，用拖曳或剪切再粘贴方式均可。

④向报表页面页眉区添加报表标题等内容。在报表任一节空白处右击，在弹出的快捷菜单中选择"报表页眉/页脚"命令，首先使报表页眉区和报表页脚区显示出来。在"设计"选项卡的"控件"组中单击"标签"按钮，在报表页眉区添加一个标签控件，输入控件标题为"学生基本信息"。单击"插入图像"按钮，选择准备好的图片文件，在报表页眉区显示校徽图标，与之相对应的是图像控件。

⑤设置页面页脚区要显示的页码格式。在"设计"选项卡的"页眉/页脚"组中单击"页码"按钮，打开"页码"对话框，设置结果如图 6.31 所示，单击"确定"按钮，在页面页脚区出现一个显示页码的文本框控件。

⑥向报表页脚区添加报表日期。在"设计"选项卡的"页眉/页脚"组中单击"日期和时间"按钮，打开"日期和时间"对话框，设置结果如图 6.32 所示，单击"确定"按钮。所添加的对应着日期的文本框控件通常自动出现在页面页眉区，把它剪切并粘贴到报表页脚区。

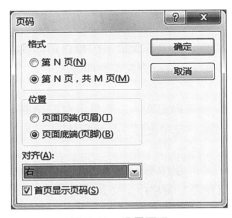

图 6.31　设置页码

图 6.32　设置日期

⑦调整控件格式。在"设计"选项卡的"工具"组中单击"属性表"按钮，显示"属性表"窗格，如图 6.33 右侧所示。对于上述已经被添加到各个节（区）的每个控件，单击选中之后，即可在"属性表"窗格中进行各种需要的设置，如显示位置、对齐方式、宽度高度、字体字号、前景背景颜色、有无边框等，设计结果如图 6.33 左侧所示。

⑧设置每个节（区）的高度。单击分节标志选中相应节（区），在"属性表"窗格中选择"高度"属性，输入需要的高度数值即可。另外，用鼠标上下拖动各个节（区）的下边也可以粗

略地设置对应节（区）的高度，设置结果如图 6.33 所示，至此，报表设计完成。

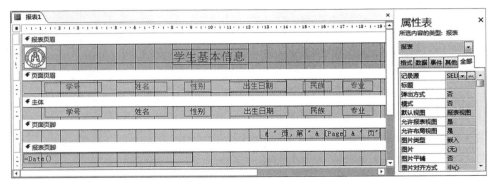

图 6.33　【例 6.5】报表设计结果——设计视图

⑨单击"文件"菜单中的"保存"按钮，输入报表名称"学生基本信息"，保存报表设计。

⑩在"开始"选项卡的"视图"组中选择其他视图方式，可浏览报表的设计效果，其中打印预览显示结果如图 6.29 所示。

由窗体转换为报表

6.3　报表设计

报表设计指的是使用报表设计视图设计报表，以及对已有报表进行编辑修改的操作。

通常情况下，可以首先使用便捷的方式创建报表，例如"报表"或"报表向导"等方式，但是这样创建的报表的很多报表参数是由系统自动设置的，往往并不能完全满足实际需求，这时候可以使用报表的设计视图对报表作进一步修改，使报表完全符合实际需要。

6.3.1　报表设计中的常用控件

报表当中所显示的所有内容都与一定的控件相对应，用于报表最多的控件是标签控件和文本框控件，其他还有复选框控件、图像控件、矩形和直线控件、分页符控件等。

1. 标签控件

在报表中使用标签控件主要是为了显示标题、注释等固定文本，其显示内容设置在标签控件的"标题"属性中，其他常用属性还有：控件的大小、显示位置、显示字体、字号、前景色、背景色、有无边框及边框样式、颜色、宽窄等。

当报表为设计视图时，在"设计"选项卡的"控件"组中单击"标签"按钮，再在需要放置的节中单击，即添加了一个标签控件，然后在"属性表"窗格中定义其需要的各个属性值。

2. 文本框控件

报表中的文本框控件通常与以文本字符显示的数据源相关联，以显示其对应的文本或数值。例如，在报表主体中的文本型、数值型字段和计算表达式；在报表页眉/页脚中的分组字段/汇总值表达式；在报表页眉/页脚中常常显示的页码、报表时间、报表日期。

在报表当中的文本框控件，其主要需要设置的属性是"控件来源"，其他常用属性包括：显示格式、控件的大小、显示位置、显示字体、字号、前景色、背景色、有无边框及边框样式、颜色、宽窄等。

当报表为设计视图时，在"设计"选项卡的"控件"组中单击"文本框"按钮，再在需要放置的节中单击，即添加了一个文本框控件，然后在"属性表"窗格中定义必要的属性值。

3. 复选框控件

报表中的复选框控件通常与是/否型数据源相关联，以对勾选中表示"是"，以空白框表示"否"。

当报表为设计视图时，在"设计"选项卡的"控件"组中单击"复选框"按钮，再在需要放置的节中单击，即添加了一个复选框控件，然后在"属性表"窗格中定义需要的属性值，主要是控件显示位置和大小。

4. 图像、矩形和直线控件

（1）图像控件。在报表当中，使用图像控件来显示一个固定图片。例如，【例 6.5】在报表标题旁边显示的校徽就是通过添加图像控件、插入一个 JPG 图像文件而得到的。在报表中添加图像控件而显示图片的途径还有另外两个：一个是在"设计"选项卡的"控件"组单击"插入图像"按钮再选择图像文件；另一个是在"设计"选项卡的"页眉/页脚"组中单击"徽标"按钮再选择图像文件。

如果报表主体有 OLE 对象字段，通常对应的控件是绑定对象框。例如，如果"学生"表的"照片"字段是报表数据源，那么它对应的并不是图像控件而是绑定对象框控件，可以选择嵌入或链接两种方式之一与数据源绑定。

（2）矩形和直线控件。矩形控件用于在报表上显示框线，直线控件用于显示线条，通常需要设置的属性是显示位置、线型、颜色、尺寸、透明度等。

图像、矩形、直线这些控件通常用作修饰报表控件。

5. 分页符控件

插入分页符控件的作用显而易见，就是报表在分页符控件所在位置另起一页——分页。

当报表为设计视图时，在"设计"选项卡的"控件"组单击"分页符"按钮，然后在需要分页的相应节的位置处单击，即添加了一个分页符控件。

6.3.2 报表节的使用

在报表的设计视图中，节代表着一定的设计区域，在 6.1.3 小节中提到过，最多可以有 7 个节。

1. 节的添加或删除

默认状态下，单击"报表设计"按钮，打开的设计视图会显示"页面页眉""页面页脚"和"主体"3 个节。在报表"设计视图"的空白处右击，在弹出的快捷菜单中，可以选择显示或不显示"页面页眉/页脚""报表页眉/页脚"。在选择了"设计"选项卡的"分组和汇总"组中的分组、总计功能的情况下，还会显示组页眉、组页脚。

2. 节大小的设置

（1）节宽度设置。报表所有节的宽度是唯一的，改变一个节的宽度意味着改变整个报表的宽度，节宽度通过设置节或报表的"宽度"属性值确定，用鼠标左右拖动节右边界也可粗略调整节宽度。

（2）节高度设置。设置节高度的方法有两种：一种是选中一个节，在"属性表"窗格中设置"高度"属性；另一种是用鼠标上下拖动节的下边界。

3. 节颜色与显示效果设置

对于选中的节，在"属性表"窗格中设置"背景色"或"备用背景色"来设置节的显示颜色，"特殊效果"可设置节的显示效果为平面、凸起或凹陷。

4. 节的显示与隐藏

节的"可见"属性用来设置报表输出时，该区域内容是否显示，默认值是"是"，如果改为"否"，则设计放置在该区域的内容将不会显示输出。极端情况是，当所有节的"可见"属性都为"否"时，则输出的报表是空白纸页。

说明

> 在报表设计视图，单击分节标志可以选中相应节，如果要选择整个报表，可以单击选中报表左上角的方块 ▣，也就是当显示有水平标尺时，位于水平标尺左侧的报表选择标识。

6.3.3 报表记录的排序和分组

默认状态下，报表记录是按照对应数据源记录的存储顺序显示的，如果需要报表记录按其他的顺序输出，例如学生基本信息记录按出生日期降序输出，则需要对报表记录进行"排序"设置。另外，如果需要报表记录按某字段分组，并一组一组地显示记录，则需要对报表记录进行"分组"设置，设置分组的同时还可以设置是否要作分组汇总计算，例如计算各分组的记录个数、占比等。

1. 报表记录排序

报表记录排序就是设置报表记录按什么顺序输出。

【例 6.6】对【例 6.5】生成的"学生基本信息"报表设置记录输出顺序：按"民族"升序排序，相同民族按"出生日期"降序排序。

解 操作步骤如下。

①在"学生基本信息"报表对象上右击，在弹出的快捷菜单中选择"设计视图"命令，把报表在设计视图中打开，在"设计"选项卡的"分组和汇总"组，单击"分组和排序"按钮，显示结果如图 6.34 所示，在原设计区下方出现"分组、排序和汇总"窗格。

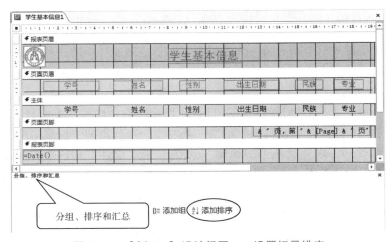

图 6.34 【例 6.6】设计视图——设置记录排序

②单击"添加排序"下拉按钮，在弹出的"选择字段"下拉列表框中选择"民族"，在其右侧的排序方式选择"升序"。同样地，再次单击"添加排序"下拉按钮，在"选择字段"下拉列表框中选择"出生日期"，排序方式默认"降序"，设置结果如图 6.35 所示。

③保存报表，切换到打印预览，显示结果如图 6.36 所示。

排序依据既可以是报表的输出字段，也可以是报表的计算表达式，这两者统称为排序依据。

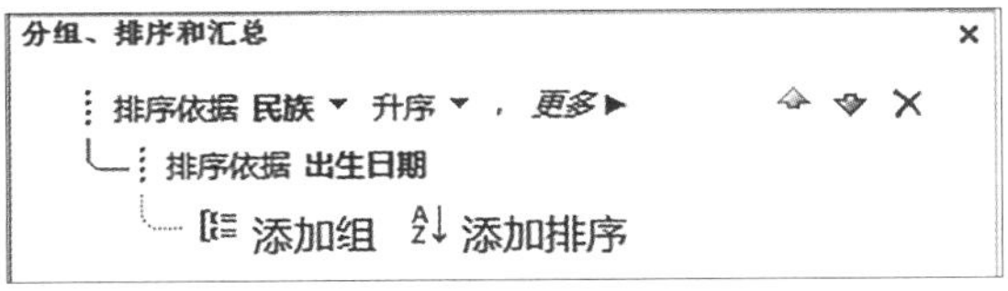

图 6.35　【例 6.6】记录排序设置

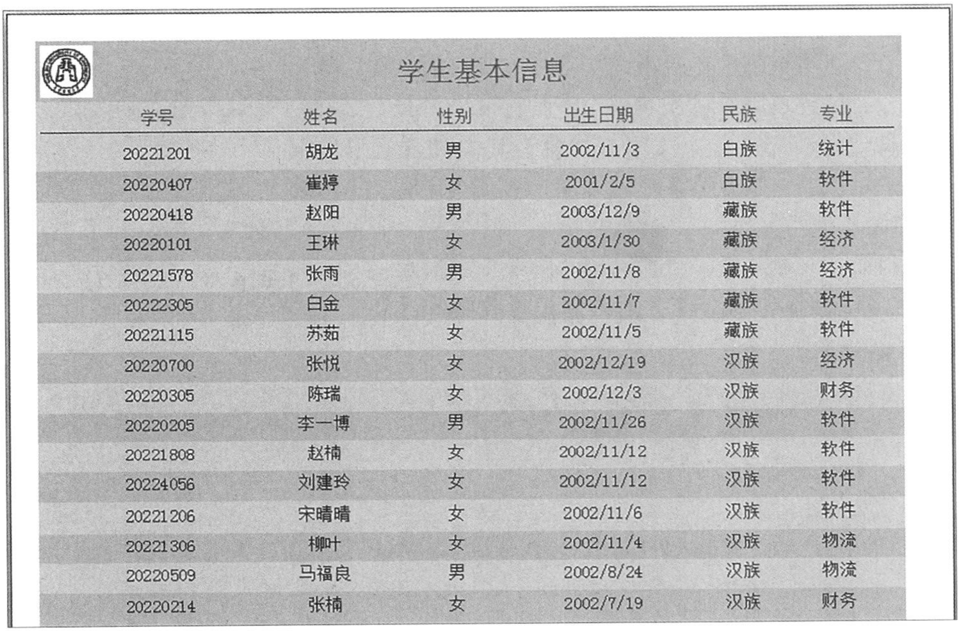

学生基本信息

学号	姓名	性别	出生日期	民族	专业
20221201	胡龙	男	2002/11/3	白族	统计
20220407	崔婷	女	2001/2/5	白族	软件
20220418	赵阳	男	2003/12/9	藏族	软件
20220101	王琳	女	2003/1/30	藏族	经济
20221578	张雨	男	2002/11/8	藏族	经济
20222305	白金	女	2002/11/7	藏族	软件
20221115	苏茹	女	2002/11/5	藏族	软件
20220700	张悦	女	2002/12/19	汉族	经济
20220305	陈瑞	女	2002/12/3	汉族	财务
20220205	李一博	男	2002/11/26	汉族	软件
20221808	赵楠	女	2002/11/12	汉族	软件
20224056	刘建玲	女	2002/11/12	汉族	软件
20221206	宋晴晴	女	2002/11/6	汉族	软件
20221306	柳叶	女	2002/11/4	汉族	物流
20220509	马福良	男	2002/8/24	汉族	物流
20220214	张楠	女	2002/7/19	汉族	财务

图 6.36　【例 6.6】报表预览结果（局部）

2. 报表记录分组

报表记录分组也是一种改变报表记录默认顺序的方式，例如希望对“学生基本信息”报表按“民族”字段分组，并统计每个民族的学生人数。对报表记录进行分组、排序和汇总常常是一起出现的需求。

【例 6.7】对【例 6.5】生成的“学生基本信息”报表，设置按“民族”字段分组，在每个分组中，报表记录按“性别”升序排列，并汇总每个民族学生的人数。

解　操作步骤如下。

①在“学生基本信息”报表对象上右击，在弹出的快捷菜单中选择“设计视图”命令，把报表在设计视图中打开，在“设计”选项卡的“分组和汇总”组中单击“分组和排序”按钮，显示结果参考图 6.34。

②单击“添加组”下拉按钮，在弹出的“选择字段”下拉列表框中选择“民族”，排序方式默认“升序”，与此同时，在页面页眉节和主体节之间自动出现名为“民族页眉”的组页眉节。

③单击“添加排序”下拉按钮，在“选择字段”下拉列表框中选择“性别”，排序方式默认“升序”，设置结果如图 6.37 所示。

④单击“分组形式”行上的 更多 ▶ 按钮，展开更多设置选项。单击汇总选择右侧的下拉按钮，打开“汇总”设置，选择“汇总方式”为“学号”，“类型”为“记录计数”，勾选“在组页脚中显示小计”复选框，设置结果如图 6.38 所示。

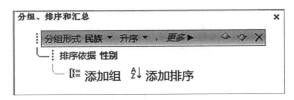

图 6.37 【例 6.7】 分组、排序设置

至此，分组、排序和汇总设置结果如图 6.39 所示。

当选择了 "在组页脚中显示小计" 汇总方式之后，在主体节之后出现名为 "民族页脚" 的组页脚节，如图 6.40 所示，同时，在 "民族页脚" 自动出现一个文本框控件，其 "控件来源" 属性为 "＝Count（*）"，即引用系统内置的计数函数 Count（）来显示组内记录数。

⑤保存报表，切换到打印预览，显示结果如图 6.41 所示，
图 6.38 【例 6.7】 分组汇总设置
可以看到，在每组记录输出结束之后有组记录数显示。

图 6.39 【例 6.7】 分组、排序和汇总设置结果

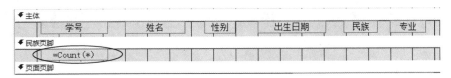

图 6.40 有分组汇总的设计视图

排序和分组可交错进行，例如首先设置一个分组依据，在分组内再设置一个排序依据，然后进一步设置分组，组内还可以设置各级分组或排序依据……依次形成错落层级。

6.3.4 报表中的计算控件

计算控件指的是 "控件来源" 属性是计算表达式的控件，其作用是在报表的相应位置显示表达式的计算结果。计算控件在报表中的作用是多样的，例如，用于显示报表页码、报表日期和报表时间，用作各种报表统计汇总计算，以及在报表主体添加自定义计算列等。

通常，文本框是最常见的用来显示计算表达式值的计算控件，不过只要有 "控件来源" 属性的控件就都可以和计算表达式绑定。因此，一般意义上，计算控件是所有这类控件的统称。

以下重点列举计算控件在报表中的常见应用。

1. 计算控件用作显示报表页码

在报表的页眉或页脚中显示报表页码是很常见的需求，添加页码的方法在【例 6.5】中有过提示，就是当报表为设计视图时，在 "设计" 选项卡的 "页眉/页脚" 组中单击 "页码" 按钮，弹出 "页码" 对话框（参见图 6.31），在 "页码" 对话框中选择需要的页码格式及显示位置即可。查看页码所对应文本框控件的 "控件来源" 属性可以看到表示页码的计算表达式，常见页

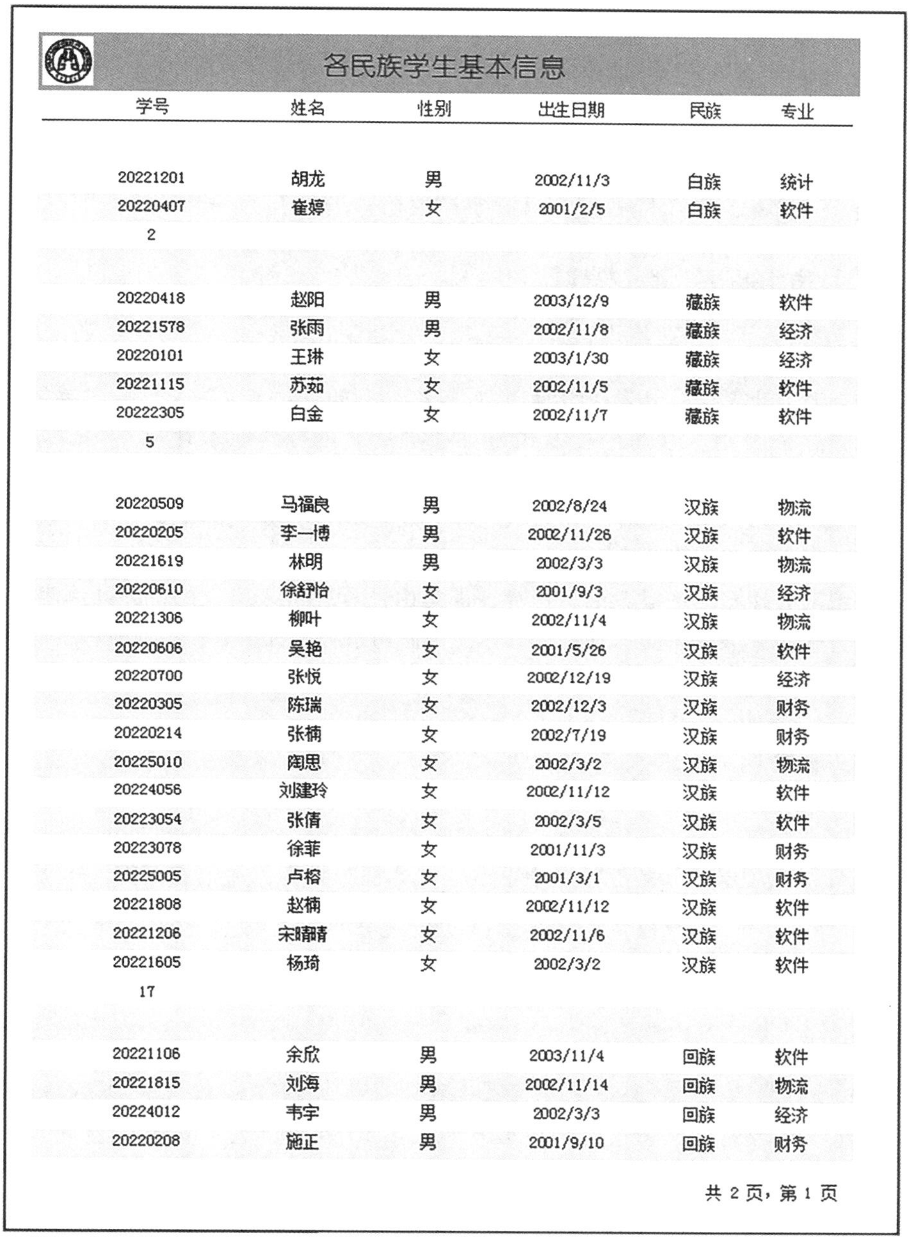

		各民族学生基本信息			
学号	姓名	性别	出生日期	民族	专业
20221201	胡龙	男	2002/11/3	白族	统计
20220407	崔婷	女	2001/2/5	白族	软件
2					
20220418	赵阳	男	2003/12/9	藏族	软件
20221578	张雨	男	2002/11/8	藏族	经济
20220101	王琳	女	2003/1/30	藏族	经济
20221115	苏茹	女	2002/11/5	藏族	软件
20222305	白金	女	2002/11/7	藏族	软件
5					
20220509	马福良	男	2002/8/24	汉族	物流
20220205	李一博	男	2002/11/26	汉族	软件
20221619	林明	男	2002/3/3	汉族	物流
20220610	徐舒怡	女	2001/9/3	汉族	经济
20221306	柳叶	女	2002/11/4	汉族	物流
20220606	吴艳	女	2001/5/26	汉族	软件
20220700	张悦	女	2002/12/19	汉族	经济
20220305	陈瑞	女	2002/12/3	汉族	财务
20220214	张楠	女	2002/7/19	汉族	财务
20225010	陶思	女	2002/3/2	汉族	物流
20224056	刘建玲	女	2002/11/12	汉族	软件
20223054	张倩	女	2002/3/5	汉族	软件
20223078	徐菲	女	2001/11/3	汉族	财务
20225005	卢榕	女	2001/3/1	汉族	财务
20221808	赵楠	女	2002/11/12	汉族	软件
20221206	宋曈菁	女	2002/11/6	汉族	软件
20221605	杨琦	女	2002/3/2	汉族	软件
17					
20221106	余欣	男	2003/11/4	回族	软件
20221815	刘海	男	2002/11/14	回族	物流
20224012	韦宇	男	2002/3/3	回族	经济
20220208	施正	男	2001/9/10	回族	财务

共 2 页，第 1 页

图 6.41 【例 6.7】报表预览结果

码格式所对应的计算表达式如表 6.1 所示。其中，Page 和 Pages 是内置变量，［Page］表示当前页页码，［Pages］表示报表总页数。

表 6.1 常见页码格式所对应的计算表达式

页码表达式	页码显示格式
="共" & ［Pages］&"页,第"&［Page］& "页"	共（总页数）页，第（页码）页
=［Page］& "/" & ［Pages］	（页码）/（总页数）
= "页" & ［Page］	页（页码）

2. 计算控件用作显示报表日期和报表时间

【例 6.5】中有提到在报表页脚中显示报表输出日期，此外，还可以在报表中显示报表输出的时间。当报表为设计视图时，在"设计"选项卡的"页眉/页脚"组中单击"日期和时间"按钮，弹出"日期和时间"对话框（参见图 6.32），按需要选择即可。查看日期或时间所对应文本框控件的"控件来源"属性，可看到所对应的计算表达式，常见的是系统内置函数 Date( )、Time( ) 或 Now( )，对应的是系统日期或时间。

3. 计算控件用作报表统计汇总计算

对报表的汇总计算通常有以下两种。

（1）分组汇总。当报表分组时，可以对每组记录作汇总计算，如组记录计数、数值列的平均值或总和等，汇总计算结果出现在组页眉/页脚中。例如【例 6.7】中，将"学生基本信息"报表按"民族"字段分组，选择汇总方式为对"学号"进行"记录计数"，显示在组页脚中（参见图 6.40），结果就是在每组记录输出结束之后显示该组记录数。

（2）报表汇总。报表汇总是对整个报表记录作汇总统计，如全部记录计数、数值列的总平均值或总和等，报表汇总计算结果通常出现在报表页脚中。

无论是分组汇总计算还是报表汇总计算，都是由计算控件来实现的，即计算表达式与文本框控件的"控件来源"属性绑定、在计算表达式中使用系统内置函数，实现各种统计计算。

【例 6.8】为【例 6.5】生成的"学生基本信息"报表添加人数总计数值，显示在报表结尾处。

解 操作步骤如下。

①在"学生基本信息"报表对象上右击，在弹出的快捷菜单中选择"设计视图"命令，把报表在设计视图中打开。

②在"设计"选项卡的"控件"组中单击"文本框"按钮，在报表页脚区单击添加一个文本框，把文本框的标题修改为"人数总计"。单击选中文本框控件，设置其"控件来源"属性为表达式"=Count([学生]![学号])"。

说明

用表达式生成器来构造表达式更加简便准确：在图 6.42 所示的"属性表"窗格中，单击"控件来源"行右侧的"表达式生成器"按钮，在打开的"表达式生成器"对话框中按图 6.43 进行如下操作。

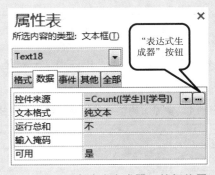

图 6.42 "表达式生成器"按钮位置

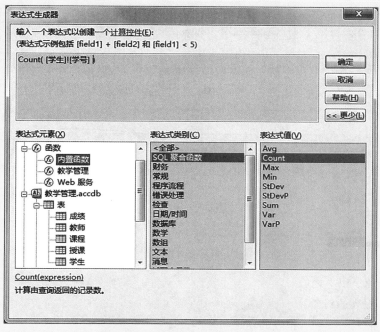

图 6.43 "表达式生成器"对话框

➤ 在下部左侧的"表达式元素"列表框中，选择"函数"类中的"内置函数"；在中间的"表达式类别"列表框中选择"SQL 聚合函数"；在右侧的"表达式值"列表框中选择"Count"函数，双击该函数名使之出现在上部的表达式编辑框中。

➤ 在下部左侧的"表达式元素"列表框中，单击"学生管理.accdb"左侧加号，依次展开，直至选中"学生"表。当中间的"表达式类别"列表框中显示有"学生"表的所有字段之后，把 Count 函数的自变量位置全部选中成为 **Count(«expression»)**，然后双击"表达式类别"列表框中的"学号"字段，使之出现在 Count 函数自变量位置，得到表达式：**=Count([学生]![学号])**，最后单击"确定"按钮。

③为步骤②中添加的计算控件及其标题，设置显示位置和显示外观所对应的各种属性，设计视图如图 6.44 所示。

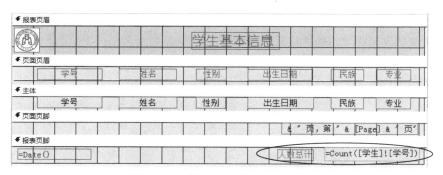

图 6.44 【例 6.8】报表设计视图

④保存报表，切换到打印预览，查看报表打印效果，如图 6.45 所示。

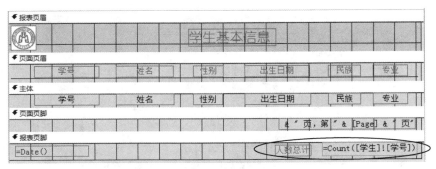

图 6.45 【例 6.8】报表打印预览（局部）

本章小结

本章主要介绍了以下内容：

（1）Access 报表的对象；

（2）Access 报表的种类、报表的创建与基本设计；

（3）Access 报表的排序与分组，报表的各种计算；

（4）主/子报表和图表报表的特点与设计。

习　题

主/子报表和图表报表

1. 思考题

（1）什么是报表？报表有什么作用？

（2）报表的数据源有哪些？

（3）创建报表的方法有哪些？

（4）使用"报表""报表向导"和"报表设计"创建报表的区别是什么？这 3 种方式又有什么联系？

（5）报表由哪些部分组成？

（6）报表页眉和页面页眉的作用分别是什么？

（7）报表页脚和页面页脚的区别是什么？

（8）标签报表的特点和通常的用途是什么？

2. 选择题

（1）可以设置为报表默认视图的是（　　）或（　　）。

A. 报表视图　　　B. 打印预览　　　C. 布局视图　　　D. 设计视图

（2）可以设置为不使用的报表视图的是（　　）或（　　）。

A. 报表视图　　　B. 打印预览　　　C. 布局视图　　　D. 设计视图

（3）报表设计时，仅在报表记录输出后显示的信息，应该设置在（　　）节。

A. 报表页眉　　　B. 组页脚　　　C. 页面页脚　　　D. 报表页脚

（4）报表的数据源可以是（　　　）。

A. 表、报表和查询　　　　　　　　　B. 表、查询和窗体

C. 表、查询和 SQL 语句　　　　　　D. 只有表

（5）在报表页面页脚中，要显示格式为"第 i 页，总 n 页"的页码，则对应文本框控件的"控件来源"属性的正确表达式是（　　　）。

A. ="第"［Page］"页，总"［Pages］"页"

B. ="第"，［Pages］，"页，总"，［Page］"页"

C. ="第"&［Page］&"页，总"&［Pages］&"页"

D. ="第"+［Pages］+"页，总"+［Page］+"页"

（6）报表设计视图中，必出现的节（区）有（　　　）。

A. 报表页眉节、页面页眉节和页面页脚节

B. 报表页眉节、页面页眉节和组页眉节

C. 报表页眉节、主体节和页面页脚节

D. 页面页眉节、主体节和页面页脚节

（7）把报表主体节的"可见"属性设置为"否"，则以下叙述正确的是（　　　）。

A. 在报表的设计视图，主体节不再存在

B. 在报表的设计视图，仍然出现主体节，但无法向主体节添加控件

C. 在报表的设计视图，仍然出现主体节，但主体节的所有内容不出现在输出的报表中

D. 即使其他所有节的"可见"属性为"是"，但在打印预览时，整个报表也永远是空白纸页

（8）在报表设计时，如果要统计并显示报表所有记录的计数值，则计算表达式应放置在（　　　）。

A. 主体节末尾　　　B. 组页脚节　　　C. 页面页脚节　　　D. 报表页脚节

（9）如果在报表的某个区域，需要显现报表输出日期前一天的日期，则该计算控件的"控件来源"属性是（　　　）。

A. Date（）-1　　　B. =Date（）-1　　　C. Date（）+1　　　D. =Date（）+1

（10）报表无法完成的工作是（　　　）。

A. 向数据表中输入数据

B. 由数据表输出数据

C. 汇总数据表中的数据

D. 以图表表示数据表中的数据

第 6 章习题答案

第 7 章 宏

本章学习目标：

- 熟悉宏的功能和宏操作
- 掌握创建简单的宏和嵌入宏
- 掌握创建条件宏和宏组
- 掌握宏的运行、调试与修改

宏是 Access 的一个重要对象，可以对 Access 的其他对象进行操作，它一般是由一个或多个操作组成的集合，其中每个操作都实现特定的功能。宏可以被重复调用，当需要重复进行同一操作时，用户就可以通过创建宏来实现这些操作。

7.1　宏概述

7.1.1　宏的功能

在 Access 中，有几十种基本宏操作，这些基本宏操作可以完成窗口和用户界面管理、数据查询和筛选、数据导入/导出、数据库对象访问等。在使用中，很少单独使用基本宏操作，常常是将宏操作组合使用，按照顺序或条件去执行，以完成一种特定任务。这些操作可以通过窗体中控件的某个事件触发执行，或者在数据库的运行过程中自动实现。

宏的功能主要有以下 7 个。

（1）用户界面管理：窗口菜单、工具栏显示和隐藏。

（2）窗口管理：窗口大小、位置调整和窗口移动等。

（3）数据库对象操作：以编辑或只读模式打开和关闭表、查询、窗体和报表。

（4）打印管理：执行报表的预览和打印操作及报表中数据的发送。

（5）窗口对象操作：设置窗体或报表中控件的各种属性和值等。

（6）数据操作：执行查询操作，以及数据的过滤、查找、保存。

（7）数据库内外部数据交换：数据导入和导出等。

7.1.2　常用宏操作

在数据库管理系统中，对窗体对象、报表管理和数据维护的宏操作是使用频率最高的。在这些宏操作中，有的操作没有参数（如 Beep），而有的操作必须指定参数（如 OpenForm）。宏操作是非常丰富的，一般常用的 Access 对象操作或数据库数据维护，通过宏操作都可实现。表 7.1 所示是按功能分类的常用宏操作。

表 7.1　常用宏操作

类型	命令	功能描述	参数说明
窗口管理	CloseWindow	关闭指定的窗口。如果无指定的窗口，则关闭当前的活动窗口	对象类型：选择要关闭的对象类型 对象名称：选择要关闭的对象名称 保存：选择"是"或"否"
	MaximizeWindow	活动窗口最大化	无参数
	MinimizeWindow	活动窗口最小化	无参数
	RestoreWindow	窗口还原	无参数
宏命令	CancelEvent	终止一个事件	无参数
	RunCode	运行 Visual Basic 的函数过程	函数名称：要执行的"Function"过程名
	RunMacro	运行一个宏	宏名：所要运行的宏的名称 重复次数：运行宏的最大次数 重复表达式：输入当值为假时停止宏的运行的表达式
	StopMacro	停止当前正在运行的宏	无参数
	StopAllMacro	终止所有正在运行的宏	无参数
筛选/查询/搜索	FindRecord	查找符合指定条件的第一条记录或下一条记录	查找内容：输入要查找的数据 匹配：选择"字段的任何部分""整个字段"或"字段开头" 区分大小写：选择"是"或"否" 搜索：选择"全部""向上"或"向下" 格式化搜索：选择"是"或"否" 只搜索当前字段：选择"是"或"否" 查找第一个：选择"是"或"否"
	FindNextRecord	使用 FindNext 操作可以查找下一个符合前一个的 FindRecord 操作或在"查找和替换"对话框中指定条件的记录	无参数
	OpenQuery	打开选择查询或交叉表查询，或者执行操作查询。查询可在数据表视图、设计视图或打印预览中打开	查询名称：打开查询的名称 视图：打开查询的视图 数据模式：查询的数据输入方式
	ShowAllRecords	关闭活动表、查询的结果集合和窗口中所有已应用过的筛选，并且显示表或结果集合，或者窗口的基本表或查询中的所有记录	无参数

续表

类型	命令	功能描述	参数说明
用户界面命令	AddMenu	为窗体或报表将菜单添加到自定义菜单栏	菜单名称：出现在自定义菜单栏中的菜单的名称 菜单宏名称：输入或选择宏组名称 状态栏文字：此文本将出现在状态栏上
	Echo	指定是否打开响应	打开回响：是否响应打开状态栏文字，关闭响应时，在状态栏中显示文字
	MessageBox	显示含有警告或提示消息的消息框	消息：消息框中的文本 发嘟嘟声：选择"是"或"否" 类型：选择消息框的类型 标题：在消息框标题栏中显示文本
数据库对象	GoToControl	将焦点移动到激活的数据表或窗体指定的字段或控件上	控件名称：输入将要获得焦点的字段或控件名称
	GoToRecord	将表、窗体或查询结果中的指定记录设置为当前记录	对象类型：选择对象类型 对象名称：当前记录的对象名称 记录：要作为当前记录的记录，可在"记录"列表框中单击"向前移动""向后移动""首记录""尾记录""定位"或"新记录"，默认值为"向后移动"
	OpenForm	在窗体视图、设计视图、打印预览或数据表视图中打开窗体	窗体名称：打开窗体的名称 视图：选择打开窗体视图或设计视图等 筛选名称：限制窗体中记录的筛选 当条件：输入一个 SQL WHERE 语句或表达式，以从窗体的数据基本表或查询中选定记录 数据模式：窗体的数据输入方式 窗体模式：打开窗体的窗口模式
	OpenReport	在设计视图或打印预览中打开报表，或者立即打印该报表	报表名称：打开报表的名称 视图：选择打开报表或设计视图等 筛选名称：限制报表中记录的筛选 当条件：输入一个 SQL，WHERE 语句或表达式，以从报表的基本表或查询中选定记录 窗口模式：打开报表的窗口模式
	OpenTable	在数据表视图、设计视图或打印预览中打开表	表名称：打开表的名称 视图：打开表的视图 数据模式：表的数据输入方式
系统命令	Beep	使计算机发出嘟嘟声	无参数
	QuitAccess	退出 Microsoft Access	无参数

7.2 创建宏

7.2.1 宏设计器窗口

创建宏或宏组，一般都需要在宏设计器窗口中进行，首先要了解宏设计器窗口的组成和掌握宏设计器窗口的使用。

打开宏设计器窗口的步骤如下：

①启动 Access 并打开"学生管理"数据库；

②选择"创建"→"宏与代码"→"宏"命令，打开宏设计器窗口，如图 7.1 所示。

图 7.1　打开宏设计器窗口

宏设计器窗口分为左右两部分，左边是宏操作指令的选择；右边是程序流程控制和按功能分类的宏操作指令，便于用户快速查找宏操作指令，如图 7.2 所示。

图 7.2　宏设计器窗口

在左边窗口单击"添加新操作"下拉按钮，可从下拉列表框中选择宏操作。宏操作大多都是带参数的，选择某一个宏操作后，就要在其参数区设置参数。图 7.3 所示是 OpenReport 参数设置图。

宏设计器窗口的工具栏分为 3 个组："工具"组为调试宏操作的工具；"折叠/展开"组的 4 个按钮可以实现对宏操作指令的折叠或展开；"显示/隐藏"组的按钮可以对操作目录进行显示或隐藏。

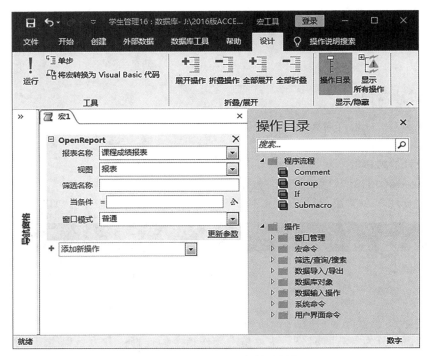

图 7.3　OpenReport 参数设置图

7.2.2　创建简单的宏

创建宏是比较简单的，一般流程是：在宏设计器窗口根据需要选择宏操作序列，设置参数，保存宏。然后测试运行，若有错误则调试除错，最后得到功能正确的宏。用户只需在宏设计器窗口的宏操作列表中进行一些选择，然后对其中的一些属性进行设置即可。下面用一个例子介绍宏的创建过程。

【例 7.1】使用 MessageBox 创建显示信息的对话框，其参数如表 7.2 所示。

表 7.2　MessageBox 参数

操作参数	说明
消息	消息框中的文本，也可用表达式（前面加等号）
发嘟嘟声	指定显示消息时计算机或设备的扬声器是否发出蜂鸣声。选择"是"（蜂鸣声）或"否"（不发出蜂鸣声）即可，默认为"是"
类型	在消息框中输入，每种类型具有不同的图标
标题	在消息框标题栏中显示的文本

解　操作步骤如下。

①启动 Access 并打开"学生管理"数据库。

②选择"创建"→"宏与代码"→"宏"命令，打开宏设计器窗口，如图 7.4 所示。

③单击"添加新操作"下拉按钮，从下拉列表框中选择"MessageBox"，如图 7.4 所示。

④设置 MessageBox 操作相关的参数："消息"为"欢迎使用学生管理系统"，"发嘟嘟声"为"是"，"类型"为"无"，"标题"为"欢迎"，如图 7.5 所示。

⑤单击"保存"按钮，将该宏保存为"欢迎消息宏"。

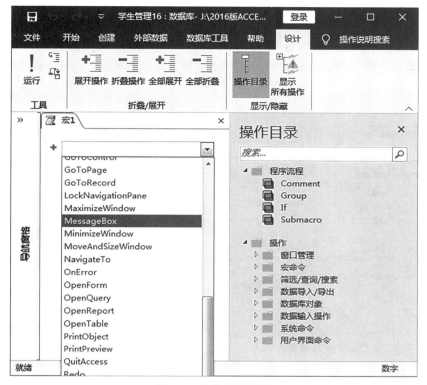

图 7.4　宏设计器窗口

图 7.5　MessageBox 参数设置

⑥单击"运行"按钮，运行"欢迎消息宏"。在消息框显示时还会听到提示音，如图 7.6 所示。

【例 7.2】在"学生管理"数据库中创建一个能打开"教师信息"窗体的宏。

解　操作步骤如下。

①启动 Access 并打开"学生管理"数据库。

②选择"创建"→"宏与代码"→"宏"命令，打开宏设计器窗口。

③单击"添加新操作"下拉按钮，在下拉列表框中选择"OpenForm"。

图 7.6　宏运行结果

④设置 OpenForm 操作相关的参数，如图 7.7 所示，有关参数说明如表 7.3 所示。设置"视

图"为"窗体"，设置"窗体名称"为"教师信息"。当需要在要打开的窗体中显示筛选过的数据时，需要在"筛选名称"项指定数据源，在"当条件"项设定筛选条件，筛选条件相当于查询中的 WHERE 子句，没有筛选时这两项可忽略。"数据模式"项根据要打开窗口的功能可设置为"增加""编辑"和"只读"，此例子中只显示数据，故设置为"只读"；"窗口模式"项设置为"普通"。

⑤保存该宏为"打开窗体"，然后运行该宏，运行结果如图 7.8 所示。

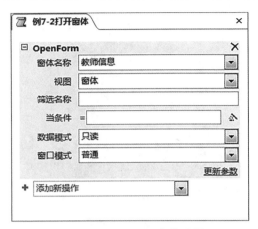 

图 7.7　OpenForm 参数设置　　　　图 7.8　"打开窗体"宏运行结果

表 7.3　OpenForm 操作参数

操作参数	说明
窗体名称	要打开的窗体名称。窗体名称框中显示当前数据库中所有窗体的名称，这是必需的参数
视图	将在其中打开窗体视图。在视图框中选择窗体、设计、打印预览、数据表等。视图参数设置会覆盖窗体的默认视图和视图属性的设置
筛选名称	窗体所用的数据源，一般是表名或查询名。如果数据源是 SQL 语句，则可先将 SQL 语句另存为查询
当条件	有效的 SQL WHERE 子句
数据模式	数据输入窗体模式。这仅适用于在窗体的窗体视图或数据表视图中打开。选择增加（用户可以添加新记录，但不能编辑现有记录）、编辑（用户可以编辑现有记录，也可以添加新记录）或只读（用户只能查看记录）。数据模式参数设置会覆盖窗体属性中相关数据属性设置
窗口模式	打开窗体窗口模式。选择普通（设置其属性的方式打开窗体）、隐藏（隐藏窗体）、图标（窗体打开最小化为屏幕底部的小的标题栏）或对话框（窗体的模式和弹出窗口属性设置为是）。默认为普通

另外，若按图 7.9 所示的带筛选参数设置 OpenForm 参数，则运行结果如图 7.10 所示。

说明

操作 OpenReport、OpenTable 和 OpenQuery，其和 OpenForm 的相关参数用法是一样的，OpenForm 和 OpenReport 参数设置会覆盖原窗体或报表相关属性的设置。

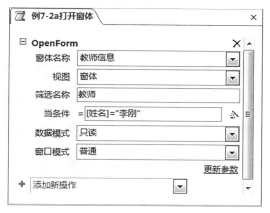

图 7.9 带筛选参数的 OpenForm

图 7.10 运行结果

7.2.3 创建嵌入宏

嵌入宏是所嵌入对象的一部分，不显示在导航窗格中，只能触发被依附对象的事件来调用嵌入宏，需要通过修改相应控件的属性来创建、修改与删除。嵌入宏使数据库更易于管理，每次复制、导入/导出与其依附的窗体或报表时，嵌入宏也随依附的对象一起操作。

利用命令按钮向导或通过宏生成器都可以创建依附事件属性的嵌入宏。

1. 通过命令按钮向导创建嵌入宏

为窗体或报表添加命令按钮，命令按钮向导可以辅助创建一个执行特殊任务的命令按钮，为命令按钮创建一个嵌入 OnClick 属性的宏。

【例 7.3】在"学生管理"数据库中，新建一个"课程成绩查询系统"窗体，然后利用命令按钮向导创建 2 个嵌入宏，分别实现"打开课程窗体""运行成绩查询"的查询任务，命令按钮名称分别为"CmdLessonForm"和"CmdQuery"。

解 操作步骤如下。

①启动 Access 并打开"学生管理"数据库，在"创建"选项卡的"窗体"组中，单击"窗体设计"按钮，打开窗体设计视图，并自动生成名为"窗体 1"的窗体。

②选择"设计"选项卡的"控件"组，单击"标签"按钮，在窗体的主体节上添加标签，并更改标签标题为"课程成绩查询系统"，如图 7.11 所示。

③在"设计"选项卡的"控件"组中单击"按钮"按钮，在窗体的主体节上添加按钮，弹出"命令按钮向导"对话框 1，在"类别"列表框中选择"窗体操作"，在"操作"列表框中选择"打开窗体"，如图 7.12 所示，单击"下一步"按钮。

图 7.11 加入标签的窗体

④在"命令按钮向导"对话框 2 中，选中"打开窗体并显示所有记录"单选按钮，如图 7.13 所示。单击"下一步"按钮，弹出如图 7.14 所示的对话框，选中"文本"单选按钮，按钮上显示文本为"打开课程窗体"。单击"下一步"按钮，弹出如图 7.15 所示的对话框，在文本框中输入"CmdLessonForm"，单击"完成"按钮。

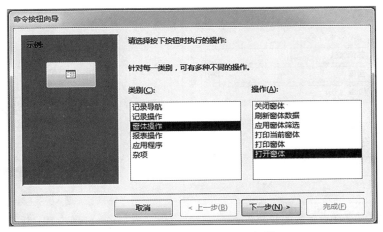

图 7.12 "命令按钮向导"对话框 1

图 7.13 "命令按钮向导"对话框 2

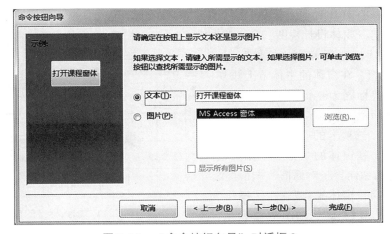

图 7.14 "命令按钮向导"对话框 3

⑤在"设计"选项卡的"控件"组中单击"按钮"按钮,在窗体的主体节上添加按钮,弹出如图 7.16 所示的对话框,在"类别"列表框中选择"杂项",在"操作"列表框中选择"运行查询"。单击"下一步"按钮,在弹出的对话框中选择"学生成绩查询",如图 7.17 所

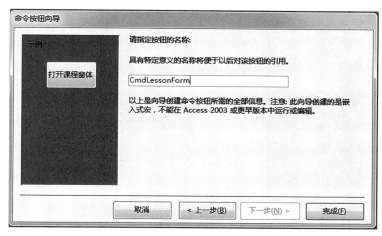

图 7.15 "命令按钮向导"对话框 4

示。单击"下一步"按钮，弹出如图 7.18 所示的对话框，选中"文本"单选按钮，按钮上显示文本为"运行成绩查询"。单击"下一步"按钮，弹出如图 7.19 所示的对话框，在文本框中输入"CmdQuery"，单击"完成"按钮。

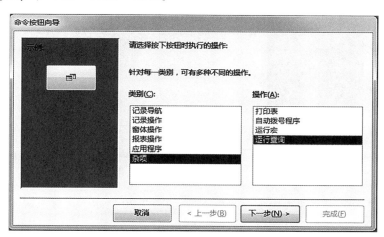

图 7.16 "命令按钮向导"对话框 5

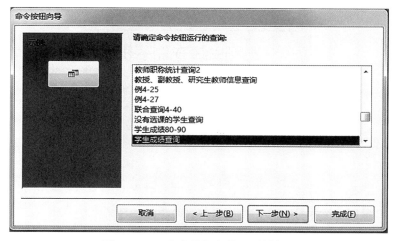

图 7.17 "命令按钮向导"对话框 6

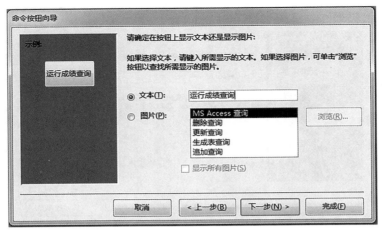

图 7.18　"命令按钮向导"对话框 7

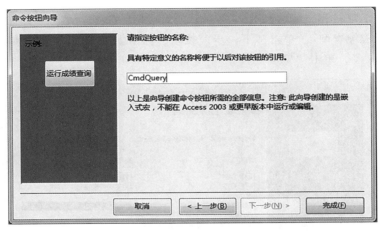

图 7.19　"命令按钮向导"对话框 8

⑥保存窗体并命名为"课程成绩查询系统",如图 7.20 所示。运行该窗体,单击"打开课程窗体"或"运行成绩查询"按钮可看到相应的结果。

图 7.20　"课程成绩查询系统"窗体

说明

要查看两个按钮的"属性表"窗格,可单击"设计"选项卡"工具"组中的"属性表"按钮或按〈F4〉键。可以看到"属性表"窗格的"事件"选项卡的"单击"行中显示"[嵌入的宏]",如图 7.21 所示。

图 7.21　嵌入宏

2. 通过宏生成器创建嵌入宏

通过宏生成器创建嵌入宏的方法是先取消"控件"组中的命令按钮向导，在其"属性表"窗格的"事件"选项卡的相应事件中单击"生成器"按钮，或者右击，在弹出的快捷菜单中选择"事件生成器"命令，在弹出的"选择生成器"对话框中选择"宏生成器"，进入宏生成器，创建嵌入宏。

【例 7.4】在【例 7.3】新建的"课程成绩查询系统"窗体中，继续利用宏生成器为两个命令按钮创建两个嵌入宏，分别实现"查看课程表"和"查看成绩表"功能，两个命令按钮名称分别为"CmdForm""CmdReport"。

解　具体操作步骤如下。

① 在"课程成绩查询系统"的设计视图中分别添加两个名称为"CmdForm"和"CmdReport"的命令按钮，取消命令按钮向导，并分别设置按钮文本为"查看课程表"和"查看成绩表"，如图 7.22 所示。

② 在新添加的两个命令按钮的"属性表"窗格中选择"事件"选项卡，单击"单击"行的"生成器"按钮，或者右击新添加的命令按钮，在弹出的快捷菜单中选择"事件生成器"命令，弹出"选择生成器"对话框，如图 7.23 所示。

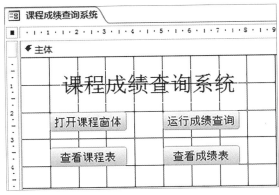

图 7.22　"课程成绩查询系统"窗体

图 7.23　"选择生成器"对话框

③选择其中的"宏生成器",单击"确定"按钮后进入宏生成器,如图 7.24 所示。

④分别为两个命令按钮添加"OpenForm"和"OpenReport"宏操作,如图 7.25 所示,其参数设置如表 7.4 所示。

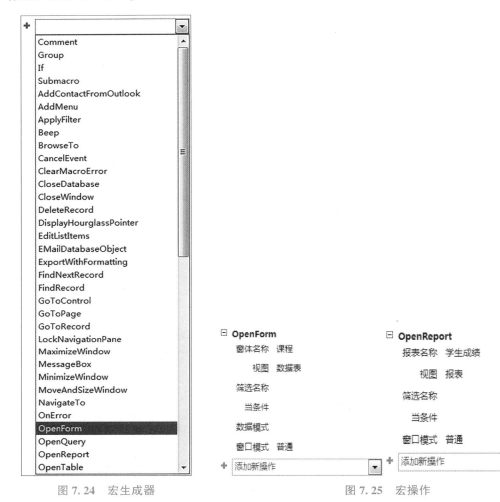

图 7.24　宏生成器　　　　　　　　图 7.25　宏操作

表 7.4　嵌入宏参数

嵌入宏	宏操作	参数说明
课程成绩查询系统:CmdForm:单击	OpenForm	窗体名称:课程 视图:数据表
课程成绩查询系统:CmdReport:单击	OpenReport	报表名称:学生成绩 视图:报表

⑤保存并运行窗体,如图 7.22 所示,单击各命令按钮,显示相应的运行结果。

7.2.4　创建条件宏

条件宏是当满足某些特定条件时才执行的宏操作,在数据库的操作中,有时需要根据指定的条件来完成一个或多个宏操作,可以使用条件控制宏操作。

在 Access 宏设计中，条件是通过流程控制 If 语句实现的，If 语句可实现单一条件判断，也可实现二条件和多条件判断，还可以嵌套使用，从而实现更复杂的逻辑判断。有关 If 语句的详细用法将在第 8 章介绍。

创建带有条件的宏操作方法如下：

（1）创建宏，打开宏设计器窗口；

（2）在操作目录的"程序流程"中，双击"If"，在宏编辑区添加一条件控制语句；

（3）编辑条件的逻辑表达式，在该条件中添加满足条件时的宏操作。

宏的"条件"是逻辑表达式，返回的值只能是"真"（True）或"假"（False）。运行时将根据条件结果是"真"或"假"，决定是否执行宏操作。

1. 单个条件的条件宏

【例 7.5】在"学生管理"数据库中，创建含有单个条件的条件宏"单条件 IF 宏"，条件表达式为"MsgBox("打开课程表吗?",1)= 1"，实现用 MsgBox( )函数返回值判断是否打开课程表的任务。

解 操作步骤如下。

①启动 Access 并打开"学生管理"数据库。

②选择"创建"选项卡中的"宏与代码"组，单击"宏"按钮，打开宏设计器窗口，在宏生成器窗口上创建名为"单条件 IF 宏"的宏。

③单击"添加新操作"下拉按钮，在下拉列表框中添加"If"宏操作，并输入条件表达式"MsgBox("打开课程表吗?",1)= 1"。展开 If 块，在 If 和 End If 块中添加"OpenTable"宏操作，具体参数设置如图 7.26 所示。

④保存宏并运行，在弹出的消息框中单击"确定"按钮时，条件表达式的值为"真"，执行 If 块操作打开"课程"表；在弹出的消息框中单击"取消"按钮时，条件表达式的值为"假"，不进行任何操作。

2. 多个条件的条件宏

单个 If 条件的条件宏在实际应用中并不能满足所有的任务要求，还需要用 Else 块和 Else If 块进行扩展，这就需要多个条件的条件宏。

【例 7.6】在"学生管理"数据库中检查每门课程的学分设置是否在 1~5 之间，如果不符合要求，则弹出消息框进行警告提示并修改不符合的学分，如果符合则继续检查下一条记录的学分，直到课程中的所有记录检查完毕，保存修改的学分并关闭程序。

解 操作步骤如下。

①启动 Access 并打开"学生管理"数据库。选择"课程"表，单击"创建"选项卡"窗体"组中的"窗体"按钮，弹出"课程"窗体并保存，如图 7.27 所示。

图 7.26 "单条件 IF 宏"参数配置

图 7.27 "课程"窗体

②选中"课程"窗体，右击，在弹出的快捷菜单中选择"设计视图"命令，打开"课程"窗体的设计视图，单击"设计"选项卡"控件"组中的"按钮"按钮并添加到"课程"窗体的主体节上。在"属性表"窗格中的"全部"选项卡的"名称"行设置命令按钮名称为"CmdCheck"，"标题"为"学分检查"，如图 7.28 所示，保存窗体名为"课程 B"。

图 7.28 "课程"窗体的设计视图

③在"课程 B"窗体的设计视图中，右击命令按钮"CmdCheck"，在弹出的快捷菜单中选择"事件生成器"命令，弹出"选择生成器"对话框，选择"宏生成器"，单击"确定"按钮后进入宏生成器窗口，单击"添加新操作"下拉按钮，在下拉列表框中添加"If"宏操作，输入条件表达式"［学分］<1 or［学分］>5"。展开 If 块，在 If 和 End If 块中添加"Message-Box"宏操作，并设置该宏操作的参数，如图 7.29 所示。

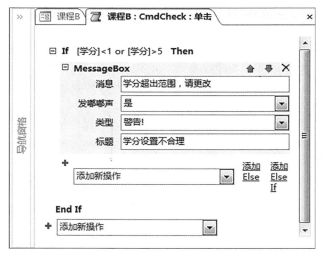

图 7.29 设置"MessageBox"宏操作的参数

④在 If 块内的右下角，单击"添加 Else If"按钮，展开 Else If 块，利用条件表达式"IsNull(［课程编号］)"判断"课程"窗体的所有学分记录是否检查完毕，检查完毕后利用 MessageBox 弹出消息框进行提示，并利用 CloseWindow 保存所作的修改后关闭窗体，具体宏设置如图 7.30 所示。

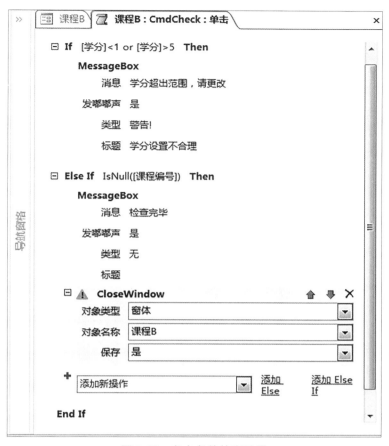

图 7.30　多个条件的宏设置

注意

IsNull( ) 函数的功能是判断参数是否为空。

⑤单击 If 块内右下角的"添加 Else"按钮，添加 Else 块，完成移向窗体下一条记录的功能。在展开的 Else 块内添加"GoToRecord"宏操作，宏操作参数设置如图 7.31 所示。

⑥保存条件宏，打开"课程 B"的窗体视图，单击"学分检查"命令按钮，检查每门课程的学分设置是否符合要求。

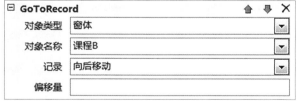

图 7.31　设置"GoToRecord"宏操作参数

【例 7.7】在"学生管理"数据库中用宏操作实现教师职称查询功能。

解　操作步骤如下。

①启动 Access 并打开"学生管理"数据库。

②选择"教师"表，单击"创建"按钮，选择"窗体"→"其他窗体"→"多个项目"命令，创建多个项目窗体，打开"教师"窗体，如图 7.32 所示。

③切换到设计视图，然后在窗体页眉区添加控件，在"设计"选项卡的"控件"组中单击

图 7.32　"教师"窗体

"选项组"按钮,将选项组捆绑的标签调整到合适的位置,将其显示的名称改为"职称选择",在选项组控件内部添加 4 个单选按钮,单选按钮所对应的标签分别设置为"教授""副教授""讲师"和"全部",如图 7.33 所示。

图 7.33　多个项目窗体

④选定选项组控件,在"属性表"窗格中将该选项组控件名称改为"ZC",如图 7.34 所示。将窗体保存为"教师职称查询"。

⑤选择"创建"→"宏与代码"→"宏"命令,打开宏设计器窗口。

⑥单击"添加新操作"下拉按钮,在下拉列表框中选择"If",构造"If…Then…End If"单条件判断。通过选项组控件 ZC 的返回值判断用户选择的职称名称,当 ZC 值为 1 时用户选择"教授",为 2 时选择"副教授",以此类推,如图 7.35 所示。

⑦当满足 ZC 值为 1 的条件时,用 SetFilter 宏操作来设置筛选器,筛选出满足"=[职称]="教授""条件的所有记录;当用户选择"副教授"和"讲师"时,用同样的方法筛选出符合条件的记录;当用户选择

图 7.34　修改控件名称为"ZC"

"全部"即 ZC 值为 4 时,调用 ShowALLRecords 宏操作清除所有的筛选条件,显示全部记录,如图 7.35 所示。

⑧保存宏名为"职称查询"。

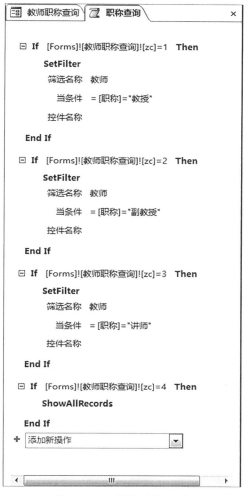

图 7.35　"职称查询"宏

⑨显示选项组控件 ZC 的"属性表"窗格，选择"事件"选项卡，在"更新后"下拉列表框中将"职称查询"宏关联到"教师职称查询"窗体中选项组控件 ZC 的"更新后"事件，如图 7.36 所示。当选项组控件 ZC 职称选择发生变化时便会触发"职称查询"宏的执行。

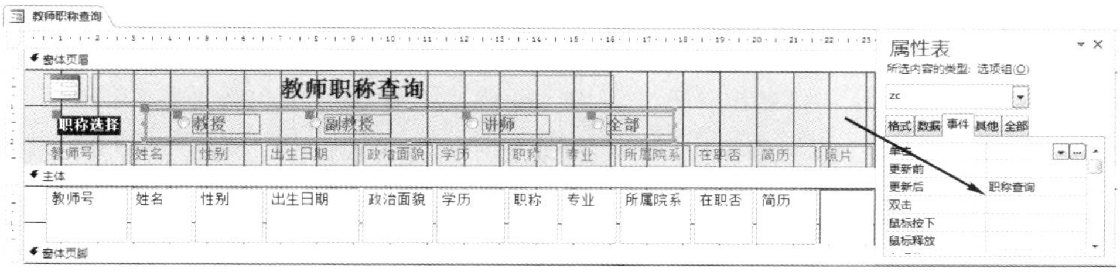

图 7.36　宏与选项组更新后的关联

⑩运行"教师职称查询"窗体，单击不同职称，观察窗口显示职称的变化。图 7.37 所示是选择"副教授"时的运行结果。

教师职称查询										

教师职称查询

职称选择　○教授　　◉副教授　　○讲师　　○全部

教师号	姓名	性别	出生日期	政治面貌	学历	职称	专业	所属院系	在职否	简历	照片
20020592	孙海强	男	1969/6/25	中共党员	研究生	副教授	计算机	信息学院	Yes	忽略	
20020594	李娜	女	1968/5/19	群众	研究生	副教授	金融	会计学院	Yes	忽略	
20030103	张丽云	女	1972/1/27	群众	研究生	副教授	管理	管理学院	Yes	忽略	
20030104	王丽	女	1979/12/29	中共党员	研究生	副教授	金融	会计学院	Yes	忽略	

图 7.37　"教师职称查询"窗体运行结果

说明

　　宏设计器窗口中，宏操作可以通过前面的 ⊟ 按钮将参数设置区域折叠起来，也可通过 ⊞ 按钮展开。还可以选中某个宏操作后通过鼠标拖动的方式移动其位置，或者通过最右边的 ✕ 按钮将其删除。（注：宏操作 SetFilter 和 AppFilter 的功能和参数相似）

7.2.5　创建 Group 块

　　把多个宏操作用 Group 块组织在一起，起一个有意义的 Group 块名，可以提高宏的可读性，使宏生成器界面更简洁，方便数据库管理宏。

　　Group 块中各个分组以"Group"开始，以"End Group"结束。Group 块不会影响宏操作的执行方式，不能单独调用或运行。Group 块还可以嵌套其他 Group 块，最多可以嵌套 9 层。

　　创建 Group 块的过程中，如果操作在宏中，则只需选中宏操作并右击，在弹出的快捷菜单中选择"生成分组程序块"命令，然后在 Group 块顶部框中输入 Group 块名；如果操作不在宏中，则先添加 Group 块，可以从"添加新操作"下拉列表框中选择"Group"，或者从"操作目录"窗格的"程序流程"中拖曳"Group"，输入 Group 块名后再添加宏操作。

　　【例 7.8】在"学生管理"数据库中创建宏"宏-Group 块"，用 Group 块分别执行打开"课程"表、打开"教师"窗体、打开"学生成绩"报表、查询学生成绩、关闭数据库的操作。

　　解　操作步骤如下。

　　①启动 Access 并打开"学生管理"数据库，选择"创建"→"宏与代码"→"宏"命令，打开宏设计器窗口。

　　②在宏设计器窗口的"添加新操作"下拉列表框中选择"Group"，输入"打开课程表"，在下面的"添加新操作"下拉列表框中选择"OpenTable"，"表名称"为"课程"，如图 7.38 所示。

　　③参照步骤②，在宏设计器窗口的"添加新操作"下拉列表框中均选择"Group"，分别输入"打开教师窗体""打开学生成绩报表""查询学生成绩""关闭数据库"，相关的其他选项如图 7.38 所示。

　　④保存宏名称为"宏-Group 块"，单击"运行"按钮，查看宏运行结果，可以观察到 Group 块按顺序依次执行的情况。

图 7.38 "宏-Group 块"宏

7.2.6 创建子宏和宏组

一个复杂的数据库管理系统需要很多不同的功能，每个功能对应一个独立的宏，但在一个数据库系统下大量的宏集中在一起，不便于维护和管理。因此，在这种情况下可以用子宏来实现这些功能。在一个宏内可以有很多子宏，每个子宏都有自己的名字，可以像独立的宏一样独立运行。宏组就是包含一组子宏的宏。

【例 7.9】在【例 7.2】建立的"教师信息"窗体上加上记录导航和按姓名查找教师信息的功能。

解 操作步骤如下。

①启动 Access，在"学生管理"数据库中打开"教师信息"窗体，在窗体右侧添加 1 个文本框和 6 个按钮，文本框名称为"xm"，按钮标题分别修改为"查找""第一条""下一条""上一条""最后一条"和"退出"，并将窗体另存为"教师信息查询窗体-子宏"，如图 7.39 所示。

②新创建宏并保存为"导航查询"，在宏设计器窗口右侧的操作目录中双击"Submacro"。在宏设计器窗口中添加子宏模块，子宏命名为"First"，功能是导航到表的首条记录，如图 7.40 所示。

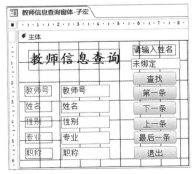

图 7.39 "教师信息查询窗体-子宏"窗体

③双击操作目录中"数据库对象"的"GoToRecord",在子宏体内添加 GoToRecord 宏操作,参数设置如图 7.40 所示。

④按照步骤②添加子宏"Next",功能是向后移动一条记录,如图 7.41 所示。以此类推,分别添加"Previous""Last"子宏,功能分别是向前移动一条记录、导航到最后一条记录。

图 7.40　"First"子宏

图 7.41　"Next"子宏

⑤在宏设计器窗口中添加子宏模块,子宏命名为"Find",功能是查找姓名为用户输入在"xm"文本框中的教师个人信息。实现该功能需要 FindRecord 和 GoToControl 宏操作配合使用。FindRecord 宏操作可以对窗体上光标所在字段进行查找,所以先用 GoToControl 宏操作将光标移动到"教师信息查询窗体–子宏"窗体中的"xm"文本框中。双击操作目录中"数据库对象"的"GoToControl",在子宏体内添加"GoToControl"宏操作,参数设置如图 7.42 所示。然后双击操作目录中"数据库对象"的"FindRecord",在子宏体内添加"FindRecord"宏操作,参数设置如图 7.42 所示。这样在窗体中按姓名查找的子宏 Find 就写好了。

⑥在宏设计器窗口中添加子宏模块,子宏命名为"Close",功能是关闭窗体。双击操作目录中"窗口管理"的"CloseWindow",在子宏体内添加"CloseWindow"宏操作,参数设置如图 7.43 所示。

图 7.42　"Find"子宏

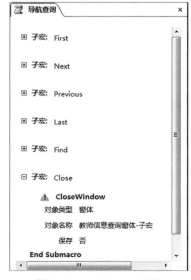

图 7.43　"Close"子宏

⑦单击"保存"按钮，将该组包含 6 个子宏的宏组保存到"导航查询"宏中。

⑧将查找功能子宏 Find 与"教师信息查询窗体-子宏"窗体中的"查找"按钮单击事件关联起来。打开"教师信息查询窗体-子宏"窗体设计视图，选中"查找"按钮并右击，在弹出的快捷菜单中选择"属性"命令，打开"属性表"窗格，在"事件"选项卡的"单击"下拉列表框中选择"导航查询.Find"选项，完成子宏与按钮单击事件的关联，如图 7.44 所示。

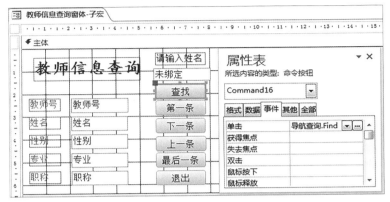

图 7.44　"查找"按钮与 Find 子宏关联

⑨参照步骤⑧，依次将"导航查询.First""导航查询.Next""导航查询.Previous""导航查询.Last"和"导航查询.Close"5 个子宏关联到按钮"第一条""下一条""上一条""最后一条"和"退出"按钮的单击事件中。

⑩运行"教师信息查询窗体-子宏"窗体，依次单击导航按钮，查看记录导航效果；并在"xm"文本框中输入一个教师姓名，单击"查找"按钮，查找该教师个人信息，结果如图 7.45 所示。

图 7.45　查找结果

7.2.7　创建数据宏

数据宏是附加到表的逻辑，用于在表级别实施特定的业务规则。在某些方面，数据宏与有效性规则类似，只不过比有效性规则的功能更强大。有效性规则只能验证数据，而不能修改数据。数据宏可以在表级别监控、管理和维护表数据的活动。

大多数情况下，数据宏用于实施业务规则，例如某个字段的阈值触发其他数据的变化，或者在数据输入过程中执行数据转换。数据宏作用于表级别应用，它们在任何使用表数据的地方均起作用，不仅能在窗体、报表中使用，而且也能在 Web 应用中使用。

在数据表视图中查看表时，可通过"表"选项卡管理数据宏，如图 7.46 所示，数据宏不显示在导航窗格的"宏"下。有两种主要的数据宏类型：一种是由表事件触发的数据宏（也称"事件驱动的"数据宏）；另一种是为响应按名称调用而运行的数据宏（也称"已命名的"数据宏）。

图 7.46　表数据相关事件

根据表数据发生的变化过程，触发数据宏的表事件分别是"更改前""删除前""插入后""更新后"及"删除后"5 种。这些事件又分为"前期事件"和"后期事件"，"前期事件"发生在对表数据进行更改之前，"后期事件"表示数据已经成功地完成了更改，具体如表 7.5 所示。

表 7.5　表事件

事件分类	事件	功能
前期事件	更改前	更改前数据宏在记录更改动作发生且保存记录之前运行，通常用来进行逻辑验证，以决定记录是否允许被修改或显示错误以停止修改
	删除前	删除前数据宏在记录删除动作发生且记录被真正删除之前运行，通常用来进行逻辑验证，以决定记录是否允许被删除或显示错误以停止删除
后期事件	插入后	插入后数据宏是指在新记录被添加到表后所运行的逻辑
	更新后	更新后数据宏是指在现有记录被更改后所运行的逻辑
	删除后	删除后数据宏是指在记录被删除后所运行的逻辑

当用户更新现有记录及向表中插入新记录时，都会触发"更改前"事件；在用户默认情况下，"更改前"或"删除前"数据宏中对某个字段的引用会自动指向当前记录。

数据宏使用的宏设计器与创建嵌入宏和用户界面宏所用的宏设计器相同。在掌握了宏设计器的操作方法后，可使用它进行所有宏开发和宏管理。其主要差别在于：在不同的事件中，操作目录会包含不同的操作，由于不涉及窗体、窗口和用户界面等对象，所以可用于数据宏的操作子集要比标准宏小得多，但是如果精心设计和实施，则数据宏可以为 Access 应用程序添加强大的功能。常用的数据宏如表 7.6 所示。

表 7.6　常用的数据宏

类型	操作命令	功能
数据块	CreateRecord	在指定表中创建新记录
	EditRecord	更改现有记录中包含的值
	ForEachRecord	对域中的每条记录重复
	LookupRecord	查找所选对象中的记录
数据操作	SetField	用于将字段值设置为表达式的结果
	RaiseError	可取消当前被激发的事件，并弹出消息框，参数"错误号"为整数，表示错误级别，参数"错误描述"为文本，用作在消息框中显示的文本
	RunDataMacro	运行数据宏
	SetLocalVar	将本地变量设置为给定值（为变量赋值）
	SetTempVar	将临时变量设置为给定值

【例 7.10】 在"学生管理"数据库中对"成绩"表输入"成绩"字段进行校验，当输入的成绩大于 100 分时，自动以 100 分保存；当输入的成绩小于 0 分时，自动以 0 分保存。

解　操作步骤如下。

①启动 Access 并在"学生管理"数据库中打开"成绩"表，切换至"表"选项卡，如图 7.47 所示。

图 7.47　"表"选项卡

②在"表"选项卡中单击"更改前"按钮，打开数据宏设计器窗口。

③在操作目录的"程序流程"中双击"If"，在设计区加入条件控制块，并设计成"If…Then…Else If…Then…End If"二条件判断，对大于 100 分和小于 0 分的两种情况进行处理，如图 7.48 所示。

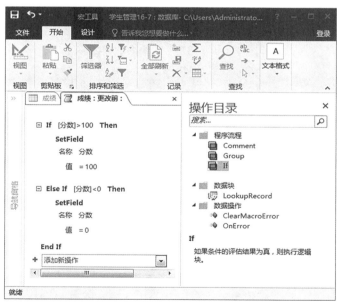

图 7.48　"更改前"数据宏设计器窗口

④在操作目录的"数据操作"中双击"SetField"，添加"SetField"宏操作，在步骤③中两种情况下将"成绩"字段的值分别设置为 100 和 0，如图 7.48 所示。

⑤保存并关闭数据宏，在"成绩"表中将某名学生的"分数"修改成大于 100 或小于 0 的分值，观察实际存入"成绩"表中的成绩值。

【例 7.11】在"学生管理"数据库中，"成绩"表中的"分数"字段输入后一般不允许再修改，一旦修改就要记录下来。用数据宏实现对"成绩"表中"分数"字段所有修改进行记录。

解　操作步骤如下。

①在"学生管理"数据库中复制"成绩"表，然后粘贴表结构，保存新表为"成绩更改"表。修改过的记录将被转存到该表中。

②一条记录可能被多次修改，所以"成绩更改"表不能设置主键。打开"成绩更改"表设计视图，删除该表主键，保存表并退出设计视图。

③在"学生管理"数据库中打开"成绩"表，切换至"表"选项卡，单击"已命名的宏"下拉按钮，在弹出的下拉列表框中选择"创建已命名的宏"选项，如图 7.49 所示，打开数据宏设计器窗口。

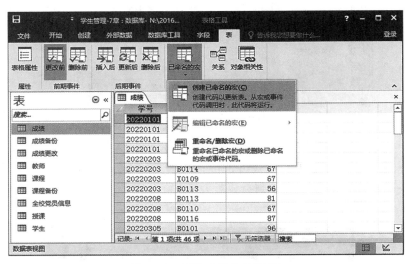

图 7.49　创建"已命名的宏"

④在操作目录的"数据块"中双击"CreateRecord"，添加"CreateRecord"宏操作，在"在所选对象中创建记录"下拉列表框中选择"成绩更改"选项，如图 7.50 所示。

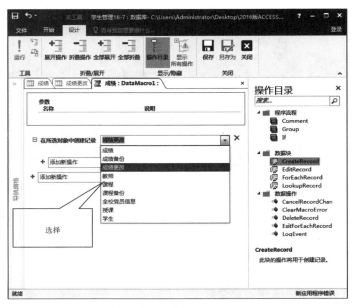

图 7.50　选择"成绩更改"选项

⑤在"CreateRecord"中的"添加新操作"下拉列表框中选择"SetField",依次对"成绩更改"表中的"学号""课程编号"和"成绩"字段用"成绩"表中对应的字段进行赋值,如图 7.51 所示。

图 7.51　为字段赋值

⑥单击"保存"按钮,将该数据宏保存为"SaveModifiedScore",关闭宏设计器窗口。

⑦在"表"选项卡中单击"更新后"按钮,再次打开数据宏设计器窗口。

⑧在宏设计器窗口的"添加新操作"下拉列表框中选择"RunDataMacro","宏名称"设置为"成绩.SaveModifiedScore",如图 7.52 所示。单击"保存"按钮,关闭宏设计器窗口。

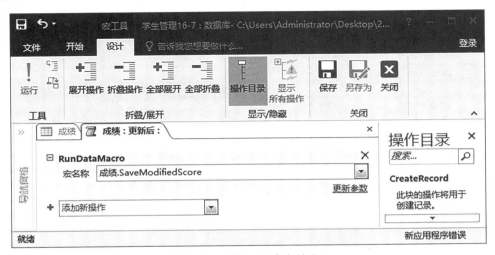

图 7.52　调用"已命名的宏"

⑨打开"成绩"表,随机修改几名学生的分数,然后打开"成绩更改"表,会发现所有修改过的记录被转存到"成绩更改"表中,如图 7.53 所示。

成绩	成绩更改		×
学号 ▾	课程编号 ▾	分数 ▾	
20220101	B0101	77	
20220203	B0101	66	
20220305	B0101	100	
20224056	B0101	95	

记录：◄ ◄ 第 5 项(共 46 项) ► ►I ►※ 无筛选器
新应用程序错误

成绩	成绩更改		×
学号 ▾	课程编号 ▾	分数 ▾	
20220101	B0101	77	
20220203	B0101	66	
20220305	B0101	100	
20224056	B0101	100	

记录：◄ ◄ 第 1 项(共 4 项) ► ►I ►※ 无筛选器
新应用程序错误

图 7.53 "更新后"数据宏的运行结果

说明

　　"成绩"表中的数据宏 SaveModifiedScore 的操作也可以直接放到"更新后"事件中，这里把它写成"已命名的宏"的形式，原因是可以在不同的事件中反复调用。例如，本例中只在"成绩更改"表中保存"成绩"表中更改的记录，并不会保存新插入的记录。如果把"成绩"表新记录也保存下来，则在"成绩"表"插入后"事件中调用 SaveModifiedScore 宏即可实现。

7.2.8　创建自运行宏

　　当特定应用的数据库应用系统设计完成后，就可以使用该系统进行工作。一般在 Access 环境下设计的数据库应用系统不能脱离 Access 软件环境运行，所以在数据库应用系统设计完成后，可以将 Access 的菜单和导航栏隐藏起来，一打开数据库就自动运行某个指定窗体或宏，进入自己设计的数据库。实现这种打开 Access 就自动运行的宏称为自运行宏。宏设计后要自动运行，只要将该宏以"autoexec"为名保存即可。

　　【例 7.12】在"学生管理"数据库中设计自运行宏，实现一启动 Access 就显示"登录窗口"窗体。

　　解　操作步骤如下。

　　① 启动 Access 并在"学生管理"数据库中打开宏设计器窗口。

　　② 在"添加新操作"下拉列表框中选择"OpenForm"，其参数设置如图 7.54 所示。

　　③ 单击"保存"按钮，将该宏名保存为"autoexec"，关闭"学生管理"数据库。

　　④ 启动 Access 并重新打开"学生管理"数据库，即可看到"autoexec"宏的运行结果，如图 7.55 所示。

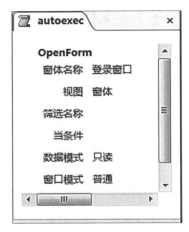

图 7.54　"OpenForm"宏操作参数设置

图 7.55　"autoexec"宏的运行结果

注意

如果不想在打开数据库时运行 autoexec 宏，则在打开数据库时按住〈Shift〉键，可以取消 autoexec 宏的自动运行。

7.3 宏的应用

宏具有自动执行重复任务的功能，在实际应用中很广泛。可以利用宏执行常用的操作和任务。

宏的编辑

7.3.1 打印报表

报表是 Access 的主要对象之一，创建好的报表经常需要打印。

【例 7.13】在"学生管理"数据库中创建"打印授课报表"宏，完成"授课"报表打印预览的任务。

解 操作步骤如下。

①启动 Access 并打开"学生管理"数据库。

②在"创建"选项卡的"宏与代码"组中，单击"宏"按钮，打开宏设计器窗口，创建名称为"打印授课报表"的宏。

③在"添加新操作"下拉列表框中选择"OpenReport"，设置其操作参数，如图 7.56 所示。

④保存宏并运行，进入打印预览，如图 7.57 所示。

图 7.56 "OpenReport"宏操作参数设置

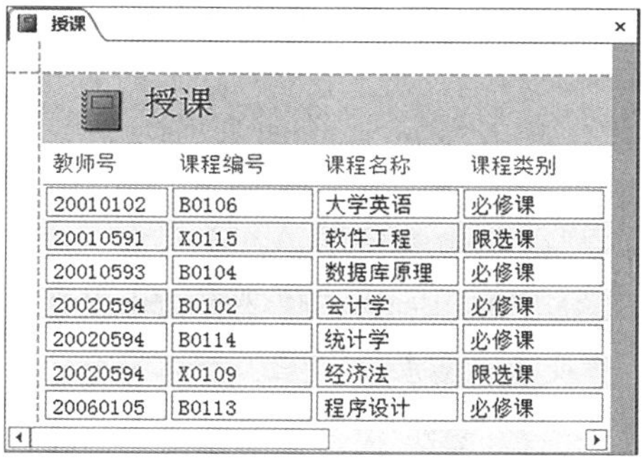

授课			
教师号	课程编号	课程名称	课程类别
20010102	B0106	大学英语	必修课
20010591	X0115	软件工程	限选课
20010593	B0104	数据库原理	必修课
20020594	B0102	会计学	必修课
20020594	B0114	统计学	必修课
20020594	X0109	经济法	限选课
20060105	B0113	程序设计	必修课

图 7.57 "授课"报表的打印预览（局部）

注意

当有其他报表需要打印时，只需修改 OpenReport 宏操作的"报表名称"选项为所需打印的报表即可。

7.3.2 导出 Access 对象

利用 ExportWithFormatting 宏操作，可以将指定的 Access 对象导出到其他位置。

【例 7.14】在"学生管理"数据库中创建"导出对象"宏，完成 Access 对象导出的任务。

解 操作步骤如下。

①启动 Access 并打开"学生管理"数据库。

②在"创建"选项卡的"宏与代码"组中，单击"宏"按钮，打开宏设计器窗口，创建名称为"导出对象"的宏。

③在"添加新操作"下拉列表框中选择"ExportWithFormatting"，设置其操作参数，如图7.58 所示。

④保存宏并运行，弹出"输出到"对话框，确定导出对象"各门课成绩"的位置后单击"确定"按钮，可以进行对象的导出，如图 7.59 所示。

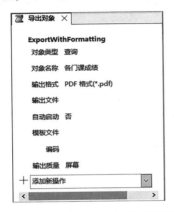

图 7.58 "**ExportWithFormatting**"宏操作参数设置   图 7.59 确定导出对象的位置

 注意

修改"对象类型"和"对象名称"选项可以利用邮件发送其他 Access 对象，修改"输出格式"选项可以以其他格式导出。

7.3.3 使用宏运行更多命令

利用 RunMenuCommand 宏操作可以运行更多的 Windows 命令，当运行该宏时，添加的 Windows 命令必须适用于当前视图。

【例 7.15】在"学生管理"数据库中创建"关闭数据库"宏，完成关闭当前数据库的任务。

解 操作步骤如下。

①启动 Access 并打开"学生管理"数据库。

②选择"创建"→"宏与代码"→"宏"命令，打开宏设计器窗口，创建名称为"关闭数据库"的宏。

③在"添加新操作"下拉列表框中选择"RunMenuCommand"，展开其操作参数，在"命令"下拉列表框中选择"CloseDatabase"命令，如图 7.60 所示。

图 7.60 选择"CloseDatabase"命令

④运行"关闭数据库"宏，则关闭当前数据库。

7.4 宏的运行与调试

宏只有在运行后才能得出结果，完成任务并实现相应的功能。宏运行过程中有可能出现错误和异常情况，此时需要对宏进行错误处理及调试，以保证宏按照预期设定满足用户需求。

宏的运行主要包括直接运行宏、通过响应事件运行宏、利用宏运行另一个宏及打开数据库时自动运行宏。下面主要介绍前3种。

1. 直接运行宏

直接运行宏，有以下几种方式：

①在 Access 的导航窗格中双击相应的宏名或选中宏后右击，在弹出的快捷菜单中选择"运行"命令；

②在宏设计器窗口的"宏工具/设计"选项卡的"工具"组中单击"运行"按钮 ！；

③在 Access 中选择"数据库工具"→"宏"→"运行宏"命令，弹出"执行宏"对话框，在下拉列表框中选择"autoexec"，如图 7.61 所示。

图 7.61 "执行宏"对话框

> 直接运行宏是为了对创建的宏进行测试，看其是否执行了预定的操作任务。

2. 通过响应事件运行宏

1）事件的概念

Access 提供很多对象，属性、方法和事件是对象的三大特征。事件是对象能辨识或检测的动作，当动作发生在某个对象上时，就会触发相应的事件，如单击、打开窗体、打印报表、数据更改或记录添加等。触发事件就可以执行宏或事件过程，不同的对象具有不同的事件集合。

事件以属性的方式存在于窗体、报表、控件中。"属性表"窗格的"事件"选项卡中列出了当前对象能够响应的事件属性，表 7.7 对窗体、报表及控件的常用事件进行了说明。通过事件调用宏是宏的一种运行方法。

表 7.7 窗体、报表及控件的常用事件

事件	说明	事件	说明
更新前	窗体的记录更新之前，光标将离开	关闭	窗体、报表被关闭并从屏幕上删除
更新后	窗体记录的数据被更新后，光标已离开	激活	移动光标到窗体或报表上
删除	删除记录时	停用	窗体、报表失去焦点
打开	打开窗体或报表	单击	选定记录或对象单击
加载	窗体、报表已打开，且显示了第一条记录	双击	选定记录或对象规定时间内双击
调整大小	窗体尺寸改变	计时器触发	间隔 Interval 触发 Timer 事件
卸载	窗体关闭，但从屏幕上删除之前		

2）宏与事件属性绑定

将宏绑定在窗体、报表及控件的事件上，通过触发事件运行宏。可以通过以下方法进行绑定：

① 将选中的宏拖放到窗体、报表等对象上绑定宏；

② 通过"事件"选项卡的具体事件绑定宏。

运行绑定宏的窗体或报表，触发相应控件的事件，运行宏。

【例 7.16】利用拖放"关闭数据库"宏的方式绑定"课程 A"窗体，使窗体具有查看说明的功能。

解 操作步骤如下。

①启动 Access 并打开"学生管理"数据库。

②在导航窗格中选择"课程 A"窗体并右击，在弹出的快捷菜单中选择"设计视图"命令，打开"课程 A"窗体。

③创建一个"关闭数据库"宏，如图 7.62 所示。

④在导航窗格中将"关闭数据库"宏拖曳到"课程 A"窗体的主体节中释放，则"课程 A"窗体的主体节中会增加一个标题为"关闭数据库"的命令按钮，该命令按钮绑定了独立宏"关闭数据库"。

⑤运行"课程 A"窗体，单击"关闭数据库"命令按钮，即可触发绑定的宏来关闭数据库，如图 7.63 所示。

图 7.62 "关闭数据库"宏

图 7.63 事件触发宏

【例 7.17】实现通过"课程"窗体检查学分设置情况，窗体运行时具有弹出说明的功能。

解 操作步骤如下。

①启动 Access 并打开"学生管理"数据库。

②在导航窗格中选择"课程"窗体并右击，在弹出的快捷菜单中选择"设计视图"命令，打开"课程"窗体。

③在"设计"选项卡的"工具"组中单击"属性表"按钮，打开"属性表"窗格。切换至"事件"选项卡，在"加载"下拉列表框中选择"说明"进行绑定（预先建立一个"说明"宏），如图 7.64 所示。

④运行"课程"窗体会自动执行"说明"宏并弹出消息框进行说明，如图 7.65 所示。

图 7.64 绑定窗体的"加载"事件

图 7.65 弹出消息框

3. 利用宏运行另一个宏

可以利用 RunMacro 宏和 OnError 宏运行其他的宏。

1）RunMacro 宏

利用 RunMacro 宏操作调用另一个宏，调用形式为：RunMacro 宏名．子宏名。RunMacro 操作包含以下 3 个参数。

①宏名称：必填，被调用的宏名，独立宏或子宏均可。

②重复次数：可选，指定运行宏的次数，空白为一次。

③重复表达式：可选，条件表达式，每次调用宏之后计算该表达式的值，只有值为"真"时才继续进行再次调用。

运行完被调用的宏后，返回调用处继续执行下一个宏操作。

【例 7.18】在"学生管理"数据库中新建一个名为"RunMacro 运行宏"的宏，在宏中利用 RunMacro 运行"关闭数据库"宏。

解 操作步骤如下。

①启动 Access 并打开"学生管理"数据库。

②在"创建"选项卡的"宏与代码"组中单击"宏"按钮，打开宏设计器窗口，创建名为"RunMacro 运行宏"的宏。

③在"添加新操作"下拉列表框中选择"RunMacro"，设置其操作参数。"宏名称"通过下拉列表框设置为"关闭数据库"，其他参数选项为默认值。

④保存宏，单击"运行"按钮，查看宏运行结果为"关闭数据库"宏。

2）OnError 宏

OnError 宏操作指错误处理，即宏中发生错误时应该执行的操作，具有 2 个参数"转到"和"宏名"。"转到"包含 3 个选项，"宏名"与其中一个相结合使用，"转到"的 3 个选项分别如下。

①下一个：在 MacroError 对象中记录错误的详细信息，继续执行下一个操作。

②宏名：停止当前宏，跳到 OnError 宏操作指定的宏名处继续执行。

③失败：停止当前宏，显示一条错误信息。

调试宏

本章小结 ▶▶ ▶

本章主要介绍了以下内容：

（1）宏的功能及常用的宏操作；

（2）创建简单的宏、条件宏、嵌入宏、Group 块、数据宏、子宏与宏组、自运行宏；

（3）宏的编辑；

（4）宏的应用；

（5）宏的运行与调试。

习 题 ▶▶ ▶

1. 思考题

（1）嵌入宏和子宏有什么不同？

（2）什么情况下宏可以不依赖窗体直接运行？

（3）OnError 宏操作与其他宏操作相比，有什么特点？

（4）什么是数据宏？数据宏在哪些情况下可以被执行？

（5）表达式中引用窗体控件值和报表控件值的格式分别是什么？

（6）运行宏有几种方法？

（7）autoexec 宏有什么特点？

（8）列举必须使用宏执行的任务。

2. 选择题

（1）下列操作中，适合使用宏的是（　　）。

A. 修改数据表结构 　　　　　　　　B. 创建自定义过程

C. 打开或关闭报表对象 　　　　　　D. 处理报表中的错误

（2）宏操作不能处理的是（　　）。

A. 打开报表 　　　　　　　　　　　B. 对错误进行处理

C. 显示提示信息 　　　　　　　　　D. 打开和关闭窗体

（3）要限制宏命令的操作范围，可以在创建宏时定义（　　）。

A. 宏操作对象 　　　　　　　　　　B. 宏条件表达式

C. 窗体或报表控件属性 　　　　　　D. 宏操作目标

（4）使用宏组的目的是（　　）。

A. 设计出功能复杂的宏 　　　　　　B. 设计出包含大量操作的宏

C. 减少程序内存消耗 　　　　　　　D. 对多个宏进行组织和管理

（5）在 Access 中，以下（　　）操作不应当使用宏完成。

A. 设置窗体、报表对象的控件值

B. 进行查询操作及数据的筛选、查找

C. 自定义过程的创建和使用

D. 显示和隐藏工具栏

（6）下列说法错误的是（　　）。

A. 可以设置宏的执行顺序为随机或顺序方式

B. 宏可以分类组织到不同的子宏中

C. 条件宏中有些操作会根据条件决定是否执行

D. 自运行宏包含的操作由用户定义

（7）创建数据宏需要在打开（　　　）的设计视图中进行。

A. 宏　　　　　　　　B. 窗体　　　　　　　C. 报表　　　　　　　D. 表

（8）为窗体或报表的控件设置属性值的正确宏操作命令是（　　　）。

A. Beep　　　　　　　B. Echo　　　　　　　C. MessageBox　　　　D. SetValue

（9）下列属于通知或警告用户的命令是（　　　）。

A. PrintOut　　　　　B. OutputTo　　　　　C. MessageBox　　　　D. RunWarnings

（10）打开查询的宏操作是（　　　）。

A. OpenReport　　　　B. OpenQuery　　　　C. OpenTable　　　　D. OpenForm

（11）宏操作 QuitAccess 的功能是（　　　）。

A. 关闭表　　　　　　B. 退出宏　　　　　　C. 退出查询　　　　D. 退出 Access

（12）数据库中设置了自运行宏 autoexec，打开数据库时（　　　）可以不执行这个宏。

A. 按住〈Shift〉键　B. 按住〈Alt〉键　C. 按住〈Ctrl〉键　D. 按住〈Enter〉键

（13）在 Access 数据库中，自运行宏的名称是（　　　）。

A. autoexec　　　　　B. auto　　　　　　　C. auto. bat　　　　D. autoexec. bat

（14）在宏的调试中，可配合使用的宏生成器窗口上的工具按钮为（　　　）。

A. 调试　　　　　　　B. 运行　　　　　　　C. 条件　　　　　　　D. 单步

（15）某窗体上有一个命令按钮，可以通过选择（　　　）宏操作，单击该按钮调用宏打开应用程序 Word。

A. RunApplication　　　　　　　　　B. RunMenuCommand

C. RunCode　　　　　　　　　　　　D. RunMacro

（16）运行宏的某个子宏时，正确的引用格式为（　　　）。

A. 宏名　　　　　　　B. 子宏名　　　　　　C. 子宏名. 宏名　　　D. 宏名. 子宏名

（17）嵌入宏依附于窗体或报表控件的事件，在其属性表中相应的事件组合框中显示（　　　）。

A.［嵌入宏］　　　　B.“嵌入宏”　　　　C.“嵌入的宏”　　　D.［嵌入的宏］

（18）在窗体的命令按钮上，单击事件添加动作，可以创建（　　　）。

A. 只能是独立宏　　　B. 只能是嵌入宏　　　C. 独立宏或嵌入宏　D. 独立宏或数据宏

（19）下列运行宏的方法中错误的是（　　　）。

A. 单击宏名

B. 双击宏名

C. 单击“工具栏”上的“运行”按钮

D. 在窗体的命令按钮事件中设置，并在运行窗体时单击该命令按钮

3. 填空题

（1）宏是一个或多个＿＿＿＿＿＿的集合。

（2）打开一个数据表应该使用的宏操作是＿＿＿＿＿＿。

（3）用于打开窗体的宏操作是＿＿＿＿＿＿，用于打开报表的宏操作是＿＿＿＿＿＿，用于打开查询的宏操作是＿＿＿＿＿＿。

（4）如果要引用宏中的子宏，则引用格式是＿＿＿＿＿＿。

（5）Access 中用于执行指定的 SQL 语句的宏操作名是＿＿＿＿＿＿。

（6）因为有了＿＿＿＿＿＿，数据库应用系统中的不同的对象就可以联系起来。

（7）由多个操作构成的宏，执行时是按宏操作的＿＿＿＿＿依次执行的。

（8）利用＿＿＿＿＿操作和＿＿＿＿＿对象，可以进行错误处理操作，在运行宏出错时显示出错信息的描述。

（9）数据库运行时想要自动运行一系列操作，必须把这些操作命名为＿＿＿＿＿。

（10）在一个查询集中，要将指定的记录设置为当前记录，应该使用的宏操作是＿＿＿＿＿。

（11）利用＿＿＿＿＿宏操作，可以将指定的 Access 对象导出到其他位置。

（12）经常使用的宏的运行方法是：将宏赋予某一窗体或报表控件的＿＿＿＿＿，通过触发事件运行宏或宏组。

（13）能监控表中数据修改的事件是＿＿＿＿＿。

第 7 章习题答案

第 8 章　VBA 编程基础

本章学习目标:

- 了解 Access 数据库的模块类型
- 熟练掌握 VBA 编程环境——VBE 窗口的使用
- 掌握 Access 的数据类型
- 熟练掌握 VBA 程序流程设计
- 掌握过程声明、调用与参数传递
- 了解 VBA 事件驱动机制
- 了解 VBA 程序调试和错误处理

通过前几章的学习,读者可以快速查询、创建窗体和报表、利用 SQL 检索数据库存储的数据,利用向导和宏可以完成事件的响应处理,如打开和关闭窗体、报表等。但是,使用宏是有局限性的,一是它只能处理一些简单的操作,对于复杂条件和循环等结构则无能为力;二是宏对数据库对象的处理能力较弱,如对表对象或查询对象的处理。

Access 是面向对象的数据库,它支持面向对象的程序开发技术。VBA（Visual Basic for Applications）语言是 Access 开发的应用程序的核心,也是开发 Access 向导和宏所不能涉及的应用程序的关键。

8.1　VBA 编程环境

VBA 是微软公司 Office 系列软件中内置的用来开发应用系统的编程语言,它与 Visual Studio 中的 Visual Basic 开发工具相似。但是两者又有本质的区别,VBA 主要是面向 Office 办公软件的系统开发工具;而 VB（Visual Basic）语言是一种可视化的 Basic 语言。VBA 是一种功能强大的面向对象的开发工具,可以像编写 VB 语言那样来编写 VBA 程序,以实现某个功能。当 VBA 程序编译通过以后,将这段程序保存在 Access 2016 的一个模块里,并通过类似在窗体中激发宏的操作来启动这个模块,从而实现相应的功能。

8.1.1　进入 VBA 编程环境——VBE 窗口

在 Access 2016 中,提供的 VBA 的开发界面称为 VBE（Visual Basic Editor）窗口,可以在 VBE 窗口中编写和调试模块程序。进入 VBE 窗口有以下 5 种方式。

1. 直接进入 VBE 窗口

在数据库中,单击"数据库工具"选项卡的"宏"组中的"Visual Basic"按钮,如图 8.1 所示。

图 8.1 利用"数据库工具"选项卡进入 VBE 窗口

2. 创建模块进入 VBE 窗口

在数据库中,单击"创建"选项卡的"宏与代码"组中的"Visual Basic"按钮,如图 8.2 所示。

图 8.2 利用"创建"选项卡进入 VBE 窗口

3. 通过窗体和报表等对象的设计进入 VBE 窗口

通过窗体和报表等对象的设计进入 VBE 窗口有两种方法,一种是通过控件的事件响应进入 VBE 窗口(如图 8.3 所示),另一种是在窗体或报表设计视图的设计工具中单击"查看代码"按钮进入 VBE 窗口(如图 8.4 所示)。在控件的"属性表"窗格中,单击对象事件的"省略号"按钮添加事件过程,在窗体、报表或控件的事件过程中进入 VBE 窗口。

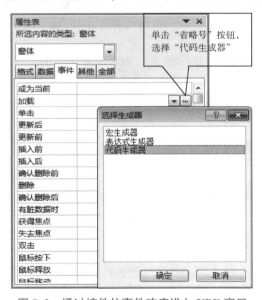

图 8.3 通过控件的事件响应进入 VBE 窗口　　　图 8.4 单击"查看代码"按钮进入 VBE 窗口

除上述 3 种方式外还可以按〈Alt+F11〉键和在导航窗格中找到已经创建的模块双击,也可进入 VBE 窗口。

8.1.2 VBE 窗口的组成

用 8.1.1 小节所讲述的 5 种方式进入 VBE 窗口,该窗口分为菜单栏、工具栏和功能窗口。

其主界面如图 8.5 所示。

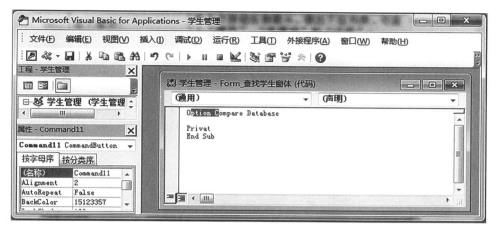

图 8.5　VBE 窗口主界面

1. 菜单栏

菜单栏包括 10 个一级菜单，各个菜单的功能说明如表 8.1 所示。

表 8.1　VBE 窗口菜单功能说明

菜 单	说 明
文件	实现文件的保存、导入、导出、打印等基本操作
编辑	执行文本的剪切、复制、粘贴、查找等编辑命令
视图	用于控制 VBE 的视图显示方式
插入	能够实现过程、模块、类模块或文件的插入
调试	调试程序的基本命令，包括编译、逐条运行、监视、设置断点等
运行	运行程序的基本命令，包括运行、中断运行等
工具	用来管理 VB 类库的引用、宏以及 VBE 编辑器设置的选项
外接程序	管理外接程序
窗口	设置各个窗口的显示方式
帮助	用来获取 Microsoft Visual Basic 的链接帮助以及网络帮助资源

2. 工具栏

一般情况下，在 VBE 窗口显示的是标准工具栏，用户可以通过"视图"菜单中的"工具栏"命令显示"编辑""调试"和"用户窗体"工具栏，还可以自定义工具栏按钮。标准工具栏上包括创建模块时常用的命令按钮，这些按钮及其功能如表 8.2 所示。

表 8.2　VBE 编辑器标准工具栏常用按钮及其功能

按钮	按钮名称	功能
🔑	视图 Microsoft Office Access	显示 Access 2016 窗口
⚙	插入模块	单击该按钮右侧的下拉按钮，弹出下拉列表框，可插入"模块""类模块"和"过程"

续表

按钮	按钮名称	功能
	撤销	取消上一次键盘或鼠标的操作
	重复	取消上一次的撤销操作
	运行子过程/用户窗体	开始执行代码，遇到断点后继续执行代码
	中断	中断正在运行的代码
	重新设置	结束正在运行的代码
	设计模式	在设计模式和用户窗体模式之间切换
	工程资源管理器	打开工程资源管理器窗口
	属性窗口	打开属性窗口
	对象浏览器	打开对象浏览器窗口

3. 功能窗口

VBE 窗口中提供的功能窗口有代码窗口、立即窗口、本地窗口、监视窗口、工程资源管理器窗口、属性窗口，用户可以通过"视图"菜单控制这些窗口的显示。

1）代码窗口

在代码窗口中可以输入和编辑 VBA 代码，可以打开多个代码窗口来查看各个模块的代码，还可以方便地在各个代码窗口之间进行复制和粘贴操作。代码窗口使用不同的颜色对关键字和普通代码加以区分，以便于用户进行书写和检查。在代码窗口的顶部是两个下拉列表框，左边是"对象"下拉列表框，右边是"过程"下拉列表框。"对象"下拉列表框中列出了所有可用的对象名称，选择某个对象后，在"过程"下拉列表框中将列出该对象所有的事件过程。

2）立即窗口、本地窗口和监视窗口

VBE 提供专用的调试工具，帮助快速定位程序中的问题，以便消除代码中的错误。

①立即窗口在调试程序过程中非常有用，用户如果要测试某个语法或查看某个变量的值，则需要用到立即窗口。在立即窗口中，输入一行语句后按〈Enter〉键，可以实时查看代码运行的效果。

②本地窗口可自动显示出所有在当前过程中的变量声明及变量值。若本地窗口可见，则每当从执行方式切换到中断模式时，它就会自动重建显示。

③如果要在程序中监视某些表达式的变化，则可以在监视窗口中右击，然后在弹出的快捷菜单中选择"添加监视"命令，弹出如图 8.6 所示的"添加监视"对话

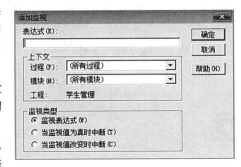

图 8.6 "添加监视"对话框

框。在该对话框中输入要监视的表达式，就可以在监视窗口中查看添加的表达式的变化情况。

3）工程资源管理器窗口

工程资源管理器窗口列出了在应用程序中用到的模块。使用该窗口，可以在数据库内各个对象之间快速地浏览，各对象以"树"的形式分级显示在窗口中，包括 Access 类对象、模块和类模块。右击模块对象，在弹出的快捷菜单中选择"查看代码"命令，或者直接双击该对象，打开模块"代码"，若要查看对象的窗体和报表，则可以右击对象名，然后在弹出的快捷菜单中选择"查看对象"命令。

4）属性窗口

属性窗口列出了选定对象的属性。用户可以在"按字母序"选项卡或"按分类序"选项卡中查看或编辑对象属性。当选取多个控件时，属性窗口会列出所选控件的共同属性。

8.2 VBA 模块简介

模块是由 VBA 语言编写的程序集合，由于模块是基于语言创建的，所以它具有比 Access 数据库中其他对象更加强大的功能。

模块可以在模块对象中出现，也可以作为事件处理代码出现在窗体和报表对象中，模块构成了一个完整的 Access 的集成开发环境。

1. 模块的概念

模块是 Access 数据库中的一个重要对象，是把声明、语句和过程作为一个单元进行保存的集合体。通过模块的组织和 VBA 代码设计，可以提高 Access 数据库应用的处理能力，解决复杂问题。

在 Access 中打开模块时将启动 VBE 界面。在此界面中，模块显示如图 8.7 所示，它主要包括以下 5 个部分。

图 8.7　模块显示

（1）对象框：当前模块所隶属的对象。

（2）过程框：当模块由多个过程组成时，在编辑状态下，当前光标所处的过程名称将显示在该框中。

（3）模块声明：用于声明各种模块。

（4）模块过程：模块的代码。

（5）视图按钮：在过程视图和全模块视图中进行切换。

因为模块是基于语言创建的，所以它具有比 Access 数据库中其他对象更加强大的功能。利用模块，可以建立自定义函数，完成更复杂的计算，实现标准宏所不能实现的功能。

2. 模块的类型

Access 有两种类型的模块：类模块和标准模块。

1）类模块

类模块是面向对象编程的基础。可以在类模块中编写代码建立新对象。这些新对象可以包含自定义的属性和方法。实际上，窗体和报表也是一种类模块，在其中可放置控件，可显示窗体或报表窗口。Access 中的类模块可以独立存在，也可以与窗体和报表同时出现。

2）标准模块

标准模块一般用于存放公共过程（子程序和函数），不与其他任何 Access 对象相关联。在 Access 系统中，通过模块对象创建的代码过程就是标准模块。

3. 模块的组成

通常每个模块由声明和过程两部分组成。

1）声明部分

可以在声明部分定义常量变量、自定义类型和外部过程。在模块中，声明部分与过程部分是分开的，声明部分中设定的常量和变量是全局性的，可以被模块中的所有过程调用，每个模块只有一个声明部分。

2）过程部分

每个过程是一个可执行的代码片段，每个模块可以有多个过程，过程是划分 VBA 代码的最小单元。另外还有一种特殊的过程，称为事件过程（Event Procedure），这是一种自动执行的过程，用来对用户或程序代码启动的事件或系统触发的事件作出响应。相对于事件过程，把非事件过程称为通用过程（General Procedure）。

对象及其属性、
方法和事件

窗体模块和报表模块包括声明部分、事件过程和通用过程；而标准模块只包括声明部分和通用过程。

8.3 VBA 程序设计基础

VBA 是一种程序设计语言，它和 C/C++、Pascal、Java 一样，都是为程序员进行应用程序开发而设计的编程语言。经过 VB 多年的发展和完善，VBA 和 VB 一样，已经从一个简单的程序设计语言发展成为支持组件对象模型的核心开发环境。

8.3.1 数据类型

数据是程序的必要组成部分，也是数据处理的对象，数据类型就是一组性质相同的值的集合以及定义在这个值的集合上的一组操作的总称。VBA 的数据类型如表 8.3 所示。

表 8.3 VBA 的数据类型

数据类型	关键字	符号	存储空间	说明	默认值
字节型	Byte		1 字节	0~255	0
整型	Integer	%	2 字节	−32 768~32 767	0
长整型	Long	&	4 字节	$-21 \times 10^8 \sim 21 \times 10^8$	0
单精度型	Single	!	4 字节	可以达到 6 位有效数字	0
双精度型	Double	#	8 字节	可以达到 16 位有效数字	0

数据类型	关键字	符号	存储空间	说明	默认值
货币型	Currency	@	8 字节	15 位整数、4 位小数	0
字符型	String	$	与字符串 长度有关	0~65 535 个字符	" "
日期/时间型	Date		8 字节	日期：100 年 1 月 1 日~9999 年 12 月 31 日； 时间：00：00：00~23：59：59	0
逻辑型	Boolean		2 字节	True 或 False	False
变体型	Variant		根据需要	可以表示任何数据类型	
对象型	Object		4 字节		Empty

8.3.2 常量和变量

计算机程序中，不同类型的数据可以以常量或变量的形式出现。常量是指在程序运行期间不能发生变化、具有固定值的量，而变量是指在程序运行期间可以变化的量。

1. 常量

常量分为直接常量和符号常量。

1）直接常量

直接常量就是日常所说的常数，例如：3.14、2018、" a " 都是直接常量，它们分别是单精度型、整型和字符型常量，由于从字面上即可直接看出它们的类型和值，因此又称其为字面常量。

2）符号常量

符号常量是在一个程序中指定的用名字代表的常量，从字面上不能直接看出它们的类型和值。

声明符号常量要使用 Const 语句，其语法格式如下：

```
Const 常量名[as 类型]=表达式
```

参数说明如下。

①常量名：命名规则与变量名的命名规则相同。

②as 类型：说明该常量的数据类型。如果该选项省略，则数据类型由表达式决定。

③表达式：可以是数值常数、字符串常数以及其与运算符组成的表达式。

例如：

```
Const PI = 3.14159
```

这里声明符号常量 PI，代表圆周率 3.1415 9。在程序代码中使用圆周率的地方就可以用 PI 来代表。使用符号常量的优点是，当要修改该常量值时，只需修改定义该常量的语句即可。

2. 变量

数据被存储在一定的存储空间中，在计算机程序中，数据连同其存储空间被抽象为变量，每个变量都有一个名字，这个名字就是变量名。它代表了某个存储空间及其所存储的数据，这个空间所存储的数据称为该变量的值。将一个数据存储到变量这个存储空间，称为赋值。在定义变量时的赋值称为赋初值，而这个值称为变量的初值。

1）变量的命名规则

①变量名只能由字母、数字、汉字和下划线组成，不能含有空格和除下划线字符外的其他任何标点符号，长度不能超过 255。

②变量名必须以字母开头，不区分变量名的大小写。例如，若以 XY 命名一个变量，则 XY、Xy、xY 都被认为是同一个变量。

③不能和 VBA 保留字同名。例如，不能以 If 命名一个变量。保留字是指在 VBA 中用作语言的那部分单词，包括预定义语句（如 If 和 Loop）、函数（如 Len 和 Abs）和运算符（如 Or 和 Mod）等。

2）变量的声明

声明变量有 2 个作用：指定变量的数据类型和指定变量的适用范围。VBA 应用程序并不要求对过程或函数中使用的变量提前进行明确声明，如果使用了一个没有明确声明的变量，则系统会默认地将它声明为 Variant 数据类型。VBA 在过程或函数中使用变量前进行声明的方法是在模块的通用声明部分中包含一个 Option Explicit 语句。

Dim 语句使用格式如下：

Dim 变量名 As 数据类型

例如：

Dim i as integer	'声明了一个整型变量 i
Dim a as integer,b as long,c as single	'声明了 a、b、c3 个变量,分别为整型、长整型、单精度型变量
Dim s1,s2 As String	'声明一个变体型变量和一个字符型变量

上例中声明变量 s1 和 s2 时，因为没有为 s1 指定数据类型，所以将其默认为 Variant 型。

3）变量的作用域

变量的作用域也就是变量的作用范围。在 VBA 编程中，根据变量定义的位置和方式的不同，可以把变量的作用范围分为局部范围、模块范围和全局范围，相应的变量就称为局部变量、模块变量和全局变量。

①局部变量，是指在过程（通用过程或事件过程）内定义的变量，其作用域是它所在的过程；在不同的过程中可以定义相同名称的局部变量，它们之间没有任何关系。局部变量在过程内用 Dim 或 Static 语句来定义。

②模块变量，包括窗体模块变量和标准模块变量。窗体模块变量可用于该窗体内的所有过程。在使用窗体模块变量前必须声明，其方法是：在程序代码窗口的"对象"下拉列表框中选择"通用"选项，并在"过程"下拉列表框中选择"声明"选项，可用 Dim 或 Private 语句声明。标准模块变量对该模块中的所有过程都是可见的，但对其他模块中的代码不可见，可以用 Dim 或 Private 语句声明。

③全局变量，也称全程变量，其作用域最大，可以在工程的每个模块、每个过程中使用。全局变量必须用 Public 语句声明，同时，全局变量只能在标准模块中声明，不能在类模块或窗体模块中声明。

4）变量的生存期

按变量的生存期来划分，变量又分为动态变量和静态变量。

①动态变量：在过程中，用 Dim 语句声明的局部变量属于动态变量。动态变量从变量所在的过程第一次执行，到过程执行完毕，自动释放该变量所占的内存单元。

②静态变量：使用 Static 语句声明的变量称为静态变量。静态变量只能是局部变量，只能在过程内声明。静态变量在过程运行时可保留变量的值，即每次调用过程时，用 Static 语句说明的变量保持上一次的值。

局部变量的变量值在过程结束后释放内存，在再次执行此过程前，它将重新被初始化；静态变量在过程结束后，只要整个程序还在运行，都能保留它的值而不被重新初始化。而当所有的代码都运行完后，静态变量才会失去它的作用范围和生存期。

8.3.3 数组

数组是由一组具有相同数据类型的数据组成的序列，用一个统一的数组名标识这一组数据，用下标来指示数组中元素的序号。例如 S[1]、S[2]、S[3]、S[4] 分别代表 4 个同学的成绩，它们组成一个成绩数组（数组名为 S），S[1] 代表第 1 名同学的成绩，S[2] 代表第 2 名同学的成绩，以此类推。

数组必须先声明后使用，数组的声明方式和其他的变量类似，它可以使用 Dim、Public 或 Private 语句来声明。

数组的第 1 个元素的下标称为下界，最后一个元素的下标称为上界，其余元素的下标连续地分布在上下界之间。

一维数组的声明格式如下：

Dim 数组名([下界 TO]上界)[As 数据类型]

如果用户不显式地使用 TO 关键字声明下界，则 VBA 默认下界为 0，而且数组的上界必须大于下界。

As 数据类型如果省略，则默认为变体数组；如果声明为数值型，则数组中的全部数组元素都初始化为 0；如果声明为字符型，则数组中的全部元素都初始化为空字符串；如果声明为逻辑型，则数组中的全部元素都初始化为 False。

例如：

Dim Score(1TO4) As Integer
Dim Age(4) As Integer

在上面的例子中，数组 Score 包含 4 个元素，下标范围是 1~4；数组 Age 包含 5 个元素，下标范围是 0~4。

除了常用的一维数组外，还可以使用二维数组和多维数组，其声明格式如下：

Dim 数组名([下界 TO]上界[,[下界 TO]上界]···)[As 数据类型]

例如：

Dim S(2,3) As Integer

上面的例子定义了一个 3 行 4 列、包含 12 个元素的二维数组 S，每个元素就是一个普通的 Integer 型变量。各元素可以排列成如表 8.4 所示的二维表。

表 8.4 二维数组 S 的元素排列

	第 0 列	第 1 列	第 2 列	第 3 列
第 0 行	S（0，0）	S（0，1）	S（0，2）	S（0，3）
第 1 行	S（1，0）	S（1，1）	S（1，2）	S（1，3）
第 2 行	S（2，0）	S（2，1）	S（2，2）	S（2，3）

说明

VBA 下标下界的默认值为 0，在使用数组时，可以在模块的通用声明部分使用 Option Base 1 语句来指定数组下标下界从 1 开始。数组可以分为固定大小数组和动态数组两种类型。若数组的大小被指定，则它是一个固定大小数组。若程序运行时数组的大小可以被改变，则它是一个动态数组。

8.3.4 运算符

运算是对数据的加工，最基本的运算形式常常可以用一些简洁的符号记述，这些符号称为运算符，被运算的对象——数据称为运算量或操作数。VBA 中包含丰富的运算符，有算术运算符、字符串运算符、关系运算符、逻辑运算符（也称为布尔运算符）和对象运算符。

1. 算术运算符

算术运算符是常用的运算符，用来进行简单的算术运算。VBA 提供了 8 个算术运算符，分别是 "+" "–" " * " "/" "^" " \ " "Mod"，"–"（负号），除负号是单目运算符外，其他均为双目运算符。

算术运算符的优先级别从高到低依次为：^（乘方）→ –（负号）→ * 或/ → \ （整除）→ Mod（取模）→ + 或 –。

在使用算术运算符进行运算时，应注意以下规则：

① "/" 是浮点数除法运算符，运算结果为浮点数，例如，表达式 7/2 的结果为 3.5；

② " \ " 是整数除法运算符，结果为整数，例如，表达 7\2 的结果为 3；

③ Mod 是取模运算符，用来求余数，运算结果为第一个操作数整除第二个操作数所得的余数，例如，5 Mod 3 的运算结果为 2；

④ 如果表达式中含有括号，则先计算括号内表达式的值，然后严格按照运算符的优先级别进行运算。

2. 字符串运算符

字符串运算符进行将两个字符串连接起来生成一个新的字符串的运算。字符串运算符有 2 个："&" 和 "+"，作用是将两个字符串连接起来。

例如：

```
"Access " & "数据库应用教程" ,结果是"Access 数据库应用教程"
"传奇 A" & 5,结果是"传奇 A5"
123 & 456,结果是"123456"
"VBA" + "程序设计",结果是"VBA 程序设计"
"传奇 A"+5 ,结果是 "出错"
"123"+456,结果是 579
```

在使用字符串运算符进行运算时，应注意以下规则：

① 由于符号 "&" 还是长整型的类型定义符，因此在使用连接符 "&" 时，"&" 连接符两边最好各加一个空格；

② 运算符 "&" 两边的操作数可以是字符型，也可以是数值型，进行连接操作前，系统先进行操作数类型转换，例如将数值型转换成字符型，然后作连接运算；

③ 运算符 "+" 要求两边的操作数都是字符串，若一个是数字型字符串，另一个为数值型，则系统自动将数字型字符串转化为数值，然后进行算术加法运算，若一个为非数字型字符串，另一个为数值型，则出错；

④ 在 VBA 中，"+" 既可用作加法运算符，还可以用作字符串连接符，但 "&" 专门用作字符串连接符，在有些情况下，用 "&" 比用 "+" 可能更安全，提倡用 "&"。

3. 关系运算符

关系运算符的作用是对两个表达式的值进行比较，比较的结果是一个逻辑值，即真（True）或假（False）。如果表达式比较结果成立，则返回 True，否则返回 False。VBA 提供了 6 个关系运算符，即 ">"（大于）、">="（大于或等于）、"<"（小于）、"<="（小于或等于）、" = "（等于）、"<>"（不等于）。

在使用关系运算符进行比较时，应注意以下规则：

① 数值型数据按其数值大小比较；

②日期型数据将日期看成 yyyymmdd 的 8 位整数，按数值大小比较；

③汉字按区位码顺序比较；

④字符型数据按其 ASCII 码值比较。

由关系运算符组成的表达式称为关系表达。关系表达式主要用于条件判断。

4. 逻辑运算符

逻辑运算符（也称为布尔运算符）中除 Not 是单目运算符外，其余均是双目运算符。由逻辑运算符连接两个或多个关系式，对操作数进行逻辑运算，结果是逻辑值 True 或 False，如表 8.5 所示。

表 8.5　逻辑运算符

运算符	说　明	举　例	运算结果
Not	逻辑非	Not 5 >10	True
And	逻辑与	5 >10 And "B">"A"	False
Or	逻辑或	5>10 Or "B">"A"	True

5. 对象运算符

对象运算符有 "!" 和 "." 两种，使用对象运算符指示随后将出现的项目类型。

1）"!" 运算符

"!" 运算符的作用是指出随后为用户定义的内容。使用它可以引用一个开启的窗体、报表，或者开启窗体或报表上的控件。

例如，Forms![学生成绩] 表示引用开启的 "学生成绩" 窗体；Forms![学生成绩]![学号] 表示引用开启的 "学生成绩" 窗体上的 "学号" 控件；Reports![学生信息] 表示引用开启的 "学生信息" 报表。

2）"." 运算符

"." 运算符通常指出随后为 Access 定义的内容。例如引用窗体、报表或控件等对象的属性，引用格式为：控件对象名 . 属性名。

在实际应用中，"." 运算符和 "!" 运算符配合使用，用于表示引用的一个对象或对象的属性。

例如：可以引用或设置一个打开窗体的某个控件的属性，即

Forms![学生成绩]![Commandl].Enabled = False，该语句表示引用开启的 "学生成绩" 窗体上的 Commandl 控件的 Enabled 属性，并设置其值为 False。

说明

如果 "学生成绩" 窗体为当前操作对象，则 Forms![学生成绩] 可以用 Me 来替代。

8.3.5　表达式

表达式描述了对哪些数据，以什么样的顺序以及进行什么样的操作。它由运算符与操作数组成，操作数可以是常量、变量和函数。

1. 表达式的书写规则

表达式只能使用圆括号且必须成对出现，可以使用多个圆括号，同时必须配对。其中乘号不能省略。例如，A 乘以 B 应写成 A * B，不能写成 AB。表达式从左至右书写，不区分大小写。

2. 运算优先级

如果一个表达式中含有多种不同类型的运算符，则运算进行的先后顺序由运算符的优先级决定。不同类型运算符的优先级为：算术运算符>字符运算符>关系运算符>逻辑运算符。圆括号优先级最高，在具体应用中，对于多种运算符并存的表达式，可以通过使用圆括号来改变运算优

先级，使表达式更清晰易懂。

8.3.6 常用内部函数

内部函数是 VBA 系统为用户提供的标准过程，能完成许多常见运算。根据内部函数的功能，可将其分为数学函数、字符串函数、日期或时间函数、类型转换函数、测试函数等。

1. 具有选择功能的函数

VBA 提供了 3 个具有选择功能的函数，分别为 IIf( )函数、Switch( )函数和 Choose( )函数。

1）IIf( )函数

IIf( )函数是一个根据条件的真假确定返回值的内置函数，其调用格式如下：

```
IIf(条件表达式,表达式1,表达式2)
```

如果条件表达式的值为真，则函数返回表达式 1 的值；如果条件表达式的值为假，则返回表达式 2 的值。

例如：

```
big=IIf(x>y,x,y)
```

该语句的功能是将 x、y 中较大的值赋给变量 big。

2）Switch( )函数

Switch( )函数根据不同的条件值决定函数的返回值，其调用格式如下：

```
Switch(条件式1,表达式1,条件式2,表达式2,…,条件式n,表达式n)
```

该函数从左至右依次判断条件式是否为真，而表达式则会在第一个相关的条件式为真时，作为函数返回值返回。

例如：

```
b= Switch(a>0,1 ,a=0,0,a<0,-1)
```

该语句的功能是根据变量 a 的值返回相应 b 的值。如果 a=2，则函数返回 1 并赋值给 b。

3）Choose( )函数

Choose( )函数是根据索引式的值返回选项列表中的值，其调用格式如下：

```
Choose(索引式,选项1,选项2,…,选项n)
```

当索引式的值为 1 时，函数返回选项 1 的值；当索引式的值为 2 时，函数返回选项 2 的值，以此类推。若没有与索引式相匹配的选项，则会出现编译错误。

例如：

```
Week= Choose(Day,"周一","周二","周三","周四","周五","周六","周日")
```

该语句的功能是根据变量 Day 的值返回所对应的星期中文名称。

2. 输入和输出函数

输入和输出是程序设计语言所应具备的基本功能，VBA 的输入和输出由函数来实现。InputBox( )函数实现数据输入，MsgBox( )函数实现数据输出。

1）InputBox( )函数

InputBox( )函数用于 VBA 与用户之间的人机交互，打开一个对话框，显示相应的信息并等待用户输入内容，当用户在文本框中输入内容且单击"确定"按钮或按〈Enter〉键时，函数返回输入的内容。

函数格式如下：

> InputBox[$](提示[,标题][,默认][,X 坐标位置][, Y 坐标位置][,helpfile,context])

参数说明如下。

①提示（prompt）：必选，作为消息在对话框中显示的字符串表达式。prompt 的最大长度大约为 1 024 个字符，这取决于使用的字符宽度。如果 prompt 包含多行，则可以在行间使用回车符（Chr(13)）、换行符（Chr(10)）或回车-换行符组合（Chr(13)&Chr(10)）来分隔这些行。

②标题（title）：可选，在对话框的标题栏中显示的字符串表达式。如果忽略 title，则应用程序名称会放在标题栏中。

③默认（default）：可选，在没有提供其他输入的情况下作为默认响应显示在文本框中 的字符串表达式。如果忽略 default，则文本框显示为空。

④X 坐标（xpos）：可选，指定对话框左边缘距屏幕左边缘的水平距离的数值表达式。如果忽略 xpos，则对话框水平居中。

⑤Y 坐标（ypos），可选。指定对话框上边缘距屏幕顶部的垂直距离的数值表达式。如果忽略 ypos，则对话框会垂直放置在距屏幕上端大约 1/3 的位置。

⑥helpfile：可选，字符串表达式，标识用于为对话框提供上下文相关帮助的帮助文件。如果提供了 helpfile，还必须提供 context。

⑦context：可选，数值表达式，帮助作者为适当的帮助主题指定的帮助上下文编号。如果提供了 context，还必须提供 helpfile。

2）MsgBox()函数

MsgBox()函数用于 VBA 与用户之间的人机交互，打开一个信息框，等待用户单击按钮，并返回一个整数值来确定用户单击了哪一个按钮，从而采取相应的操作。

函数格式如下：

> MsgBox(提示[,按钮][,标题][, helpfile,context])

参数说明如下。

①提示（prompt）：必选，在对话框中作为消息显示的字符串表达式，可以是常量、变量或表达式。prompt 的最大长度大约为 1 024 个字符，这取决于所使用的字符宽度。如果 prompt 包含多行，则可在行与行之间使用回车符、换行符或回车-换行符组合来分隔这些行。

②标题（title）：可选，在对话框的标题栏中显示的字符串表达式。如果省略，则将把应用程序名放在标题栏中。

③helpfile：可选，标识帮助文件的字符串表达式，帮助文件用于提供对话框的上下文相关帮助。如果提供了 helpfile，还必须提供 context。

④context：可选，表示帮助的上下文编号的数值表达式，此数字由帮助的作者分配给适当的帮助主题。如果提供了 context，还必须提供 helpfile。

⑤按钮（buttons）：可选，数值表达式，用于指定要显示的按钮数和类型、要使用的图标样式、默认按钮的标识以及消息框的形态等各项值的总和。如果省略，则 buttons 的默认值为 0。MsgBox()函数的 buttons 设置值如表 8.6 所示。

"按钮数目"表示在对话框中显示的按钮数目和类型；"图标类型"表示对话框中的图标样式；"默认按钮"表示哪个按钮为默认按钮。将这些数字相加以生成 buttons 参数的最终值时，只能使用每个组中的一个值。buttons 参数可由这 3 组数值组成，其组成原则是：从每一组中选择一个值，把这几个值累加在一起就是 buttons 参数的值，不同的组合可得到不同的结果。

MsgBox( )函数返回值表示用户选择了对话框中的哪个按钮，如表 8.7 所示。例如：如果函数返回值为 6，则表示用户单击了"是"按钮。

表 8.6 MsgBox( )函数的 buttons 设置值

分 组	常 数	数 值	含 义
按钮数目	vbOKOnly	0	只显示"确定"按钮
	vbOKCancel	1	显示"确定"和"取消"按钮
	vbAbortRetryLgnore	2	显示"终止""重试"和"忽略"按钮
	vbYesNoCancel	3	显示"是""否"和"取消"按钮
	vbYesNo	4	显示"是"和"否"按钮
	vbRetryCancel	5	显示"重试"和"取消"按钮
图标类型	vbCritical	16	显示重要消息图标
	vbQuestion	32	显示警告查询图标
	vbExclamation	48	显示警告消息图标
	vbInformation	64	显示信息消息图标
默认按钮	vbDefaultButton1	0	第一个按钮是默认值
	vbDefaultButton2	256	第二个按钮是默认值
	vbDefaultButton3	512	第三个按钮是默认值
	vbDefaultButton4	768	第四个按钮是默认值

表 8.7 MsgBox( )函数返回值及含义

常 数	值	含 义
vbOK	1	确定
vbCancel	2	取消
vbAbort	3	终止
vbRetry	4	重试
vbIgnore	5	忽略
vbYes	6	是
vbNo	7	否

【例 8.1】 设计如下的应用程序，当用户输入自己的姓名后，系统会显示用户输入的姓名和问好字样，并且输出用户选择按钮的值。

解 操作步骤如下。

启动 Access 并打开"学生管理"数据库，进入 VBE 界面，创建标准模块，将模块命名为"教材实例"，Access 默认的标准模块名称为模块 1，模块 2，…，修改模块名称的方法是打开"属性"窗口，选中当前模块，在"名称"文本框中输入"教材实例"，如图 8.8 所示。

如图 8.9 所示，在模块过程中输入如下程序代码：

图 8.8 模块重命名

```
Private Sub testInputOutput()
Dim strName As String
Dim i As Integer    '接受用户单击按钮的返回值
strName＝InputBox("请输入您的姓名","输入姓名"," ＊ ＊ ＊")
i＝MsgBox("你好" & strName & "欢迎加入!",vbOKCancel+vbQuestion + _vbDefaultButtonl,"输出姓名")
MsgBox i  '输 出 msgbox 函数的返回值
End Sub
```

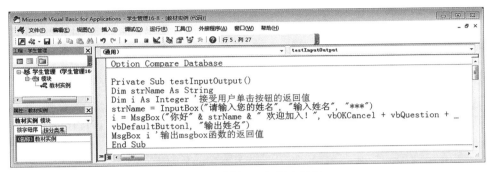

图 8.9　【例 8.1】程序代码

将光标移动到该过程内部，单击 VBE 工具栏上的 ▶ 按钮运行程序，查看程序运行结果，如图 8.10 所示。

图 8.10　【例 8.1】程序运行结果

> **说明**
>
> ①vbOKCancel、vbQuestion 和 vbDefaultButtonl 可以分别用数字 1、32 和 0 代替。
> ②MsgBox 语句的功能和用法与 MsgBox() 函数完全相同，只是 MsgBox 语句没有返回值。
> ③ " _ " 是 VBA 的代码换行符号，下划线前面一定要加空格。

8.4　VBA 程序流程设计

　　程序就是对计算机要执行的一组操作序列的描述。VBA 语言源程序的基本组成单位就是语句，语句可以包含关键字、函数、运算符、变量、常量以及表达式，语句按功能可以分为两类：一类用于描述计算机要执行的操作运算（如赋值语句），另一类是控制上述操作运算的执行顺序（如循环控制语句）。前一类称为操作运算语句，后一类称为流程控制语句。

8.4.1　VBA 语句的书写规则

在程序的编辑中，任何高级语言都有自己的语法规则、语言书写规则。当不符合这些规则时，就会产生错误。

①在 VBA 代码语句中，不区分字母的大小写，但要求标点符号和括号等用西文字符格式。

②通常将一条语句写在一行，若语句过长，则可以采用断行的方式，用续行符（一个空格后面跟一个下划线）将长语句分成多行。

③VBA 允许在同一行上书写多条语句，语句间用冒号分隔，一行允许多达 255 个字符。例如，dim m as integer：m = 100。

④一行命令输完后按〈Enter〉键结束，VBA 会自动进行语法检查，如果语句存在错误，则该行代码将以红色显示（或伴有错误信息提示）。

8.4.2　VBA 常用语句

1. 注释语句

为了增加程序的可读性，在程序中可以添加适当的注释。VBA 在运行程序时，并不运行注释文字。注释可以和语句在同一行并写在语句的后面，也可占据一整行。

1）使用 Rem 语句

使用 Rem 语句的格式如下：

```
Rem 注释内容
```

用 Rem 语句书写的注释一般放在要添加注释的代码行的上一行。若 Rem 语句放在代码行的后面进行注释，则要在 Rem 的前面添加冒号。

例如：

```
Rem 定义整型数组,用于存放班级学生的年龄,本班级人数为 40 人
Dim Age(39) as integer
```

2）使用西文单引号"'"

西文单引号"'"的使用格式如下：

```
'注释内容
```

单引号引导的注释多用于一条语句，并且和要添加注释的代码行在同一行。

例如：

```
Const PI = 3.14159   '声明符号常量 PI,代表圆周率
```

在程序中使用注释语句，系统默认将其显示为绿色，在 VBA 运行代码时，将自动忽略掉注释。

2. 赋值语句

变量声明以后，需要为变量赋值，为变量赋值应使用赋值语句。

赋值语句的语法格式如下：

```
[Let]变量名=表达式
```

参数说明如下。

①Let 为可选项，在使用赋值语句时，一般省略。

②赋值号"="不等同于等号，例如：A = A + 1，"="为赋值号，表示变量 A 的值加 1 后再赋给 A。

③赋值语句是将右边表达式的值赋给左边的变量。执行步骤是先计算右边表达式的值再赋值。

④已经赋值的变量可以在程序中使用，并且还可以重新赋值以改变变量的值。

例如：

```
dim Sname as string
Sname="李明"    'Sname 的值为"李明"
Dim i as integer
i=3+5    'i 的值为 8
```

该语句是实现累加作用的赋值语句。

说明

> 如果变量未被赋值而直接引用，则数值型变量的值为 0，字符型变量的值为空串" "，逻辑型变量的值为 False。

3. MsgBox 语句

MsgBox 语句格式如下：

```
MsgBox 提示[,按钮][,标题]
```

MsgBox 语句的功能和用法参见【例 8.1】。

8.4.3　顺序结构

正常情况下，程序中的语句按其编写顺序相继执行，这个过程称为顺序执行。同一操作序列，按不同的顺序执行，就会得到不同的结果。所有的程序都可以按照 3 种控制结构来编写：顺序结构、选择结构、循环结构，由这 3 种基本结构可以组成任何结构的算法来解决问题。

如果没有使用任何控制执行流程的语句，那么程序执行时的基本流程是按自顶向下的顺序执行各条语句，直到整个程序的结束，这种执行流程称为顺序结构。顺序结构是最常用、最简单的结构，是进行复杂程序设计的基础，其特点是各语句按各自出现的先后顺序依次执行。

8.4.4　选择结构

选择结构所解决的问题称为判断问题，它描述了求解规则：在不同的条件下应进行的相应操作。因此，在书写选择结构之前，应该首先确定要判断的是什么条件，进一步确定当判断结果为不同的情况（真或假）时，应该执行什么样的操作。

VBA 中的选择结构可以用 If 和 Select Case 两种语句表示，它们的执行逻辑和功能略有不同。

1. 单分支选择结构

1）语句格式

格式一：

```
If 条件表达式 Then
    语句块
End If
```

格式二：

```
If 条件表达式    Then 语句块
```

2）功能

条件表达式一般为关系表达式或逻辑表达式。当条件表达式为真时，执行 Then 后面的语句块或语句，否则不执行任何操作。

3）说明

①语句块可以是一条或多条语句。

②在使用格式一时，If 和 End If 必须配对使用。

③在使用格式二的单行简单格式时，Then 后只能是一条语句，或者是多条语句并用冒号分隔，但必须与 If 语句在同一行上。需要注意，使用此格式的 If 语句时，不能以 End If 作为语句的结束标记。

【例 8.2】 从键盘上输入 2 个整数，然后在屏幕上输出较大的数。

解 操作步骤如下。

打开例【8.1】创建的 "教材实例" 标准模块，在该模块的模块过程中输入如下过程代码，输入完成后将光标移动到该过程内部，如图 8.11 所示。单击 VBE 工具栏上的 ▶ 按钮运行程序，输入 2 个不相等的数，查看程序运行结果。

程序代码如下：

```
Private Sub outputMaxNum()
    Dim x As Integer,y As Integer,t As Integer
    x = InputBox("请输入第一个数","输入整数",0) '将缺省的默认值设为 0,下同
    y = InputBox("请输入第二个数","输入整数",0)
    If x<y Then
        t＝x              't 为中间变量,用于实现 x 与 y 值的交换
        x＝y
        y＝t
    End If
    MsgBox x
End Sub
```

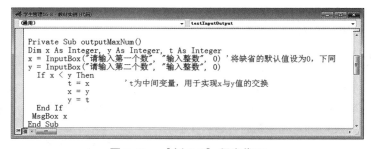

图 8.11 【例 8.2】程序代码

2. 双分支选择结构

1）语句格式

格式一：

```
If 条件表达式 Then
    语句块 1
Else
    语句块 2
End If
```

格式二：

> If 条件表达式 Then 语句 1 Else 语句 2

2）功能

当条件表达式的结果为真时，执行 Then 后面的语句块 1 或语句 1，否则执行 Else 后面的语句块 2 或语句 2。

【例 8.3】求一个数的绝对值。

解 操作步骤如下。

打开【例 8.1】创建的"教材实例"标准模块，在该模块的模块过程中输入如下过程代码，输入完成后将光标移动到该过程内部，如图 8.12 所示。单击 VBE 工具栏上的 ▶ 按钮运行程序，输入"−9"，查看程序运行结果，如图 8.13 所示。

程序代码如下：

```
Private Sub numAbs()
    Dim x As Single
    Dim y As Single ' 存放 X 的原始值
    x = Val(InputBox("请输入一个数","输入数字",0)) ' val() 为类型转换函数
    y = x
    If   x<0 Then
        x = −x
    Else
        x = x
    End If
    MsgBox Str(y) & " 的绝对值=" & Str(x),vbOKOnly + vbInformation,"输出数字"
' str() 为类型转换函数
End Sub
```

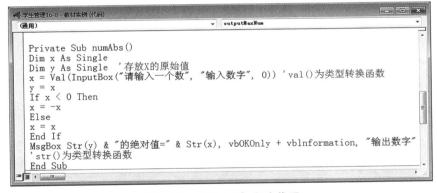

图 8.12 【例 8.3】程序代码

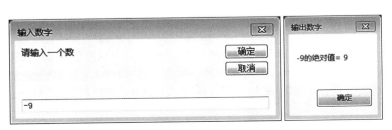

图 8.13 【例 8.3】程序运行结果

【例 8.4】 将【例 8.1】的功能继续扩充：当用户输入自己的姓名后，系统会显示用户输入的姓名和问好字样，并且如果用户单击了"确定"按钮，则会给用户一提示；如果用户单击了"取消"按钮，则提示用户下次继续。

解　操作步骤参考【例 8.1】，程序运行结果如图 8.14 所示。

程序代码如下：

```
Private Sub welcomeMember()
  Dim strName As String
  Dim i As Integer ' 接受用户单击按钮的返回值
  strName=InputBox("请输入您的姓名","输入姓名","＊＊＊")
  i = MsgBox("您好" & strName & "：欢迎您的加入!",vbOKCancel+ _
  vbInformation+ vbDefaultButtonl,"输出姓名")
  If  i=1 Then
      MsgBox"您好,请于携带本人身份证,到信息楼办理手续!"
  Else
      MsgBox "很遗憾,欢迎下次加入!"
  End If
End Sub
```

图 8.14　【例 8.4】程序运行结果

双分支选择结构语句只能根据条件表达式的真假来处理两个分支中的一个。当有多种条件时，则用多分支选择结构语句。

3. 多分支选择结构

1）If 语句

（1）语句格式：

```
If 条件表达式 1 Then
语句块 1
  ElseIf 条件表达式 2 Then
    语句块 2
    …
语句块 n
[Else
    语句块 n+1]
End If
```

（2）功能：依次判断条件，如果找到一个满足的条件，则执行其下面的语句块，然后跳过 End If，执行后面的程序。如果所列出的条件都不满足，则执行 Else 语句后面的语句块；如果所列出的条件都不满足，又没有 Else 子句，则直接跳过 End If，不执行任何语句块。

（3）说明。

①ElseIf 中不能有空格。

②无论条件分支有几个，程序执行了一个分支后，其余分支不再执行。

③当有多个条件表达式同时为真时，只执行第一个与之匹配的语句块。因此，应注意多分支结构中条件表达式的次序及相交性。

【例 8.5】输入学生的一门课成绩 x（百分制），显示该学生的成绩评定等级。

要求：

当 x<60 时，输出"不及格"；

当 60≤x<70 时，输出"及格"；

当 70≤x<80 时，输出"中等"；

当 80≤x<90 时，输出"良好"；

当 90≤x≤100 时，输出"优秀"。

解　操作步骤参考【例 8.1】，程序运行结果如图 8.15 所示。

程序代码如下：

```
Private Sub grade()
    Dim x As Single
    x=val(InputBox("请输入学生成绩","输入成绩",0))
    If  x <60 Then
        MsgBox "不及格",vbOKOnly+vbInformation,"成绩评定"
    ElseIf x <70 Then
        MsgBox "及格",vbOKOnly + vbInformation,"成绩评定"
    ElseIf x <80 Then
        MsgBox "中等",vbOKOnly + vbInformation,"成绩评定"
    ElseIf x <90 Then
        MsgBox "良好",vbOKOnly + vbInformation,"成绩评定"
    Else
        MsgBox "优秀",vbOKOnly + vbInformation,"成绩评定"
    End If
End Sub
```

图 8.15　【例 8.5】程序运行结果

2）Select Case 语句

当条件选项较多时，虽然可用 If 语句的嵌套来实现，但程序的结构会变得很复杂，不利于程序的阅读与调试。此时，用 Select Case 语句会使程序的结构更清晰。

（1）语句格式：

```
Select Case 变量或表达式
    Case 表达式 1
        语句块 1
```

```
    Case 表达式 2
       语句块 2
    …
    Case 表达式 n
       语句块 n
    [Case Else
       语句块 n+1]
End Select
```

（2）功能：根据变量或表达式的值，选择第一个符合条件的语句块执行。也就是先求变量或表达式的值，然后顺序测试该值符合哪一个 Case 子句的情况，如果找到了，则执行该 Case 子句下面的语句块，再执行 End Select 下面的语句；如果没找到，则执行 Case Else 下面的语句块，再执行 End Select 下面的语句。

（3）说明。

①变量或表达式可以是数值型或字符串表达式。

②Case 表达式与变量或表达式的类型必须相同，可以是下列几种形式：单一数值或一行并列的数值，之间用逗号隔开。例如：Case1,3,7。

③用关键字 To 指定值的范围，其中，前一个值必须比后一个值要小。字符串的比较是从它们的第一个字符的 ASCII 码值开始比较，直到分出大小为止。例如：Case "A" To"Z"。

说明

用 Is 关系运算符表达式，Is 后紧接关系运算符（<>、<、<=、=、>=、>）和一个变量或值。例如：Case Is>20。

【例 8.6】把【例 8.5】中的程序用 Select Case 语句改写。

解　程序代码如下：

```
Private Sub caseGrade()
    Dim score As Single
    x = Val(InputBox("请输入学生成绩","输入成绩",0))
Select Case x
Case Is<60
    MsgBox "不及格",vbOKOnly + vbInformation,"成绩评定"
Case Is<70
    MsgBox "及格",vbOKOnly + vbInformation,"成绩评定"
Case Is < 80
    MsgBox "中等",vbOKOnly + vbInformation,"成绩评定"
Case Is < 90
    MsgBox "良好",vbOKOnly + vbInformation,"成绩评定"
Case Else
    MsgBox "优秀",vbOKOnly + vbInformation,"成绩评定"
    End Select
End Sub
```

8.4.5 循环结构

在程序设计时，人们总是把复杂的、不易理解的求解过程转换为易于理解的操作的多次重复，这样一方面可以降低问题的复杂性和程序设计的难度，减少程序书写及输入的工作量，另一方面可以充分发挥计算机运算速度快、能自动执行程序的优势。

循环控制有两种办法：计数法与标志法。计数法要求先确定循环次数，然后逐次测试，完成测试次数后，循环结束。标志法是达到某一目标后，使循环结束。

1. For 循环语句

For 循环语句常用于循环次数已知的循环操作中。

（1）语句格式：

```
For 循环变量=初值 To 终值 [Step 步长]
    语句块 1
    [Exit For]
    语句块 2
Next [循环变量]
```

（2）执行过程。

①将初值赋给循环变量。

②判断循环变量的值是否超过终值。

③如果循环变量的值超过终值，则跳出循环；否则继续执行循环体（For 与 Next 之间的语句块）。

这里所说的"超过"有两种含义，即大于或小于。当步长为正值时，循环变量的值大于终值为"超过"；当步长为负值时，循环变量的值小于终值为"超过"。

④在执行完循环体后，将循环变量的值加上步长赋给循环变量，再返回步骤②继续执行。

循环体执行的次数可以由初值、终值和步长确定，计算公式如下：

$$循环次数=Int((终值-初值)/步长)+1$$

（3）说明。

①循环变量必须为数值型。

②初值、终值都是数值型，可以是数值表达式。

③Step 步长：可选参数。如果省略，则步长值默认为 1。注意：步长值可以是任意的正数或负数。一般为正数，初值应小于或等于终值；若为负数，则初值应大于或等于终值。

④在 For 和 Next 之间的所有语句称为循环体。

⑤循环体中如果含有 Exit For 语句，则循环体执行到此跳出循环。Exit For 语句后的所有语句不再执行。

【例 8.7】编写程序计算 1~100 之间自然数之和。

解 程序代码如下：

```
Private Sub naturalNumberSum()
Dim i,nSum As Integer
nSum = 0' 将初始变量的值设为 0
    For i=1 To 100 ' 为循环变量
    nSum=nSum +i
    Next i
MsgBox "1-100 之间自然数的和为:"& Str(nSum),vbOKOnly+ vbInformation,"输出和"
End Sub
```

程序运行结果如图 8.16 所示。

图 8.16　【例 8.7】程序运行结果

 注意

请修改程序代码，输出 i 的值，验证循环临界值。

【例 8.8】用 For 循环语句计算 N!。
解　程序代码如下：

```
Private Sub doFactorial()
  Dim result As Long,i As Integer,N As Integer
  Result=1    '将结果变量的初始值设为 1
  N=InputBox("请输入 N")
For i=1To N
  result=result * i
Next i
  MsgBox Str(result)
  End Sub
```

如果本例输入 N 的值为 5，则运行结果如图 8.17 所示。

图 8.17　【例 8.8】程序运行结果

2. While 循环语句

For 循环适合于解决循环次数事先能够确定的问题。对于只知道控制条件，但不能预先确定执行多少次循环体的情况，可以使用 While 循环。

（1）语句格式：

```
While 条件表达式
语句块
Wend
```

（2）执行过程。

①判断条件表达式是否成立，如果成立，则执行语句块；否则，转到步骤③执行。

②执行 Wend 语句，转到步骤①执行。

③执行 Wend 语句下面的语句。

（3）说明。

①While 循环语句本身不能修改循环条件，所以必须在 While…Wend 语句的循环体内设置相应语句，使整个循环趋于结束，以避免产生死循环。

②While 循环语句先对条件进行判断，然后才决定是否执行循环体。如果开始条件就不成立，则循环体一次也不执行。

③凡是用 For…Next 循环编写的程序，都可以用 While…Wend 语句实现；反之则不然。

【例 8.9】 在 VBE 立即窗口中输出 26 个英文大写字母。

解 程序代码如下：

```
Private Sub characterArray()
    Dim charArray(1 To 26) As String' 定义数组
    Dim i As Integer,j As Integer
    i = 1
    While i <= 26
        charArray(i) = Chr(i+64) ' Chr( ) 函数的功能是将 ASCII 码转换为对应的字符,A 的 ASCII 码为 65
        i = i+ 1
    Wend
    For j = 1 To 26
        Debug. Print charArray(j)    ' 要查看程序结果,请打开立即窗口
    Next j
End Sub
```

说明

Debug. Print 为输出语句，用来在立即窗口中查看程序输出结果，多用来调试程序。

3. Do 循环语句

（1）语句格式。

Do 循环具有很强的灵活性，其语句格式有以下几种。

①格式一：

```
Do While 条件表达式
    语句块 1
[Exit Do]
    语句块 2
Loop
```

功能：若条件表达式的结果为真，则执行 Do 和 Loop 之间的循环体，直到条件表达式的结果为假；若遇到 Exit Do 语句，则结束循环。

②格式二：

```
Do Until 条件表达式
    语句块 1
```

```
[Exit Do]
    语句块 2
Loop
```

功能：若条件表达式的结果为假，则执行 Do 和 Loop 之间的循环体，直到条件表达式的结果为真；若遇到 Exit Do 语句，则结束循环。

③格式三：

```
Do
    语句块 1
[Exit Do]
    语句块 2
Loop While 条件表达式
```

功能：首先执行一次 Do 和 Loop 之间的循环体，执行到 Loop 时判断条件表达式的结果，如果为真，则继续执行循环体，直到条件表达式的结果为假；若遇到 Exit Do 语句，则结束循环。

④格式四：

```
Do
    语句块 1
[Exit Do]
    语句块 2
Loop Until 条件表达式
```

功能：首先执行一次 Do 和 Loop 之间的循环体，执行到 Loop 时判断条件表达式的结果，如果为假，则继续执行循环体，直到条件表达式的结果为真；若遇到 Exit Do 语句，则结束循环。

（2）说明。

①格式一和格式二循环语句先判断后执行，循环体有可能一次也不执行。格式三和格式四循环语句为先执行后判断，循环体至少执行一次。

②关键字 While 用于指明当条件为真（True）时，执行循环体中的语句，而 Until 正好相反，即条件为真（True）前执行循环体中的语句。

③在 Do…Loop 循环体中，可以在任何位置放置任意个数的 Exit Do 语句，随时跳出 Do…Loop 循环。

④如果 Exit Do 语句使用在嵌套的 Do…Loop 语句中，则 Exit Do 会将控制权转移到 Exit Do 所在位置的外层循环。

【例 8.10】用 Do 循环语句计算 N！

解　程序代码如下：

```
Private Sub Factorial()
    Dim result As Long,i As Integer,N As Integer
    Result=1    '将结果变量的初始值设为 1
    i=1 '将循环变量的初始值设为 1
    N=InputBox("请输入 N")
    Do
        result = result * i
        i=i+1
    Loop While i<=N
```

```
    MsgBox Str(result)
End Sub
```

如果本例输入 N 的值为 5，则运行结果如图 8.18 所示。

图 8.18　【例 8.10】程序运行结果

4. 循环控制结构

循环控制结构一般由 3 部分组成：进入条件、退出条件、循环体。

根据进入和退出条件，循环控制结构可以分为以下 3 种形式。

①While 结构：退出条件是进入条件的"反条件"。即满足条件时进入，重复执行循环体，直到进入的条件不再满足时退出。

②Do…While 结构：无条件进入，执行一次循环体后再判断是否满足再进入循环的条件。

③For 结构：和 While 结构类似，也是"先判断后执行"。

【例 8.11】　计算 $1!+2!+\cdots+k!$ 的值，其中 k 为正整数。

解　程序代码如下：

```
Public Sub factorialSum()
  Dim k As Integer
  Dim producResult As Long,sumResult As Long '用来存放各阶乘的值以及阶乘和的值
  Dim i,j As Integer    '循环变量
  k = Val(InputBox("请输入 k 的值","输入 k",0))
  sumResult = 0'存储阶乘的和
  For i=1 To k
    producResult=1    '存储阶乘
    For j= 1 To i
      producResult=producResult * j
    Next j
    sumResult = sumResult+producResult
  Next i
  MsgBox Str(sumResult)
End Sub
```

如果本例输入 k 的值为 5，则结果如图 8.19 所示。

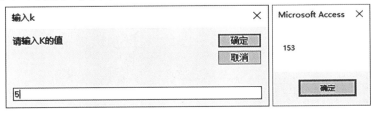

图 8.19　【例 8.11】程序运行结果

【例8.12】 我国古代《算经》一书中曾提出过著名的"百钱买百鸡"问题，该问题叙述如下：鸡翁一，值钱五；鸡母一，值钱三；鸡雏三，值钱一；百钱买百鸡，问鸡翁、鸡母、鸡雏各几何？请编写程序解决该问题。

解　程序代码如下：

```
Private Sub chick100()
    Dim cock As Integer,hen As Integer,chick As Integer
    cock=0
    Do While cock <= 19        '公鸡不能超过 20 只,20 * 5 = 100
    hen=0
        Do While hen <= 33      '母鸡不能超过 33 只,34 * 3 = 102
            chick = 100-cock-hen      '小鸡的数量要计算出来
            If (5 * cock+hen * 3+chick/3 = 100) Then
                MsgBox "cock = "+Str(cock)+",hen = "+Str(hen)+",chick = "+Str(chick)
            End If
        hen=hen+1
        Loop
    cock=cock+1
    Loop
End Sub
```

本例程序运行结果如图 8.20 所示。

图 8.20 　【例 8.12】程序运行结果

8.5　过程声明、调用与参数传递

在编写程序时，通常把一个较大的程序分为若干个小的程序单元，每个程序单元完成相应独立的功能。这样可以达到简化程序的目的。这些小的程序单元就是过程。

过程是 VBA 代码的容器，通常有两种：Sub 过程和 Function 过程。Sub 过程没有返回值，而 Function 过程将返回一个值。

8.5.1　过程声明

1. Sub 过程

Sub 过程执行一个操作或一系列运算，但没有返回值。可以自己创建 Sub 过程，或者使用 Access 所创建的事件过程模板来创建 Sub 过程。

（1）Sub 过程的定义格式：

[Public|Private] Sub 子过程名([形参列表])
　　[局部变量或常数定义]
　　[语句序列]
　　[Exit Sub]
　　[语句序列]
End Sub

对于 Sub 过程，可以传送参数和使用参数来调用它，但不返回任何值。

（2）参数说明。

①选用关键字 Public：可使该过程能被所有模块的所有其他过程调用。

②选用关键字 Private：可使该过程只能被同一模块的其他过程调用。

③子过程名：命名规则同变量名的命名规则。子过程名无值、无类型。但要注意，在同一模块中的各过程名不要同名。

④形参列表的格式：

[Byval|ByRef]变量名[()][As 数据类型][,[Byval|ByRef]变量名[()][As 数据类型]]…

其中，Byval 表示参数的传递按照值传递；ByRef 表示参数的传递按照地址（引用）传递。如果省略此项，则按照地址（引用）传递。

⑤Exit Sub 语句：表示退出子过程。

2. Function 过程

Function 过程能够返回一个计算结果。Access 提供了许多内置函数（也称标准函数），例如 Date( )函数可以返回当前系统的日期。除系统提供的内置函数以外，用户也可以自己定义函数，编辑 Function 过程即是自定义函数。因为函数有返回值，所以可以在表达式中使用。

（1）Function 过程的定义格式：

[Public|Private] Function 函数过程名([形参列表])[As 类型]
　　[局部变量或常数定义]
　　[语句序列]
　　[Exit Function]
　　[语句序列]
　　函数过程名＝表达式
End Function

（2）参数说明。

①函数过程名：命名规则同变量名的命名规则，但是函数过程名有值，有类型，在过程体内至少要被赋值一次。

②As 类型：函数返回值的类型。

③Exit Function：表示退出 Function 过程。

④其余参数与 Sub 过程相同。

3. 过程的创建

方法一：在 VBE 的工程资源管理器窗口中，双击需要创建过程的窗体模块、报表模块或标准模块，然后选择"插入"菜单中的"过程"命令，打开"添加过程"对话框，如图 8.21 所示。

方法二：在窗体模块、报表模块或标准模块的代码窗口中，输入子过程名，然后按〈Enter〉

键，自动生成过程的头语句和尾语句。

【例 8.13】创建一个 Sub 过程，过程名为"swapNum"，实现 2 个整数值的交换。

解　操作步骤如下。

在"学生管理"数据库中打开"教材实例"模块，然后选择"插入"菜单中的"过程"命令，打开"添加过程"对话框，如图 8.21 所示。在"名称"文本框中输入"swapNum"，"类型"选择"子程序"，"范围"选择"公共的"，然后单击"确定"按钮。

VBE 自动生成的过程结构如图 8.22 所示。

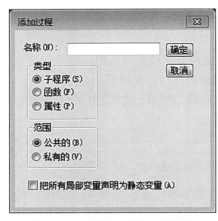

图 8.21　"添加过程"对话框

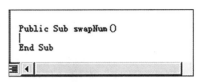

图 8.22　VBE 自动生成的过程结构

完整的程序代码如下：

```
Public Sub swapNum(x As Integer,y As Integer)
    Dim t As Integer
    t=x
    x=y
    y=t
End Sub
```

【例 8.14】创建一个 Function 过程，过程名为"nFactorial"，计算 n！。

解　操作步骤如下。

在"学生管理"数据库中打开"教材实例"模块，然后选择"插入"菜单中的"过程"命令，打开"添加过程"对话框，如图 8.21 所示。在"名称"文本框中输入"nFactorial"，"类型"选择"函数"，"范围"选择"公共的"，然后单击"确定"按钮。

VBE 自动生成过程的头语句和尾语句。

完整的程序代码如下：

```
Public Function nFactorial(n As Integer) As Long
    Dim result As Long,i As Integer
    Result=1
    For i=1 To n
        Result=result * i
    Next i
    nFactorial=result
End Function
```

8.5.2 过程调用

1. 过程的作用范围

过程可被访问的范围称为过程的作用范围，也称为过程的作用域。

过程的作用范围分为公有的和私有的。公有的过程前面加 Public 关键字，可以被当前数据库中的所有模块调用。私有的过程前面加 Private 关键字，只能被当前模块调用。

一般在标准模块中存放公有的过程和公有的变量。

2. 过程的调用

1）Sub 过程的调用

有时编写的一个过程，不是为了获得某个函数值，而仅是处理某种功能的操作。例如，对一组数据进行排序等，VBA 提供的 Sub 过程可以更灵活地完成这一类操作。

Sub 过程的调用有两种方式，一种是利用 Call 语句加以调用，另一种是把过程名作为一个语句来直接调用。

（1）调用格式。

格式一：

Call 过程名([参数列表])

格式二：

过程名[参数列表]

（2）参数说明。

参数列表：这里的参数称为实参，与形参的个数、位置和类型必须对应，实参可以是常量、变量或表达式，多个实参之间用逗号分隔。

在调用过程时，把实参的值传递给形参。

【例 8.15】使用过程调用重新编写【例 8.2】，即从键盘上输入 2 个整数，然后在屏幕上输出较大的数。

解 完整的程序代码如下：

```
Private Sub callSwapNum()
    Dim x As Integer,y As Integer
    x=InputBox("请输入第一个数","输入整数",0)     ' 将默认值设为 0,下同
    y=InputBox("请输入第二个数","输入整数",0)
    If x<y Then
        Call swapNum(x,y)     '调用 swapNum 过程,实现 x 和 y 的值交换,以保证 x 中始终保存较大的数值
    End If
    MsgBox x
End Sub
```

单击 VBE 工具栏上的 ▶ 按钮运行程序，输入 2 个不相等的数，查看程序运行结果。

2）Function 过程的调用

Function 过程的调用同标准函数的调用相同，就是在赋值语句中调用 Function 过程。

（1）调用格式：

变量名=函数过程名([实参列表])

（2）参数说明。参数列表和参数说明同 Sub 过程的调用。

【例 8.16】 使用 Function 过程调用重新编写【例 8.8】，计算 N！

解 完整的程序代码如下：

```
Private Sub callNFactorial()
    Dim a As Integer,b As Long
    a=Val(InputBox("请输入 N 的值:"))
    b=nFactorial(a) '调用 nFactorial( )函数过程,并且将函数的返回值赋值给变量 b
    MsgBox Str(a)+" 的阶乘 = "+Str(b)
End Sub
```

8.5.3 参数传递

在调用过程中，一般主调过程和被调过程之间有数据传递，也就是主调过程的"实参"传递给被调过程的"形参"，然后执行被调过程。

在 VBA 中，"实参"向"形参"的数据传递有两种方式，即传值（ByVal 选项）调用方式和传址（ByRef 选项）调用方式。系统默认的是传址调用方式。区分两种方式的标志是：要使用传值的形参，在定义时前面加上 ByVal 关键字，否则为传址调用方式。

1. 传值调用方式

当调用一个过程时，系统将相应位置实参的值复制给对应的形参，在被调过程处理中，实参和形参没有关系，被调过程的操作处理在形参的存储单元中进行，形参值由于操作处理引起的任何变化均不反馈、不影响实参的值。当过程调用结束时，形参所占用的内存单元被释放。因此，传值调用方式具有单向性。

2. 传址调用方式

当调用一个过程时，系统将相应位置实参的地址传递给相应的形参。因此，在被调过程处理中，对形参的任何操作处理都变成了对相应实参的操作，实参的值将会随被调过程对形参的改变而改变，传址调用方式具有双向性。

【例 8.17】 阅读下面的程序，分析程序运行结果。

主调过程代码如下：

```
Private Sub callValRef()
    Dim x As Integer
    Dim y As Integer
    x=10
    y=20
    Debug. Print x,y
    Call changeNum(x,y)
    Debug. Print x,y
End Sub
```

Sub 过程代码如下：

```
Private Sub changeNum(ByVal m As Integer,n As Integer)
    m=100
    n=200
End Sub
```

解　程序分析：x 和 m 的参数传递是传值调用方式，y 和 n 的参数传递是传址调用方式；将实参 x 的地址传递给形参 m，将实参 y 的地址传递给形参 n，然后执行 Sub 过程的 changeNum( ) 函数；Sub 过程执行完后，m 的值为 100，n 的值为 200；过程调用结束，形参 m 的值不返回，形参 n 的值返回给实参 y。

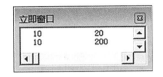

图 8.23　【例 8.17】显示的结果

在立即窗口中显示的结果如图 8.23 所示。

8.6　VBA 事件驱动机制

经过前面的学习，已经可以用 VBA 语言编写程序代码，并且所有的例子都是在标准模块中实现的，但是标准模块不包含对象或属性设置，只包含可在模块过程中显示和编辑的代码。应用程序自身控制的是执行哪一部分代码和按何种顺序执行代码。从第一行代码执行程序并按应用程序中预定的路径执行，必要时调用过程，这样的编程模式我们称为传统的或"过程化"的应用程序设计方法。

在事件驱动的应用程序中，代码不是按照预定的路径执行，而是在响应不同的事件时执行不同的代码片段。事件可以由用户操作触发，也可以由来自操作系统或其他应用程序的消息触发，甚至由应用程序本身的消息触发。这些事件的顺序决定了代码执行的顺序，因此应用程序每次运行时所经过的代码路径都是不同的。

VBA 是面向对象的应用程序开发工具，窗体模块是 VBA 应用程序的基础。每个窗体模块都包含事件过程，在事件过程中有为响应该事件而执行的程序段。事件是窗体或控件识别的动作，在响应事件时，事件驱动应用程序执行 VBA 代码。VBA 的每一个窗体和控件都有一个预定义的事件集，如果其中有一个事件发生，而且在关联的事件过程中存在代码，则 VBA 调用该代码。尽管 VBA 中的对象自动识别预定义的事件集，但要判定它们是否响应具体事件以及如何响应具体事件则是由程序来决定的。代码部分（即事件过程）与每个事件对应，如果想让控件响应事件，则把代码写入这个事件的事件过程。

对象所识别的事件类型多种多样，但多数类型为大多数控件所共有。例如，大多数对象都能识别 Click 事件，如果单击窗体，则执行窗体的 Click 事件过程中的代码，如果单击命令按钮，则执行命令按钮的 Click 事件过程中的代码。

在执行中代码也可以触发事件。例如，在程序中改变文本框中的文本将引发文本框的 Change 事件。如果 Change 事件中包含有代码，则将导致该代码的执行。

事件驱动应用程序中的典型事件序列如下。

①启动应用程序，装载和显示窗体。

②窗体（或窗体上的控件）接收事件。事件可由用户引发（如键盘操作），可由系统引发（如定时器事件），也可由代码间接引发（如当代码装载窗体时的 Load 事件）。

③如果在相应的事件过程中存在代码，则执行代码。

④应用程序等待下一次事件。

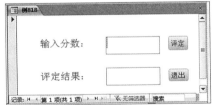

图 8.24　"成绩评定"窗体

【例 8.18】将【例 8.5】的学生成绩评定等级程序用窗体模块实现，窗体设计如图 8.24 所示，窗体所用到的控件如表 8.8 所示。

表 8.8 【例 8.18】 控件属性

控件名称	名称属性	标题属性	位 置	用 途
标签	lblInputScore	输入分数	上面的标签	
标签	lblGrade	评定结果	下面的标签	
文本框	txtInputScore		上面的文本框	接收用户输入的分数
文本框	txtGrade		下面的文本框	显示程序评定的结果
命令按钮	cmdJudge	评定	上面的命令按钮	
命令按钮	cmdExit	退出	下面的命令按钮	

解 "评定"命令按钮的单击事件过程程序代码如下：

```
Private Sub cmdJudge_Click()
    Dim score As Single
    Score = val(txtInputScore. Value)
    If score<60 Then
        txtGrade. Value = "不及格"
        ElseIf score<70 Then
            txtGrade. Value = "及格"
        ElseIf score<80 Then
            txtGrade. Value = "中等"
        ElseIf score<90 Then
            txtGrade. Value = "良好"
    Else
        txtGrade. Value = "优秀"
    End If
End Sub
```

在窗体视图中，查看本例程序的运行结果，如果输入分数为"90"，则评定结果为"优秀"。

【例 8.19】将【例 8.10】的计算 N！的程序用窗体模块实现，窗体视图和计算结果如图 8.25 所示，要求在文本框中输入一个整数后，单击"开始计算"按钮，弹出消息框显示该数的阶乘。

设计窗体所用到的控件如表 8.9 所示。

图 8.25 求 N 的阶乘窗体和程序运行结果

表 8.9 【例 8.19】 控件属性

控件名称	名称属性	标题属性	位 置	用 途
标签	lblFactorial	求 N 的阶乘 N！	上面的标签	
标签	lblInputN	请输入 N	文本框左边的标签	
文本框	txtInputN			接收用户输入的 N
命令按钮	cmdCalculate	开始计算		

解 "开始计算"命令按钮的单击事件过程程序代码如下:

```
Private Sub cmdCalculate_Click()
    Dim result As Long
    Dim i As Integer,N As Integer
    N = val(txtInputN. Value)
    result = 1
    For i = 1 To N
        result = result * i
    Next i
    MsgBox Str(N)+"! = "+Str(result)
End Sub
```

本章小结 ▶▶ ▶

本章主要介绍了以下内容:

(1) VBA 编程环境;

(2) VBA 程序设计基础,包括数据类型、常量和变量、数组、运算符、表达式和常用内部函数;

VBA 程序调试和错误处理

(3) VBA 程序流程设计常用语句和 3 种基本结构,即顺序结构、选择结构、循环结构;

(4) 过程声明、调用与参数传递。

习 题 ▶▶ ▶

1. 思考题

(1) 什么是模块?模块有哪些类型?

(2) 什么是变量的作用域?

(3) Sub 过程和 Function 过程的主要区别是什么?

(4) VBA 中常见的流程控制结构有哪些?

(5) 在调试程序过程中,如何查看程序运行过程的中间结果?

2. 选择题

(1) VBA 中定义符号常量可以用关键字 ( )。

A. Dim   B. Const   C. Public   D. Static

(2) 以下关于运算优先级的叙述正确的是 ( )。

A. 逻辑运算符>关系运算符>算术运算符

B. 算术运算符>关系运算符>逻辑运算符

C. 算术运算符>逻辑运算符>关系运算符

D. 以上均不正确

(3) 若定义了二维数组 B(2 To 6,5),则该数组的元素个数为 ( )。

A. 25   B. 36   C. 30   D. 2

（4）在 VBA 代码调试过程中，能够显示出所有在当前过程中变量声明及变量值信息的是（　　）。

A. 工程资源管理器窗口　　　　　　　　B. 立即窗口

C. 本地窗口　　　　　　　　　　　　　D. 监视窗口

（5）在 VBA 中不能进行错误处理的语句结构是（　　）。

A. On Error Resume Next　　　　　　　B. On Error GoTo 标号

C. On Error GoTo 0　　　　　　　　　D. On Error Then 标号

（6）从字符串 s 中的第 2 个字符开始获得 4 个字符的子字符串函数是（　　）。

A. Mid(s,2,4)　　　　　　　　　　　B. Left(s,2,4)

C. Right(s,4)　　　　　　　　　　　D. Left(s,4)

（7）语句 Dim NewArray(10) As Integer 的含义是（　　）。

A. 定义了一个整型变量且初值为 10　　B. 定义了 11 个由整数构成的数组

C. 定义了 10 个由整数构成的数组　　　D. 将数组的第 10 个元素设置为整型

（8）函数 IIf(0,20,30) 的结果是（　　）。

A. 10　　　　　　B. 20　　　　　　C. 25　　　　　　D. 30

（9）在 Access 中编写事件过程使用的编程语言是（　　）。

A. QBASIC　　　　B. C++　　　　　C. SQL　　　　　D. VBA

（10）在 VBA 中有返回值的处理过程是（　　）。

A. 声明过程　　　B. Sub 过程　　　C. 控制过程　　　D. Function 过程

（11）假设某一数据库表中有一个地址字段，查找地址最后两个字为 "8 号" 的记录的准则是（　　）。

A. Right("地址",2)= "8 号"　　　　　B. Right([地址],4)= "8 号"

C. Right([地址],2)= "8 号"　　　　　D. Right("地址",4)= "8 号"

（12）下列 Case 语句中错误的是（　　）。

A. Case 0 To 10　　　　　　　　　　B. Case Is>10

C. Case Is>10 And Is<50　　　　　　D. Case 3，5，Is>10

（13）下列数组声明语句中，正确的是（　　）。

A. Dim A(3,4)As Integer　　　　　　B. Dim A[3,4] As Integer

C. Dim A[3;4] As Integer　　　　　　D. Dim A(3;4)As Integer

（14）在 VBA 中，如果没有显式声明或用符号来定义变量的数据类型，则变量的默认数据类型为（　　）。

A. Boolean　　　　B. Integer　　　　C. Variant　　　　D. String

（15）VBA 表达式 3 * 3 \ 3/3 的输出结果是（　　）。

A. 0　　　　　　B. 1　　　　　　C. 3　　　　　　D. 9

（16）下列变量名中，合法的是（　　）。

A. 4A　　　　　　B. ABC_1　　　　C. A-1　　　　　D. private

（17）以下返回值是 False 的语句是（　　）。

A. Value =(10>4)　　　　　　　　　B. Value =("周"<"刘")

C. Value =("ab"<>"aaa")　　　　　　D. Value =(#2004/9/13#<=#2004/10/10#)

（18）要将 "选课成绩" 表中学生的成绩取整，可以使用（　　）。

A. Int([成绩])　　B. Abs([成绩])　　C. Sqr([成绩])　　D. Sgn([成绩])

（19）在调试 VBA 程序时，能自动被检查出来的错误是（   ）。

A. 运行错误　　　　B. 逻辑错误　　　　C. 语法错误　　　　D. 语法错误和逻辑错误

（20）在模块的声明部分使用 Option Basel 语句，然后定义二维数组 A(2 To 5,5)，则该数组的元素个数为（   ）。

A. 20　　　　　　　B. 24　　　　　　　C. 25　　　　　　　D. 36

（21）软件（程序）调试的任务是（   ）。

A. 确定程序中错误的性质

B. 尽可能多地发现程序中的错误

C. 发现并改正程序中的所有错误

D. 诊断和改正程序中的错误

（22）VBA 中用实际参数 a 和 b 调用有参过程 Area(m,n) 的正确形式是（   ）。

A. Call Area(m,n)　　B. Area a,b　　C. Area m,n b　　D. Call Area a,b

（23）InputBox() 函数的返回值类型是（   ）。

A. 字符串

B. 数值

C. 变体

D. 数值或字符串（视输入的数据而定）

（24）已知程序段：

```
s=0
For i=1 To 10 Step 2
S=s+1
I=i*2
Next i
```

当循环结束后，变量 i、s 的值各为（   ）。

A. 10，4　　　　　B. 11，3　　　　　C. 16，4　　　　　D. 22，3

（25）由"For i=1 To 9 Step3"决定的循环结构，其循环体将被执行（   ）。

A. 0 次　　　　　　B. 1 次　　　　　　C. 4 次　　　　　　D. 5 次

（26）窗体中有命令按钮 run34，对应的事件代码如下：

```
Private Sub run34_Enter()
    Dim num As Integer,a As Integer,b As Integer,i As Integer
    For i=1 To 10
    num=InputBox("请输入数据:","输入")
    If Int(num/2)=num/2 Then
      a=a+1
    Else
      b=b+1
    End If
    Next i
    MsgBox("运行结果:a=" & Str(A) & ",b=" & Str(B))
End Sub
```

运行以上事件过程，所完成的功能是（   ）。

A. 对输入的 10 个数据求累加和

B. 对输入的 10 个数据求各自的余数，然后进行累加

C. 对输入的 10 个数据分别统计整数和非整数的个数

D. 对输入的 10 个数据分别统计奇数和偶数的个数

3. 填空题

（1）要使数组的下标从 1 开始，用_____语句设置。

（2）在 VBA 编程中用来测试字符串长度的函数是_____。

（3）VBA 程序的多条语句可以写在一行中，其分隔符必须使用符号_____。

（4）On Error Resume Next 的语句含义是_____。

（5）VBA 中，函数 InputBox( ) 的功能是_____。

（6）VBA 的逻辑值在表达式中进行运算时，True 值当作_____、False 值当作_____处理。

第 8 章习题答案

附录 A Access 常用函数

附录 B Access 窗体属性
及其含义

附录 C Access 控件属性
及其含义

附录 D Access 常用宏操作命令

附录 E Access 常用事件

参考文献

[1] 陈朔鹰，陈雷. 全国计算机等级考试二级教程 Access 数据库程序设计（2022 年版）［M］. 北京：高等教育出版社，2022.

[2] 李军. Access 数据库应用教程［M］. 北京：人民邮电出版社，2018.

[3] 白艳. Access 2016 数据库应用教程［M］. 北京：中国铁道出版社，2019.

[4] 赵洪帅. Access 2016 数据库应用技术教程［M］. 北京：中国铁道出版社，2020.